大贱年

1943年卫河流域战争灾难口述史

曲周卷

王　选◎主编

中国文史出版社

图书在版编目（CIP）数据

大贱年：1943年卫河流域战争灾难口述史．曲周卷／王选主编．—北京：中国文史出版社，2015.12

ISBN 978-7-5034-7207-7

Ⅰ.①大… Ⅱ.①王… Ⅲ.①灾害－史料－曲周县－1943 Ⅳ.①X4-092

中国版本图书馆CIP数据核字（2015）第297969号

丛书策划编辑：王文运

本卷责任编辑：全秋生

装 帧 设 计：王　琳　瀚海传媒

出版发行：中国文史出版社

社　　址：北京市西城区太平桥大街23号　　邮编：100811

电　　话：010－66173572　66168268　66192736（发行部）

传　　真：010－66192703

印　　装：北京中科印刷有限公司

经　　销：全国新华书店

开　　本：787mm×1092mm　1/16

印　　张：19.5

字　　数：280千字

版　　次：2017年9月北京第1版

印　　次：2017年9月第1次印刷

定　　价：860.00元（全12册）

《大贱年——1943年卫河流域战争灾难口述史》
编　委　会

目 录

槐 桥 乡

南里岳乡

曲 周 镇

依 庄 乡

安 寨 镇

安寨村

采访时间：2007 年 5 月 4 日

采访地点：曲周县安寨镇敬老院

采 访 人：张文艳　王占奎　王春玲

被采访人：闫成歧（男　77 岁　属羊）

闫成歧

民国 32 年我在安寨，家里非常穷，没啥吃。那时这里也叫安寨，曲周县安寨。三年没下雨。民国 31 年、32 年不下雨，地里不收庄稼，加上日本人的残害。过了民国 32 年以后有雨，年景转过来，人都回来了。记不清，夏天（秋苗都一人高了，玉米一人高，谷子都有穗了：山西状况）我跟着人贩子走了，听说有饭吃，卖到地主家。苦，拾柴、推磨，后来受不了，又跑回来了。回来后，年景好一点儿了，上过几天小学（日本人办的，中国人教），在东村，学堂和皇协军驻地一块，日本人不管。（每次）来，日本头头叫皇协军骑着马，跟着三十几个兵，往西，回来挑着鸡。

（这里）也得过霍乱，肚里闹，扎腿，有这个霍乱病上来了，拿针扎，扎腿肚子。都说是霍乱，没听说传（染）人。

土匪有，打死好几个，他给日本人报信，叫八路军打死了，劝他他不听。村西关有个红枪会、大刀会，是群众性组织，平时劳动，利用业余时间，过会时出来了，变戏法，杂耍，表演表演。大刀会和红枪会都是一种组织。

日本人杀八路军。日本人让人去给修炮楼。那次让人去给挖沟，有两村去得晚了，日本人拉出两个人，当场崩了。他让带班的拉两个人，他们也不想死。让地主去，地主就买个穷人去。哪给饭啊！都自带饼，晌午了吃一口，啥时那个工程完了，就回来了。（日本人）看到年轻人就看手，有茧，你就是老百姓，干活的，没有，（就是）八路军。

采访时间： 2007年5月4日
采访地点： 曲周县安寨镇敬老院
采 访 人： 张文艳　王占奎　王春玲
被采访人： 张林东（男　76岁　属猴）

张林东

民国32年这儿年景孬，树皮都刮了好几尺高，没啥吃，庄稼没收成，天旱，苗长不高，就收一点儿，到民国33年麦快熟时，人都快毁了，人受罪受得不轻，后来下了点雨，那一会儿我也记不清了，七天七黑夜，水都那么深，空缸里水那么深（手指，约一米高）。滏阳河在曲周，离这儿十几公里，滏阳河水不一定大，咱这儿旱地，河开口子在后，七天七夜咱这儿没淹。

逃荒的多着哩，逃到山西。我没逃荒，在亲戚家住，哪儿也都有饿死的。日本人在咱这儿。啥个子霍乱，啥时候都有，那时候谁还打听这个哪！听说的，听老人说的。记不清是什么时候的事了。那时十三四，十四五吧。

东张庄

李秀荣

采访时间：2007年5月4日

采访地点：曲周县安寨镇东张庄

采 访 人：孔　静　陈连茂　刘婷婷

被采访人：李秀荣（女　84岁　属鼠）

歌谣：

民国32年灾荒真可怜
想起我们灾荒一年实在困难好难过呀
眼看不收粮食实在难吃饭
男女老少都是捉蚂蚱回家当饭吃
8月31日老天阴了天
接接连连昼夜不停下了七八天
下了水得潮气得霍乱
男女老少计算起来死了一大半
眼看父母饿死夫妻要失散
拿你小孩抬给人家讨碗饱饭
正在三九下雪天天正在寒
身上没衣肚里没饭冻死真可怜

本来没什么办法，东西不值钱，穷的富的没有粮食，就把草籽多，就拿东西换，换上糠菜三斤五斤弄上一天。民国32年下雪大着哩，门都围住了，一开门，那雪都跑门里边了。

民国32年下雨，立秋那天下了雨，房漏了，不能站了。上面铺了杨叶。我们在那住了好几天。

采访时间： 2007年5月4日

采访地点： 曲周县安寨镇东张庄

采 访 人： 孔　静　陈连茂　刘婷婷

被采访人： 刘吉荣（男　80岁　属龙）

刘吉荣

以前就住在这个村，先是侯村的，后并到安寨，没上过学，抽过血，我血压高。

霍乱病死了不少人，以前村有四百多口人，现在八百多口人。得霍乱，死了几十口人，死了不少人。我爷爷属兔，六月初九因饥饿去世，没病，没法过，地里没水了，死了很多人。我妹在南阳要饭，当时肚子疼，不知道是什么病。要饭后回来说肚子疼，不一会就死了。

民国32年饿死三十多个人都不止，一次埋了八九个。麦子没黄，三月份时。（得病的人）又吐又泻，抽筋，发烧。从得病到死，两个钟头就死了。三月份的事。我不知道怎么得的病，没喝凉水（也）传染，得病不敢在家，不敢回来。

日本人（是）头一年四月来的。五月十三日本人杀死了七八个人。日本人到村来（以后），逮人就杀，不问原因。民国32年得霍乱，杀人是在头一年。四月初都跟着过来了。下来要吃的。戴铁帽，戴口罩，没见拿箱子的。没有给我们检查身体，得病后戴的。

民国32年我还小，害怕，我跑了，不在家。民国31年没有得霍乱的，民国32年见过一次，在侯村，（日本人）戴口罩，（人）不多，不知道他们干啥。我大爷，我妹子都是得霍乱死的。大爷名叫刘春荣，（妹子）病死只有十三四岁，属猴，都是在三月份，不太清楚啥症状，很快就死了。先生说她得的是霍乱，给她扎针，不知道扎哪。大爷死时65岁，这个病传染。他们家就死了两口人，不知道啥症状，得了病就死了。一天两人都死了。大哥刘吉和、二哥刘吉庆都在民国32年因病而死，当时四十几岁。刘吉庆的妈妈也因此病而死，死时六十七八岁左右。刘吉庆的大儿子，十多岁，那年也因霍乱病死了。刘吉庆的爹刘凤格，当时六十七八岁左右，也死了，（他）家一共十几口人，刘吉和与刘吉庆是亲兄弟，都在麦口死了，都是拉肚子，连呕带泻，抽筋。刘吉庆他爹最早先得此病。五个人都扎针了，都没治好。老头和老娘同一天死。第二天，兄弟俩死，还有刘吉庆的大儿子。咱村还有别人得此病，王治平，四十二三岁时死的。民国32年七八月份死的。他去买煎饼，吃了一个就死了，别人吃了都没死。得了病后都抽成一个袋形，全身萎缩。上午得病，立刻就死了。然后就埋了。有棺材，用棺材埋葬。有钱的就用棺材，没有的用不上。刘吉庆一家都用了棺材安葬。刘吉庆一家没有得病还活下来的。

刘吉庆一家十几口人现在都死了。俺这房没漏，俺家没人得霍乱。霍乱症状，上吐下泻是我见着的。得霍乱，下雨后，都过了半（个）月。

日本人把咱村人逮到外面，一般在郑村（就）杀了。日本人将他人包围起来，然后杀了，大概五六个人，被老毛子刺了。

刘庆男，40多岁，被捆了。

刘和男，40多岁，咬了日本人一口，被杀了，把头砍了，被捆了。

刘如男，40多岁，被捆了。

王春音，18岁，被捆了。

以上4人都被杀了。不是因为怀疑以上4人是八路军，是因为不听话，惹日本人生气，才被杀。

刘吉正（男），40多岁，被日本人捅了一刀，落下疤痕，没死，没有捅到心，从前往后捅。这个人挺老实。

羊毛疔有，村里的有个大娘死了，因羊毛疔死了。羊毛疔啊，挑脊梁、挑手，我叔叔跟我说的。羊毛疔后才有霍乱。羊毛疔在民国32年以前挑脊梁上长的羊毛，挑出来就好了。旁的病没听说。

咱村没有炮楼，东良固有，这边是老毛子，那边是八路军。有一个人夹在中间，打死了。日本人在咱村没住过，在东边那个村住过。邻近村有一个人，在地上挖了一个大坑，日本人过来填了大坑，把人活埋了。东边村里、沈屯，烧焦了十多人。

咱村没有土匪，马连固有土匪。土匪头袁九早死了，在这一片混。皇协军咱村没有，曲周县有，这边没有。常常来，谁家有吃的就来了。有人把房卖了换了两斤绿豆，都让（皇协军）要走了。

逃荒，老全带他老婆（和）3个女儿走，民国31年或32年过了年就走了。没回来。逃荒人不多，就老全他一家。没人逃到这来，（都逃）河南去了。

咱村啥也没有，村小，八路军在这住，就在这调查事，给老百姓做好事。打老毛子，救济你，光办好事。

日本人把我逮了，说我是八路军，说要崩了我，我怕，跑了，跑到黄河南。第二年，我主动退党。

滏阳河开口，我知道，知道不清。挡口子回来。八月十六。不是民国32年，是民国32年以后，民国32年没开口。下雨水大了，（堤岸）崩（塌）了。塔寺桥开口。在百交鱼堵口子。

采访时间：2007年5月4日

采访地点：曲周县安寨镇东张庄

采 访 人：孔 静 刘婷婷 陈连茂

被采访人：刘玉喜（男 73岁 属猪）

刘玉喜

（我）没有上过学。

（我）一直在这住，那时日本人在这儿。

民国32年，这（里）有霍乱，我见了（一个病人），躺那儿不会动，难受，扎针没扎过来，一会儿就死了，王文给他扎的，王文人好，会开偏方，（给病人）扎针，扎胸口，扎扎就轻。

村里那时记不清多少人，俺家没人得霍乱。村里十来个（人得病了）。病一上来就难受，跟痧子差不多，痧子一上来肚疼，扎扎胳膊就好了，光肚疼，旁的没有。扎扎要不打打就好了。

民国 32 年可能下雪了，下雨记不大清了，种苗都晚了，记不清。

采访时间：2007 年 5 月 4 日

采访地点：曲周县安寨镇东张庄

采 访 人：孔 静 刘婷婷 陈连茂

被采访人：袁秀云（女 84 岁 属鼠）

袁秀云

我咋不知道这个事，不下十来个，就在这。又是饿，又是泻、吐，肚子疼，又饿又吐。我没有得这个病。有死了的，扎手筋，扎手。死的有十来个人，没有都死，有饿死的。

民国 32 年秋天得这个病，下雨下了七八天呀！不知道几月份下的。人人得霍乱，不知道几月份，这么久，忘了。

“民国 32 年，从得霍乱，接接连连下了七八天”，（歌谣）不会了。有饿。咱家没有人得霍乱，有也不知道。

民国 32 年，有日本人，不知道有几个人。修铁路，修碉堡，修到侯村，修到马良固，来了要东西，要钱，都跑了。

戴着大铁帽子，不穿白大褂。上房逮鸡，小时候没敢望，谁敢看？我们害怕。

日本人没进中国就有土匪了。不知道谁先谁后。皇协军咱这村没有。

没见过日本人给咱检查身体。我没有给他（日本人）干活。当时谁敢出门呀，就在家做点饭，不出门，跟着小孩做饭就是。

八路军有了碉堡后才来，（他们）送粮食。哪个灾荒送哪个，拎土豆来，运来了大米一个人一点。民国 32 年没有多大的雪，记不住几月下的雨。蚂蚱早了，我不吃，到处飞，不知道是不是民国 32 年。

东赵林

采访时间： 2007年5月4日

采访地点： 曲周县安寨镇东赵林

采 访 人： 范 云 李 娜 郑效全

被采访人： 范广德（男 82岁 属虎）

民国32年，村里原有三百来口人，连饿死、霍乱病死的，剩下一百来口人。七月初二（阴历）下雨。（我）没有上过学，那时上学不中。（雨）下了七天八夜，泥房都塌了，房屋倒塌。有饿死的、逃荒的、要饭的，逃荒逃到黄河南。人都饿死了。霍乱，抽筋霍乱，吃了糠菜，凉了，浮肿病，饿得走不动。中国没打针西药，吃草药，一个村里没有医生。肠子没油，撑死了。那时候不知道啥病，一个村里没啥人。喝井水，钻井，井大。村里有霍乱，但不甚记得。

民国32年没淹，河里没水。（有人死了）家人用席子一卷，埋到家里的坟地里。日本人戴口罩，穿的和电视上一样。

日本军给小孩吃东西。见过日本的飞机，飞得不高，在南赵林扔过炸弹。没有臭炮。我是老共产党（员）了，民国38年入党，在河南安阳和国民党打仗。村里有民兵队、游击队，没有枪，没子弹。红枪会早，是老百姓打土匪的。在肥乡县有白阳五教，是反对共产党的。

采访时间： 2007年5月4日

采访地点： 曲周县安寨镇东赵林

采 访 人： 范 云 李 娜 郑效全

被采访人： 范英彬（男 81岁 属兔）

颜香阑（女 76岁 属猴）

范英彬：民国 32 年，北馆陶还没解放。（我当时）16 岁。日本投降后，在曲周县第一高级小学上学，隔了半年没上，后来又补上了。21 岁考上省立中学，河北就（只有）这一个省立中学。

范英彬：民国 32 年后季的时候很多人得霍乱，下雨之后潮热。下了七天七夜，下的房子都塌了。“民国 32 年，老天下大雨，人人得霍乱”，霍乱是闹肚子，扎针能扎过来。村里没听说有人得霍乱。“瘟疫霍乱”是听哥哥从东北辽宁来信说的，他问这边的情况怎么样。“民国 32 年，曲周大灾旱，人人都遭难……”那时每斗粮食 1000 元。

颜香阑：我亲眼看到得霍乱的人，抽筋往一块抽，没法治，吃药，死得快，半顿饭的工夫就没了。俺婆婆得了这个病，一扎筋流出黑血就好了，治了两天。民国 32 年原有三百口人，剩下一百口人。民国 32 年没淹多少水。日本人把村子围住，叫去挖沟，皇协军来要钱。宪兵队是皇协军的，有八路军、游击队。喝水吃井水。全村就村口一口钻井，没听说过当时下毒。

采访时间：2007 年 5 月 4 日

采访地点：曲周县安寨镇东赵林

采 访 人：范　云　李　娜　郑效全

被采访人：徐文才（男　85 岁　属猪）

我老家在这里，从小就在这里长大，3 岁父亲就不在了。我是穷小子，没上过学。

民国 32 年灾荒，立秋就没下过雨，逃荒到离广平两里地。立秋三天后下了雨，雨不大，下了 40 天。民国 32 年没霍乱，都是饿的，饿得走不动。逃到沙子，要命的赶快走，住了 5 年又回来了。

民国 34 年日本投降。我哥哥是骑兵队的队长，打游击，打日本。哥哥叫徐文云，参加抗日战争。我给地主当长工，不是民国 33 年就是民国

34年入党。我不干工，组织工会，相当于工头，回了村是副大队长。分地是民国32年。

日本人逮着人就打人、砍人。拿罐头、糖，问小孩："八路军在哪里。"日本抓过劳工，离这里几千里地，有回来的。

滏阳河开过口子，是1963年的事。

樊　庄

采访时间： 2007年5月4日

采访地点： 曲周县安寨镇樊庄

采 访 人： 孔　静　刘婷婷　陈连茂

被采访人： 樊长领（男　84岁　属鼠）

樊长领

从前上学跟现在上学时间不一样，上过小学，上过两三年，住在这个村，那会不是这个乡。那时兴区，现在是乡。区也是个领导。曲周县4区是侯村区。那时候不兴地区。俺家是地主，现在是富农。

人吃人年景。日本人在这住，侯村区、东张区、侯村区离这里8里地，东张也是8里，一个东南，两个炮楼之间十多里地。

我常在那干活，啥活都干。每天去挖沟，修马路，挖洞。东张有一条马路，马路两边有河，一丈多宽，两丈多深。日本人谁管吃，自己拿着吃，吃干粮。里边给喝点水，有热的喝热的，没热的喝凉的。我也做过，要钱村里上不去，抓人，抓去在屋里像牢房一样，有日本人，有皇协军，拿钱走，拿不起关着。日本人常来常走，多来二三十人，吃饭村里给你送，你就吃，不送不吃。现在二三月份。在里边不干啥，都歇着，有站岗的。上边有命令，叫干啥干啥。没命令就歇着。

日本人在中国待了8年，民国32年抓过，跑不了就抓住了。没有打针。不管，有病就死了，啥也不管。都是黄的衣服。日本人戴口罩，白的，防中毒的。（炮楼）里边不戴口罩，有戴不戴，有讲究卫生的，有不讲究的。有人死，无缘无故死。

在俺这个村，一个人也没有杀过，咱村人好，心平。村也小，现在五六百人，灾荒年二百多口人。前边村杀了多了，他翻译，他来了，都害怕，藏起来，被日本人找到，就说他不是良民，好良民藏啥？东张庄、西张庄杀过人。

喝咱的水，凉水喝。不喝？渴死了。毛主席还没来，没有人领导。没人下毒。没听说他给咱下毒。

民国32年下大雪，下大雨。秋天，地里有水，八月份中间，过秋天，雨下得不小。地里拉庄稼都拉不到。八九月份，路上净水，尺把深水。秋天下大雨，秋天后下大雪。

滏阳河开口子。民国32年开口子，咱这没河，淹不到这。听说过卫河决口，没记下啥时间。都饿，没啥吃的。黄河南有粮，好年景。

从前有伤寒病，伤寒病都是痧子病，麻麻烦烦，能好。吃药不行，打针，吃草药，扎针都行。没人能治，没人下村来给人治病。

俺家没人得伤寒病。有羊毛疔，背梁上皮肉里边长羊毛。挑出来就好了。有十多个人，我没得。

不是一个病，霍乱是霍乱，傻子病是肚子疼，有筋，黑色的，拿针挑挑，挑出血，血流出就好了，血发黑。喝了冷水就得，没死人，都能治好，扎针治好的。老百姓，老人，谁经过这事，找人就扎了。

七月前，霍乱病下来，不传染。有人得，不多。恶心，上吐下泻。治住了，伤人不多，不是民国32年。以前有没有弄不清。

日本（人抓）做劳工（的情况）外边有，俺这（里）没有。日本投降，都返回来了。东张，西张都没有。时间不记得。没听人说跑出来。日本无条件投降，（劳工）放回来。

俺村小，民国31年、民国33年，二百多口人。有饿死的，有病死的。

有土匪。东马连固土匪才多了，有十来个。土匪头不知道。俺这村没有。皇协军没见。

家里人没人当过兵。

公贤李庄

采访时间： 2007年5月6日

采访地点： 曲周县安寨乡公贤李庄

采 访 人： 陈连茂　孔　静　刘婷婷

被采访人： 李秀珍（女　74岁　属狗）

李秀珍

民国32年时叫白寨乡白宗村，（俺）没有上过学。

没有听说霍乱病，净饿死了。那时我8岁，俺小妹妹得病死了，还有俺哥，不知道啥病，那时小，光吃糠菜。

没饭吃，俺兄弟都给人了，小孩都扔了，地里不种粮食，没耩，旱地，老天不下雨。

头年还有啥卖，第二年就没啥卖啦，俺没吃的，下河南了。俺哥是游击队，叫日本人打退了。俺娘把妹妹卖了，换了个烧饼，叫哥吃烧饼。

玉米棒才一点儿的时候，（俺）跟爹逃荒走的。民国33年过了麦，把麦子割了就回来了，民国34年又有了点雨。

有蚂蚱，那一年秋天。那年没下雪，没下霜。

采访时间： 2007年5月6日

采访地点： 曲周县安寨乡公贤李庄

采 访 人： 陈连茂　孔　静　刘婷婷

被采访人： 李　治（男　80岁　属兔）

李　治

我一直住在这个村，这村子以前也叫公贤李庄，属于安寨区第二区。我上过三四年学，学的不多。

民国32年，有病的，吃得孬，就死了，饿瘦了，就死了。就俺这片地俺村有得霍乱的，当时连治病的先生都没有，没人管，没人治，也没啥吃的。当时年轻人、小孩、老人都得病，也不知道是啥病，那时候还有痔子，天脓胞疮。民国32年有很多人都死了，有饿瘦死的，至于传染病，就不清楚了。

那时在安寨有日本人，他们要修炮楼，就抓壮丁为他们干活，俺这就归人家管，为日本人做苦力。

日本人领着皇协军到处抢东西，要钱，不给东西就打。日本人自已带东西，怕咱下毒。他们有逮院里鸡的，总之是不吃咱的饭，也不喝咱的水，院子里边有井。

日本人穿黄军衣，是绿黄色儿的，他们也戴口罩。开臭炮，他们害怕，怕呛着，就戴口罩。臭炮不多，八路军没开过。日本人都穿皮鞋，背着刺刀。

日本人不给我们打针，没有那事。

八路军围广府城，困了日本人好几年，断水了。他们害怕，司令一下命令，就都把兵召回了。过了民国32年，到民国35年，在曲周这里，五里一钉。

日本人有飞机。从东北往曲周来时，就往曲周扔炮弹，炸死了很多人。

我们村里没有抓劳工的，因为村小，人少，没人叫抓，别的村的抓的有很多，后寨抓走兄弟俩，一个回来了，一个死在那儿。死在那儿的小名叫文兰子，老大叫文兰，回来后死的是三儿。

谷　庄

采访时间： 2007年5月4日

采访地点： 曲周县安寨镇谷庄

采 访 人： 孟祥国　左　炀　段文睿

被采访人： 谷超群（男　84岁　属鼠）

民国31年，见过日本人，日本人来村里扫荡，有一百多人，把村子围起来，抓共产党员，没逮着，在马良固安钉子，被抓去挖壕。皇协军常来抢东西，人不多，几十人，有一个被抓去外地，死在外面。日本人来之前有土匪，八路军抓土匪，抓走八九个人，土匪抢东西。日本人来之前，地里种谷子、豆子、高粱、榆树、玉米，一亩地一般收一百来斤，一般一人平均有两三亩地，吃不好，基本吃饱。灾荒前没逃荒，上学的不多，我上了三四年，日本人来了不能上了。

民国32年发生大灾荒，大旱，没下雨，到七月二十来号下雨，下大雨，没淹。大多逃荒，饿死，浮肿病。第二年，日本人没走，有霍乱，有七八人得，年龄大点的得，妇女得，上吐下泻，得这种病的，有一个治好，叫谷树年，让一个贾老祥的医生治好了，是中医，用的药。这个医生是贾庄的，不知道怎么治的。家里人没得这种病。不知道日本人、皇协军有没有得这种病。

采访时间： 2007年5月4日

采访地点： 曲周县安寨镇谷庄

采 访 人： 孟祥国　左　炀　段文睿
被采访人： 谷希孔（男　78 岁　属马）

日本人在灾荒前来的，那时我 14 岁，有两个碉堡，一边（日本人）多点，一边不多，不大来村里，日本兵经常经过村里的土路。还有宪兵队，有两个院，日本人住一个院，宪兵队人多，住一个院。宪兵队抢东西、抢钱，他们一来，（人们）就吓跑了。日本人抓人去干活，去炮楼挖沟，里面盖房子，不管饭，自己带。有被日本人抓走的，叫谷玉林，至今没回来，不知道抓到哪里了，据说死在石家庄了。

日本人来之前，地里种小麦、谷子、玉米、高粱，基本吃饱，吃不好，平时一亩地收一百来斤。除种地，没有干别的，有去大户家帮工的，给粮食，上学的不多，上了一年学，日本人来了，上不了了，老师是谷庄的。

民国 32 年，大灾荒，日本人抢东西。天旱，那年没种上苗，一直到七月都没下雨，下雨下了七八天，淹了，水很深，水都从西北到东北流。周围没河，灾荒前二百七十多口人，后来有二百多口。有逃荒没回来，还有得病的，得一个死一个。症状是不说话，时间不长就死了，得了这种病，时间长的十来个小时就死了，得这种病的主要是妇女、儿童，别的少，找医生都治不好。日本人没听说得这种病的，常有飞机飞过，还有很多人逃荒。我 44 岁当兵，参加了刘伯承的军队五旅，向山西、河南逃荒，都没回来，回来后生活好点了。日本人 1944 年走的，（俺）去过宪兵队炮楼。

采访时间： 2007 年 5 月 4 日
采访地点： 曲周县安寨镇谷庄
采 访 人： 孟祥国　左　炀　段文睿
被采访人： 袁爱香（女　79 岁　属蛇）

日本人来之前，俺9岁，见过日本人，（他们）来过村里，有几十个人，（这里）住的日本人较多，在村子住，把村子围住，不是农民就打，找共产党员。不抢东西，抓人、打人，抓人去干活，有被揍死的，叫杨（某某），见过飞机。

民国32年，没收麦子，大旱，没井，没河，种麦子到收麦子都没有下雨。到七月才下雨，下雨下得很大，到处是水，死的人不是很多，不知道怎么死的。都逃荒了，逃到山西、河南，逃荒逃到东南，1945年后回来了，很多没回来，住在那了，死在洪山。

南范庄

采访时间： 2007年5月4日

采访地点： 曲周县安寨镇南范庄

采 访 人： 范 云 李 娜 郑效全

被采访人： 范汝元（男 84岁 属鼠）

我上两年半学，日本进中国，就上不成了。

民国32年，天没下，在七月里下了七天七夜，下的不小，没淹。灾荒年没吃的，小枣、黄粮煮煮吃，东赵林死了一半，那时候叫范庄。我哥、父亲、弟都出去了，家里没人，奶奶不能动了。有生病死的，饿过了，就生病，先生来了看看说是霍乱。霍乱治住了，朝胳膊、腿扎筋出血就好了，人跟人血液不一样。差不多都是这个病，肚子疼，难受，死得快，上来不超过两个钟头。有医生，俺村医生不少，中西医都会。民国32年没西医。我家没人得。不管大人、小孩都得，大人多。

村里没河，有井，钻井。滏阳河在曲周，离这里30里路。1956年开口子，民国32年没听说过。民国32年见过日本人，日本人向村里要人。看过飞机在飞，飞得高，撂炸弹，南赵林、北赵林都撂了。宪兵队、皇协军在俺这里崩了四五个人。抓农民问话、修钉子。不知道抓了多少人，抓哪里去了。

民国 32 年有二千多口人，剩一千五百口人，我死了三次都没死成。

采访时间：2007 年 5 月 4 日

采访地点：曲周县安寨镇南范庄

采 访 人：范 云 李 娜 郑效全

被采访人：范振川（男 70 岁 属虎）

我老家就是这里。我上过学，高小毕业，没上过初中。我是工人，退休了。民国 32 年就住这里。三伏（天）下雨，种苗都晚了，前边太旱。下了几天，说不清楚是多长时间。庄稼都没了，淹是没淹，有霜降，人都饿了。都饿死了。我们这个村还好。三伏种苗就不收了。有生病的，都呆了，不动了，饿傻了，都不知道哭。有医生，俺村有两个医生，有病就治。霍乱当时有，可能还早点，扎筋就好了。我见过霍乱病人，肚子疼。

土匪抢，日本（人）也要。马路北边有炮楼，白天日本人来村里，要人挖沟修路，炮楼上有炮，人不去就打。日本人有汽车。八路军把沟填了，路都挖了。皇协军抢，国民党要。皇协军替日本人办事，大队长王永宪抓伕当民工，干活挖沟。找村长，让他组织人赶快去，不去就枪毙。没有抓到日本去的。民国 32 年没河，村里说不准有多少人。南赵林和南范庄才 800 人。

我见过大笨飞机，双翅膀的飞机，飞得不高。日本来扫荡，从东边往西边跑。死个人不算个事。

喝水钻井，有一年往井里下毒，可能是民国 32 年前后，后来井就盖盖子了。滏阳河开口子不在民国 32 年。

采访时间： 2007年5月4日

采访地点： 曲周县安寨镇南范庄

采 访 人： 范 云 李 娜 郑效全

被采访人： 范振江（男 77岁 属羊）

（俺）上过小学，日本过来后，没人教学。

民国32年旱毁了，没淹光旱，愣旱不收。民国32年下了七天七夜的雨，没停过，大哩，房子都漏了。下雨时庙都毁了。没瓦房，是泥房，没地方站。姊妹7个。夏天的时候，连棒子还没结，庄稼还没收。我这边种庄稼、菜，没法吃，逃荒，我逃到黄河南。我父亲领我推小车到阳谷黄河堤，吃槐叶、树皮，脸胀、腿胀。在地里薅野菜煮煮吃。民国32年春天去的黄河，铺的、盖的在黄河卖。麦子还薅不住哩。民国32年又回来了，还没下雨。

大部分是饿的，一点事就死了。医生少，东边的张赵村一家六七口人躺在炕上死了。民国9年听说霍乱厉害，民国32年没有。

成天和日本人打交道。日本人修炮楼，挖沟，沟里没水，和河一样深，挖沟通向钉子。见过日本人的飞机，有4个翅膀，没扔东西。有皇协军、宪兵队，没听说过大刀会、小刀会等。西边驻八路军。

南马庄

采访时间： 2007年5月4日

采访地点： 曲周县安寨镇南马庄

采 访 人： 孟祥国 左 炀 段文睿

被采访人： 李占吉（男 78岁 属马）

日本人来过，大约在民国32年之前。日本人来了，修了碉堡，日军人很少，两三人。大多皇协军，日本人不来，主要是皇协军来，皇协军人多，一个村子二三十个。皇协军要东西、抢钱，不给就打。其中马常友被皇协军揍死了，他是八路军的会计。也有八路军地下党员，一般晚上来，但不多。还有土匪（老杂），不多，三五个，要钱，有钱。老杂一般不来，日本人也恨老杂，老杂两面派，一会儿投靠日本人，一会儿投靠共产党。

日本人来之前，一般种谷子、麦子（收一季）、高粱，一亩地收一二百斤，基本吃饱，没大有出去逃荒的。除了种地，也有做小买卖的，卖药、卖果子（油条），穷多富少，都是很穷，上了两年学。日本人来了，就不叫上了，老师是谷庄的，也回去了。

民国32年，吃糠，老天不下雨，七月初一之前没下过雨，没种上，后来下大雨，种子完了，一季没收成。下了七天大雨，一般屋顶都顶不住，十个有八个漏。有霍乱，拉肚子，基本泻了。俺奶奶得病死了，一家死了六七口，得病的都是老人，成年人得病的不多，小孩没事，不知道怎么得的。死的人埋在自家地里，得这种病，没人治，赤脚医生扎针，有治好的，但我小舅子死了，没有吃药。我们村得霍乱的多，死了三十多个人，主要是饿死的，得这种病的现在都没活了，下了大雨后得这种病。这个期间没见飞机。日本人没来给治病。

很多人逃荒，大部分死在外面，我没出去逃荒，俺老伴逃过荒。老伴是南王村的，十六七（岁）时结的婚，日本人在我16岁那年七月十三走的，日本人走时结的婚。

发大水时，水向东北流。

采访时间：2007年5月4日

采访地点：曲周县安寨镇南马庄

采 访 人：孟祥国　左　炀　段文睿

被采访人：张国栋（男　77岁　属羊）

（俺）没上过学，上学的也不多。

（俺）见过日本人，住在西面的炮楼里。有十五六个日本人，一个班。日本人经常来抢东西，抓人做工，抓人抓到郑州，一个姓李，一个姓曹。日本人来，（大家）都吓跑了，共产党用一些孬的武器吓唬日本人。还有皇协军，日本人和皇协军一人一个碉堡，还有土匪、恶霸、流氓等组成四五百人一个团的皇协军。皇协军和日本人一起来。有飞机，在别的村，像新寨扔过炸弹，民兵用土制武器和日本人打仗。土匪人很少，捣乱，抢羊、抢牛，一般不杀人。

日本人来之前，地里种小麦、谷子、玉米，没有肥料，一亩地收一百多斤，一般家里也够不着，我给地主打工，管饭。十二三岁时去山西逃荒，灾荒那年逃回来的。一般（人）不出去逃荒，民国32年才逃荒，逃荒逃到山西、河南，大多在第二年（民国33年）回来，基本没做生意的。

民国32年，老天不下雨，干旱，种的庄稼都干了，全部靠天，大旱后下了大雨，饿死很多人，浮肿病，肚子胀，还有霍乱病，得这种病的很多，得了好不了，没有治霍乱的，村里没有医生，光等死。死了去埋。（俺）家里没有得霍乱病的。日本人没得这病的，也没给看的。

大和飞机，主要扔炸弹。

我参加了部队是六十一军公安十八团，刘伯承的。在四川当的兵，现在还是军属，现在一个月300多（元），从重庆复员回来的。

采访时间：2007年5月4日

采访地点：曲周县安寨镇南马庄

采 访 人：孟祥国　左　炀　段文睿

被采访人：张秀芳（女　74岁　属狗）

我爸爸卖包子的，叫张元友，家里穷，弟弟比我小三岁。村里有小学，一家有一两个上学的，日本人来后就上不了了。

（俺）见过日本人，日本人来了，有飞机，枪子从窗户飞进来，又弹回来，打到锅盖上，有很多弹壳。日本人来了，在我8岁时修楼，拿刺刀，在我爷爷头上捅了一刀，爷爷死了，掉了半个耳朵，那时（我才）8岁，日本人有十来个人，有骑高马的，有戴口罩的，有皇协军，拿鸡蛋，跪着迎日本人，日本人还捅你。

从这过了很多日本人，大部队从这里经过，在郭金庄有炮楼，从东往西都有日本人经过，共产党军队挖了个沟和日本人打，庄稼人把共产党员藏起来。皇协军和日本人住在一起，狗腿子。日本人在这里抢东西，烧死过人，被子、衣服全弄走了，抢了东西还不用，吓得都拉裤子了，经常来抢东西取乐。

爸爸逃到邢台，饿死在那了，在邢台城东十井村，小妹妹扔在邢台了，妈妈要把我卖给日本人太太，说给500（元），但没给，我就跑回来了。领救济的饭，我和妈妈都没领上，进城要良民证，但要饭的没有。俺10岁当童养媳。

民国32年，我10岁，南马庄是我婆家。大旱，7个月没下雨，收不起来，到七月初开始下雨，下了好几天大雨，淹了，饿死了很多人，记不清饿死了多少人，得浮肿病，有霍乱病，上吐下泻，得这种病的就得死，扎舌根，手腕那扎针，有医生，扎了针，拿蒜抹上，没有求神，现在又信佛、黄老夫、耶稣的，家人没有得霍乱的。日本人有医生，没有得这种病的，也没有给村民治的。

很多人逃荒，三月走七月回来的。其他人有向山西、河南逃荒的，到现在还有很多没回来的，很多死在外面的。

日本人在这住了5年。日本人来之前，过的也不行，地里种的小麦收不了。日本人在俺11岁时走的，把树锯了当日军碉堡的栅栏。日本人走了之后，碉堡全拆了，砖都拉来盖房子。皇协军大多是外地人，日军走了后，他们也走了。

南阳庄村

采访时间：2007年5月4日

采访地点：曲周县安寨镇敬老院

采 访 人：张文艳　王占奎　王春玲

被采访人：范玉华（女　79岁　属蛇）

范玉华

（俺）不识字，没上过学，7岁送婆子啦。俺娘家在南赵林，俺爹不吭气没影了。我7岁当童养媳搬到秦庄。住到14岁，不会做活，啥也不会。14岁我婺了个婆，找个男人大我27岁，（我被）卖了两担高粱。

民国32年，老头叫我逃命，他跟我说："你逃吧。我养不起你。"老头逃了，啥也没留，娘也没吃的，我也没吃的。

到了民国32年，天不下雨，种不上苗，也没井，光一个吃水井。到七月才下雨，一下下了七八天，房倒屋塌。七天七黑夜。哩哩啦啦，下了七天，沙地，下了不几天就能走。洼地有水，高地没水。洼地蛤蟆吱哇吱哇地叫。民国32年在南阳庄住，离这二里地。那时候还没河，后来挖的，曲周有，这没有，滏阳河，那水多，又宽又大。到后半年才下，种点荞麦，收成不大，皮子不少。

民国32年，济阳里的一个老婆子死了老头，一个闺女，机灵哩，（老婆子）就"扑通"扔井里了。有叫人贩子弄走的。俺一个妹子就贩到河南了。可不，可多了。给你两升谷子（五斤谷子）就领走了。领到那边就卖了。孩子不走，就给个饼子，孩子就走了。逃荒的多着哩。年景好了，都回来了。民国32年都逃出去，拾粮食，有逃到山西的，太多记不清。

我不逃，饿了拾枣，灰灰菜，吃了20天，也没病，没听说有病的，生病也不知道。光知道这两家做伴，远了也不知道。有死的。咱记不清，咱还饿着跑哩。听说过霍乱，有，听人说过，可没见过，有死哩，肚里疼，打滚。拉肚子，那个死得快，上来了，打打滚就死了。没法治，穷人治不起都死了。

俺这东头有碉堡，周围铁丝，铁丝外头养的狗。到黑了把门整住了，他也怕啊，可不要？日本人派一个人当村长，有八路军村长。要粮食要民工，没人管能行？两面哩。皇协军不到咱这抢，碉堡在这儿，皇协军到外地抢。皇协军有好的，八路军放进去的。日本人凶，他害八路军，老百姓他不害。有孬的，他害你。有那个铁木头，听说过，没见过，老杂，倒杆儿，其实都是老杂，光抢好家，不抢穷家。日本人黑下不出来，老杂出来，你得掏钱回，不然掐头，白天跟咱一样没事儿，黑了一集合，“做活儿”，说做活儿就是到哪去抢东西。

南赵林

采访时间：2007 年 5 月 4 日

采访地点：曲周县安寨镇南赵林

采 访 人：范 云　李 娜　郑效全

被采访人：李鹏杨（男　83 岁　属牛）

我一直住南赵林，我上过小学，上完晚小。现在村有 900 口人。那时候就有五六百人。

民国 32 年快三伏天下大雨，胆大的就种庄稼，胆小的就没种。下了至少有两天，下得大。那时有棒子了，荞麦收点。

离俺这 5 里地有炮楼。日本人来抢，都抢光了。逃荒有逃到山西的，饿死的不少，逃跑的不少，就算有点病也不治。霍乱病是传染病，没有人管了。民国 32 年有医生，都是中医，有点病吃草药。我没见过霍乱咋治。村里有饿死的人，有得霍乱的，死得快，一两天就死。

灾荒一年多。俺们都吃井水，钻井没盖子。经常和日本人打交道，一个村要多少多少人挖大沟。日本人不管（村民有没有病），来了弄走点物件。有两个炮楼，日本人扎了一个，皇协军扎了一个。滏阳河没有开过口子。

西杨固村

采访时间： 2007年5月4日

采访地点： 曲周县安寨乡西杨固村

采 访 人： 孔 静 陈连茂 刘婷婷

被采访人： 聂克成（男 78岁 属马）

（俺）没上过学，上了一天，日本人就来了。

民国32年，（俺）住这个村。

民国32年有霍乱，光知道老毛子在这，我家有，俺父亲得过。那时下了六七天的大雨，记不清，下雨前还是下雨后得，得病有肚子疼，有不肚子疼的，闹不清了。东头、南头、西头、后街老些人得，远地方不知道。那个病没传染。

病了找老奶奶，是个女的，扎针，差不多都给扎过，得霍乱病的，扎胳膊弯，扎针出黑血，老些血。我也叫扎过，得的不是霍乱病，没多大，才十几，十四五，记不清。

采访时间： 2007年5月4日

采访地点： 曲周县安寨乡西杨固村

采 访 人： 孔 静 刘婷婷 陈连茂

被采访人： 聂清玉（男 76岁 属猴）

一直在这个村，原来西杨固属于侯村。

我没上过学，正上时，日本人来了，就没上成。

灾荒年，天不下雨，前半年旱，种不上苗，种上苗老天治下，得七八天，七月份，六月以后，下了七八天，滏阳河西边，没听说开口，那时下雨，地里全是水，把苗淹了。

民国32年有霍乱，一上来就肚子疼，村里有三百来人，光知道有个人得霍乱死了，肚子疼，一疼就狠，就死了，俺哥哥就得过，不哕不泻，光肚子疼。有个老婆婆给哥哥扎针，扎胳膊弯扎针，流点黑血，扎完就好了，老婆婆不是医生就敢扎。哥哥得病时17（岁），不知道咋得的，民国32年得的，几月份记不清，得病会儿不大，两钟头就好了，疼了半个钟头，就哥哥自己得了，没别人得，听老人说叫霍乱病，这个病一上来叫（发）痧，再严重了叫霍乱，再厉害了叫羊毛疔，羊毛疔就不能治了，死了。他肚子愣疼。记不清多少人得，（那时我）还小哩，那时，可能（是在）七八月里，没听说（有人）传染，家里人都没事。记不清霍乱是下雨后还是下雨前。

得病的时候有日本人，衣侯村有钉子，得病时没下来。

平常日本人下来扫荡，找八路军，找到就打死了。（他们）穿军装，跟电视上演的一样，没见过戴口罩穿白衣服的。日本人在村里抓人，抓人干活，挖河，挖到马村炮楼。

听过抓劳工，修炮楼。聂吉祥被日本人抓去了，日本投降了，后来放回来了，加入八路军，叫日本人打死了，后来成烈军属了。

记不清俺哥哥跟聂吉祥一块被抓走，俺家拿钱买回来了，（一个名）叫聂清林死了八年了，他那时是青年队长，在区里，被抓到侯村当劳工，关在一个屋里，去日本从那里边挑，是八路军也从那里边挑。回来就得霍乱了，在屋里没打过针，也没吃过药，一屋子人，有一百多（人）都是青年队长，在那不干活，光关着，俺跟俺娘给他送饭，不吃日本人的饭，不喝他们的水，关在日本人的炮楼里，后来关到皇协军那儿，关了两日，不记得啥时候关的，啥时候放的，记不清跟下雨有什么关系。

采访时间：2007年5月4日

采访地点：曲周县安寨乡西杨固村

采 访 人：孙 静 刘婷婷 陈连茂

被采访人：聂振华（男 84岁 属鼠）

原来这村属于侯村大公社，分在安寨乡。（俺）没有上过学，上过党校，曲周开过党校。一个村要几个党员，我村要了3个。当过民兵，打过贵阳县。有日本人。

有霍乱病，伤寒病。不是说经常。霍乱就是（发）痧的（伤寒病是感冒）。伤寒不难受，肚子不疼，与现在感冒一样。感冒好了就是瘟疫，瘟疫好了就是伤寒，发烧，头疼，肚子疼，不呕不泻。

民国32年几月份记不清了，闹不清多少人，（反正）不少。村子有的人逃荒走了，有五六百人。有个十个八个就不少了。难受，肚子疼。突然变成霍乱，上来了就快，胳膊黑血。得霍乱病，到那个程度是致死的病，一级病。没有能医生。村里喝个偏方，没人治。村里有个先生会偏方，喝个偏方，好了就好了。

民国32年下雨下到二伏、三伏不尽秋来到。雨三天下两天下，不成籽，70天不成。民国32年没淹，前半年旱，地旱得不能埋苗，二伏下雨，下地的水。

没听说（卫河决堤）。

民国32年日本人在这儿，侯村是民国32年修的钉子，民国34年日本走的。都有抓过人，谁也不知道运到哪里。

有（土匪），土匪头目没有。刘建臣是皇协军队长，伪军队长，曲周县的，无恶不作。日本走了以后，在侯村被千刀万剐，好多人去看。有刮耳朵的，有卸胳膊的，老些人去看。

衙后李庄

采访时间：2007 年 5 月 6 日

采访地点：曲周县安寨镇衙后李庄

采 访 人：陈连茂　刘婷婷　孔　静

被采访人：霍广亮（男　75 岁　属鸡）

霍广亮

我一直生活在这个村，没出去过，以前咱村也属于衙后李庄，日本人来后只说后李庄。我上过几天学，没验过血型，不知道自己的血型。

民国 32 年，有人得霍乱病，死了好多人。主要就是肚子疼，半天工夫不到就死了。也没人治，当时没有先生，那时候没有药，就算有药，没熬出，人就死了。那时不准扎针，扎针也不顶事。三分之一人都得了霍乱，不论老人还是年轻人，一上来就一家。大河道乡四门寨死了好多人，光听大人说的，一死就是一家的，埋都来不及。而且这病传染，传染得厉害，凡是得这病的能活下来的很少，而且活下来都不是治的，有这命的就活，没这命的就死了。别的村有没有，我也不清楚。四门寨人死了很多，其他的都跑了，我娘就是那地方人。得病的人肚子疼，我们村的人得这病不多，霍乱是不能治的，得了就没救，光知道那病叫霍乱，这事发生在民国 32 年，大约一月份。

那时日本人来了，而且都来了两三年了。当时，来我们村愿拿啥就拿啥。日本人来了，我们就跑地里去，躲在坑里。日本人不敢找，因为那时地里有八路军。

日本人来时穿着黄军装，大高皮鞋，戴顶钢帽子，没有穿白大褂的，有没有戴口罩的也闹不清。

日本人是有粮食就拿走，也喝我们的水，没听过他们消毒。也不知道有没有给日本人下过毒。日本人还杀人，看到一个人手上没茧子像八路军，就杀了。看见手上有茧子，老农民，就不管了。

日本人也抓过农民给他们干活，挖沟，抓到安寨，也有抓到日本国的。老营村抓得多，抓了一会儿，就抓了二三百人。日本人都来这烧杀抢掠，日本国人少，我们人多。日本人当兵的不管是大人，还是小孩都来咱中国，老的够45岁也得来。那时没人干活，小的够15岁也得去。日本人有的抗战八年都没回去。

他们抓的人都去掏煤窑，有回来的，也有很多。八年抗战后，就把中国人送回来了，是民国34年时送回来的。当时被抓的有老营村的：胡明（成）、胡德（成），他爹、叔，他们爹死在日本了，叔叔将他的尸体运回来了。胡明（成）在日本国待了好几年，回来后才死的。俺姨家在大河道乡，我经常去，这些都是听说的。

日本人的飞机往曲周城扔炮弹，把城炸了，八路军都跑了，曲周城没人住了，日本人来了，就住那了。别的村也没见扔，也没见扔吃的东西。

民国32年是灾荒年，粮食都运到日本国了。民国32年有粮食，但下雨了，光见荞麦，能种粮食，但红萝卜多，不经吃。

那年六月下雨，七月下霜，庄稼都冻死了，霜光了。这都是民国32年的事，地里啥也不长。红萝卜是有，但是霜不停，什么都（被）霜（冻）光了，不光是咱一个村了。河北省都被霜（冻）了，覆盖面很大，下的雨很大，光吃玉米芯，棒子刚长红絮絮，还没添粒，就都（被）冻死了。

民国32年雨下得很大，但是还没淹，一九六几年，南边东河开口子，跟民国32年不一样，民国32年是啥也没有，一九六几年毛主席在这，有粮食，民国32年日本人在这，（那时）毛主席远，在延安。

日本人还没来时就有土匪，我光知道土匪抢东西了，已记不准土匪头，俺这个村有个打土匪头的，跟八路军一气，叫李田庆，一屋子土匪，他进去一刀子就把土匪打得不轻，他带领一队人打土匪，他是办好事的人。那时候日本人还没来。后来日本人来了，他就消失了。不知道是死了，还是走了。他使刀，日本人使枪，他对付不了人家（日本人）。

日本人来了后，皇协军有很多，小日本多半还不行，皇协军能吃饱就中，跟日本人混。俺这个村里没有当皇协军的。当皇协军都能娶4个媳妇，吃喝玩乐，杀的人有很多。皇协军在曲周城里干了坏事，八路军就去抄他的家，为老百姓做主。

那时毛主席见了老百姓喊大爷大娘，日本人哪有喊的，他们是专打咱的。

采访时间： 2007 年 5 月 6 日
采访地点： 曲周县安寨镇衔后李庄
采 访 人： 陈连茂　刘婷婷　孔　静
被采访人： 霍金太（男　77 岁　属羊）

霍金太

一直住这个村，以前就属于安寨镇，没上过学，得过半身不遂瘫痪，不知道血型，民国 32 年我仅八九岁，不记得是否得病。

有日本人来过咱村，不知道干吗。

采访时间： 2007 年 5 月 6 日
采访地点： 曲周县安寨乡衔后李庄
采 访 人： 刘婷婷　孔　静　陈连茂
被采访人： 李　坤（男　82 岁　属虎）

李　坤

民国 32 年，在这住，那时街后李庄就属于安寨。不知道自己的血型。上过学，上三四五年，民学。

民国 32 年，死了好多人，都是饿死的。

一亩地打个30、60斤哩，打个80斤最多。那时没肥料，上个豆子，不能浇地，光靠老天下雨。

民国32年，旱，地里都没草，俺这全村两口井，民国32年前下过雨，民国24年下过雨，民国32年下了三四次雨，民国32年后半年下了雨大，地都潮得不能犁了。

民国32年，没下大雨，不到秋天下了，能种庄稼了，就耕地的时候，那年景不好，有个歌谣，是人都会，现在忘了。那时，地里一个苗都没有，到九月底、快十月里才下了。

民国32年，有霍乱，不厉害，死了没几个人，都忘了是谁了，年多了。得了那个病，不能吃不能喝，死了拿个脊梁栝卷卷埋了，那时农村里有医生，咋了也治不住，净中医，吃草药，吃了不顶事，不像现在能打针吃药，好得快，那时这个病治不好，一上来就不行了，一天也待不了，最多两晌。俺这霍乱不厉害。民国32年别的病也记不得，吃不了喝不了，路上死的人多着哩，现在一千多人，那时多说有五百口，也就三四百人，过了灾荒年不点人，都逃荒了，上河南，逃荒死（在）外边的也不少。过了灾荒，日本人就走了，八路军围的，那时咱这都解放了，就说那病是霍乱，不知道啥症状。

别的听说嘛，邱县头颌病的人，不叫出也不叫进，医生栽果，吃了有再进去怕传染，封锁了半个月15天，才放开。不是民国32年，民国32年以后。

到了民国33年，日本（人）就来了，我这挖了个地道，我挖了，挖了得有100米，曲周县政府、司令部、县卫生干部来了避难。我、李如风、李方、区公所派来的郭震昂（那时是通讯员），俺几个一块挖的，县政府叫挖的，这是秘密。

好几个村一个区，俺这是第四区，冀南分五区，分南、北、西、东、冀鲁豫五个区。俺区长李志平，民政助理梁海燕，财政助理刘胜武，粮食助理霍广太，还有杨益民，通讯员李云庆。

八路军在这，日本人在安寨，在那修的钉子，日本人在那住了，他挖个大沟，四方楼，沟有一丈多深，沟外边有桩，用铁丝围了，铁丝外边的枣树围了。

日本人经常出来，来咱这好几趟，打死了一个工作人员，忘了叫啥了，他是区公所一个啥主任，开会，他路过这看他爹，他爹叫皇协军抓了，他看看，结果被抓了。日本人抓老百姓要钱，人家都走了，就他父亲出来晚了，抓住了。

日本人出来抢老百姓的，皇协军领着他们出来，日本人的枪好，八路军的不行，子弹也少，一打，打得过就打，打不过就跑。

日本人穿呢子衣裳，没见穿别的衣服，没见穿白大褂，没见过日本人的医生，日本人都戴着口罩，出来外边戴手套，挎个枪，水壶。我去过日本人的炮楼干活，叫干啥干啥，钱都没有。上边住了10个日本人，（其他）都是皇协军。

日本人抓咱扔沟里，给了钱，就叫回来。干活给村里要人，咱这抓了好几回，还要牛。咱这村没抓外边哩，俺姨兄弟刘志风抓（去）日本国3年，忘了哪年抓的，现在早死了，在那住了3年，日本亡了国就回来了，在那给人开山垫沟，冬天下了5尺雪，扫雪，掉雪里边就冻死了。姨兄弟家在大河道乡老营村，老营、河道、张八郎寨（都）抓了老些人，都死了。

郑　村

采访时间：2007年5月4日

采访地点：曲周县安寨镇敬老院

采 访 人：张文艳　王占奎　王春玲

被采访人：姜兴荣（男　74岁　属狗）

民国32年那会儿，没吃没穿，老天下雨晚，过晚，没收哩。没下雨，

姜兴荣

一直没下雨。苗过晚了，苗不成籽。六月十四下的雨，下的刚能耩上苗，棒子刚起个泡。到民国33年行了。民国33年麦子最好能收120斤。

霍乱病，那个病上来以后就毁了，肚疼，一疼就毁。拿针扎（指肘窝、腿窝）手指头（指甲角），脚心。就是32年，32年前半年不少，死了不少，一共剩了两个小孩。扎过来就好，扎不过来就死了。肚里愣疼，疼得过狠了，就晕了。得那个病，上吐下泻，上来了，两天也顶不了，一天就死了。传（染）不传（染）我不清楚，年轻的（得病）多，十几，一二十岁的。

我还小呐。十一二岁多，我得病在下雨前，没有医生，痧子霍乱，在这儿得的，在这儿住，治好了以后再去的郑村，在那儿没有。那村人少。

腊月初八，日本人来过一次。戴口罩，戴手套，有戴有不戴的，没见过。东屯盖碉堡，把枣树都锯了。乐陵有碉堡，离这十几里。（指西偏南方向）

采访时间： 2007年5月4日

采访地点： 曲周县安寨镇敬老院

采 访 人： 张文艳　王占奎　王春玲

被采访人： 宋之光（男　83岁　属牛）

宋之光

（我）住在郑村，一直住这村，当时属于马良固。上过两天学，是私人学校。

民国32年年景不好，天气又旱又淹，大旱，下雨少，旱了好几年，淹是什么时候记不清了，是下大雨淹的，淹死老多人，当时滏阳河没挖。没听说过霍乱抽筋这种病。饿死老多人，卖地卖庄稼。都出去逃荒，饿得走不动了，卖小孩买粮食。那时候吃糠、吃野菜，地里收成不好。我逃到了沙河，我姐姐家。村里人逃到山西要饭，到哪的都有。日本人来村里收公粮，老杂也抢，老杂不少。日本人在这待了多久记不准了。老杂也要公粮，锯树修钉子。

见过日本人，打人，抢东西，抢牛。抢东西，是皇协军抢，日本人不要，要公粮。日本人杀了11个老乡，都是好人，怀疑给八路军送酒杀了。

白 寨 乡

安王庄

采访时间：2007 年 5 月 5 日

采访地点：曲周县白寨乡安王庄

采 访 人：孟祥国　左　炀　段文睿

被采访人：安志学（男　81 岁　属兔）

日本人，在民国 27 年来了，（我）见过日本人，有炮楼，有十来个人，有两个中国人，还有很多皇协军，一般不住一起，绝大部分中国人。

日本人有穿白大褂，戴口罩的人。

日本人对咱很残酷。日本人、皇协军来抢东西，打人，也杀过人，抓人去干活，也有抓到外地去干活的，抓去挖沟，被抓去的人都死了，回来的人也死了。有一个叫韩亭秀，抓到东三省做劳工，又跑回来了，累了跑回来了。村里抓的，回来两人，步行回来的，要饭回来的。死了 3 年了。

民国 32 年当的地下党员，游击队。当时地下党不多，一伙一伙的，有 10 个，有 8 个的。土匪谁也不跟，谁的东西都抢。

日本人来之前，家里有 4 个人，爹、娘、爷爷和我，没有弟弟妹妹，一个人四五亩地，一亩地收二百来斤。主要种高粱、稻子，不是旱就是淹，基本够吃。种的东西有时交，有时不交，交给村长。国民党、共产党、日本人都要，都要粮食，一个人交六七十斤给国民党，一个人交二三十斤给共产党。不交，日本人揍，共产党不揍。

做工的不多，主要是种地，给有钱人种地。给他干一季，给二三百斤粮食。有做小买卖的，但不多，主要种地。

民国32年，不收，老天不下雨，近一年不下雨，什么也种不上。有河有水，浇的不多。河两岸好地是地主的，不给钱不能浇。秋后下大雨，全是水，淹了，水是从河里漫过来的，下了30天雨，什么也没收成。死的人不多。民国33年死的人多，所有东西都吃光了，主要是饿死的。有病的不多，拉肚子的不多，没有霍乱这种病，都是饿死人的。出去逃荒的不多，主要逃到山西、河南，家里老人是病死的，不知道是什么病，逃荒的不多，第二三年就回来了。村小，当时有五六十口，灾荒后就死了6口。

到1949年有霍乱，死的人不多，能治了，有医生，有中医、西医。灾荒年没病，民国34年、35年有得这种病的，死的人不多，能治，有医生。

发大水时没见过飞机，飞机很少。发大水到滏阳河过，看见有日本人沿河堤走，是穿白大褂戴口罩的人，有坐船，也有不坐船，从西南向东北走。

日本人（是）民国34年走的，七月份走的。走后炮楼什么没有了，现在都种地了。

复员时是河北省独立团，复员后在供销社，退休30年了，退休金一个月五六百元。

采访时间： 2007年5月5日

采访地点： 曲周县白寨乡安王庄

采 访 人： 孟祥国　左　炀　段文睿

被采访人： 白升华（男　73岁　属猪）

没见过日本人，在村头见过皇协军，要东西，捣鬼，打人，抓去做工，给人修炮楼，没被抓到外地的。有八路军，就两三个，在村里住。日本人来了，就跑了，跟日本人打过仗。没有土匪。

灾荒年前，家里有十几口人，有爷爷、爹、两个叔叔、兄弟五个、一个姐姐。那时地少，一家就有十几亩地，地里种菜、高粱、谷子，一亩地好年头收一百来斤，不够吃的，新中国成立前也卖菜，靠卖菜、种地收入要上交，交公粮，国民党、共产党都要。

民国32年，天旱，靠天吃饭，下了大雨，淹了，水从滏阳河过来，全县都旱，没收起来。俺爹、大哥和叔叔，逃荒逃到河南，推个小车到河南贩粮食回来。出去逃荒的不多，逃到山西。灾荒前六七十个人，有死在外面的，有饿死的。发大水时没去过河边，没有得什么传染病的。记不清日本人什么时候走的，炮楼（里）什么没留什么。

采访时间：2007年5月5日
采访地点：曲周县白寨乡安王庄
采 访 人：孟祥国　左　炀　段文睿
被采访人：王振声（男　85岁　属猪）

（我）上了3年学，后来日本人来了，当时上学的不多，几个村一个学校。

滏阳河附近有日本鬼子，有炮楼，有十来个日本人。日本人住在滏阳河边，村里派（人）去给日本人干活，没有抓到外地去干活的。有本地人当皇协军的，稍有共产党员。我是1954年入党的，当时没打日本人，土匪有十来个人，土匪的头子叫刘秉义。日本人不来，皇协军来，要东西，打人。皇协军来要钱，一个人一年要交两块钱。每个人都要交钱，日本人不要钱，要东西。

日本人没来时，村子里有一百来人，当时，俺家有五六口人，爷爷、奶奶、爸爸、妈妈和我，一个人四五亩地，一亩地收二百来斤，基本够吃。地里种谷子、玉米、高粱、稻子。村里没有地的很多，没有地主，有富农，富农家里最多有十来亩地，基本吃饱，不用逃荒。除种地外，有做小买卖的，家里卖馒头，一天卖几斤。

民国 32 年，那会（我）15 岁，可以种庄稼了。（天）先很旱，到五六月才下雨，下了几天雨。滏阳河水溢出来了，水灾，滏阳河发大水。水都是滏阳河流过来的，河堤自己冲开的。当时河里有鱼。死的人不多，当时病死的、治不好的就死了，冷热病，来治，吃药，皇协军也有得这种病的，他们有医生，见过日本人的医生。见过飞机，但不多。

淹了后，吃有的粮食。出去逃荒的不少，有逃到山西太原要饭。逃荒的第二三年回来的，还有没回来的。

白 寨

采访时间： 2006 年 5 月 3 日
采访地点： 曲周县白寨乡白寨
采 访 人： 靳爱冬　王　浩　穆　静
被采访人： 冀孟杰（男　91 岁　属蛇）

冀孟杰

我叫冀孟杰，今年 91（岁）了，属蛇。民国 32 年我们两口子逃荒去了山西，五六月份出去的，到山西给人家放羊为生，老伴给人家养孩子，在山西待了两三年回来的，听说村里当时饿死了不少人。

民国 31 年就没收粮，第二年就更不行了，便逃荒了。当时很多人都吃树皮树叶，但还是死了很多（人），孩子养不活就扔了，逃荒的人也特别多。

民国 32 年左右有日本人来过村里，日本人穿着大皮鞋。1945 年从山西回来后，见过戴口罩的日本人来过，那时是冬天，戴口罩是因为怕冷。

灾荒的时候谁也顾不得谁，不知道有没有得怪病的，逃荒回来后，有很多人得了霍乱，要扎针放血，听说是吃自家种的西瓜吃多了得的。当时日本人还在。我也扎过针，霍乱厉害着呢。村里扎不过来的就死了。得了那个病的人脸黄、闹肚子、抽筋；那个病不传染，得病的大人多，小孩也有得的，一扎针就好了。

那时有土匪，但咱穷人不怕，只有富人才怕土匪。八路在乡里住，日本人没在村里杀过人，在村西头跟八路打过仗，那时高粱已经长得很高了。日本人抢人时，村民就都藏到高粱地里。日本人说不定什么时候就来村里抢东西。

采访时间： 2006年5月3日
采访地点： 曲周县白寨乡白寨
采 访 人： 靳爱冬　王　浩　穆　静
被采访人： 冀心兴

冀心兴

我叫冀心兴，上过3年小学。民国32年没有发过大水，也没下过大雨。1956年、1963年发过大水。民国32年是灾荒年，出去的人不少，都逃荒走了，很多人都死在了外面。

民国32年这里没下过大雨，那年是大旱年、灾荒年，也没听说过发大水，也没听说滏阳河发大水，村里也没听说有霍乱，听说曲周那边有得霍乱的，这个村里没有。听说新中国成立后永年县霍乱比较严重。

附近有汉奸，有炮楼。他们隔三五天、七八天来一次；日本人不经常来。日本人来抢过东西和人，把人捉去当苦力，虽然管饭，但不给钱。我当过地方兵，跟日本人打过仗，那时候正好是日本人来村里扫荡。

当时有土匪抢老百姓的东西，土匪很多都是本地人，一般来的时候有三四十个人，虽然地方有游击队和红枪会，但都不成气候，农民没有人抵抗。

我没见过日本飞机，也没见过日本人杀人。有被日本人抓去当苦工的，我就被抓到了石家庄，下煤窑，但还没到石家庄就逃回了村里。听说吃不好，干的活重，有病的不给看就死了。听说干活慢了就打。1944 年冬天日本人和皇协军包围了村子，直到 1946 年解放日本人才走。当时是从曲周走的，日本走后，皇协（军）也就散了，当头的汉奸也被曲周县大队长叫肖根山（音）的给杀了。

采访时间：2007 年 5 月 3 日

采访地点：曲周县白寨乡白寨

采 访 人：崔海伟　张国杰　袁海霞

被采访人：李锦秀（女　81 岁　属兔）

李锦秀

附近没有河水，没有井水，老天爷不下雨，小麦长到一掌来高就不长了。到了七月初六开始下雨，七天七夜没有停下，大水漫了榆树，没有烧的，没有吃的。死过很多人。

日本人把八路军困了，日本人来村子里收粮食，村上有八路军，我姥爷就是八路军，到曲周县城买盐。

八路军组织严密，但人数少，走毛主席的路线，村子里有地主，八路军领导老百姓来斗地主。

八路军来村子里村长赶快迎接，日本人来了也要好好迎接。汉奸多的去了。听到日本人来了，拿着包袱赶快跑。

民国 32 年村子里发过大水。1963 年也发过大水。

北油村

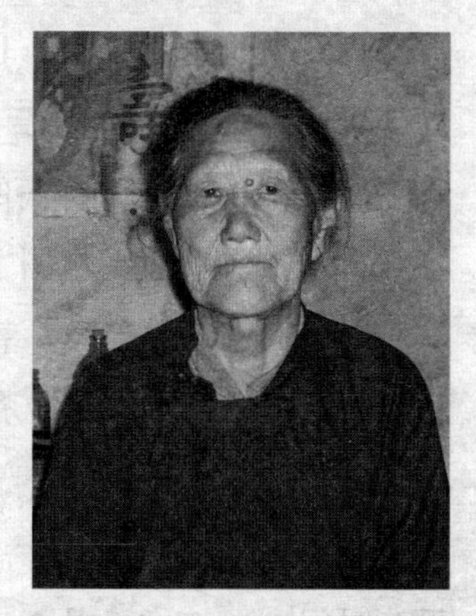
牛兰芝

采访时间： 2007年5月3日

采访地点： 曲周县白寨乡北油村

采 访 人： 穆 静 靳爱冬 王 浩

被采访人： 牛兰芝（女 83岁 属牛）

民国32年灾荒年，家里逃荒走了。日本人在这儿，白天来抢粮食。那年一直没下雨，一年没下雨。八月份下大雨，下了七八天。人得霍乱病。民国32年，这儿发过大水，房子倒了。下雨下的，有潮气，得霍乱。得了病没医生。不知道病是什么症状。村里有得霍乱的，有死了的。那时有日本人，不敢问，不知道具体情况。没听说过这个病传染，心里害怕，还没下完雨就有得的。

那会儿村子附近有八路军，俺老头（丈夫）就当八路军，腿上挂过彩。八路军不要粮。

日本人来村，村附近炮楼很多，皇协军、日本人都来过。见过日本人，带着枪，穿着黄大衣。

不记得得霍乱时日本人来，日本人来村里有戴口罩的，这是听说的，不敢见日本人。日本人从东边来就往西边跑，从西边来就往东边跑。

有土匪，日本人来之后土匪就当皇协军了。日本人走之后皇协军头头有被枪毙的，日本人走之后八路军占领了，枪毙皇协军的是八路军。

采访时间： 2007年5月3日

采访地点： 曲周县白寨乡北油村

苏 荣

采 访 人：穆 静 王 浩 靳爱冬

被采访人：苏 荣（男 90岁 属马）

民国32年，（我年龄）二十六七（岁），在村里没出去。一直干旱不下雨，到第二年，民国33年下雨，没记得民国32年下雨。村里逃荒的很多，村里四分之一的人出去逃荒。饿死了不少人。没下雨，没发过大水。日本人来村里抢粮食。炮楼在村东南角约两里地。

没见过戴口罩的日本人，见过日本人来村里带着狗，穿着黄色的衣服。村里没土匪，不成气候，只是些小偷小摸的。逃荒的都去山西，有个（大约）两三年就回来了。

没听说过民国32年有得霍乱的，知道霍乱是什么病，听说过四夫人寨有得霍乱的。村子附近没有国民党。村里1956年、1963年发过大水，淹死的人不多，饿死的人多。

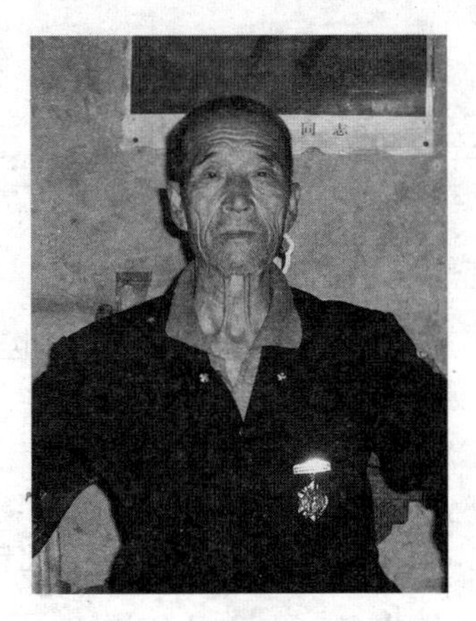
张新堂

采访时间：2007年5月3日

采访地点：曲周县白寨乡北油村

采 访 人：穆 静 王 浩 靳爱冬

被采访人：张新堂（男 84岁 属鼠 党员）

16岁当的兵，那时日本人刚来，跟着刘伯承打游击，解放以后回的家。

民国32年在部队，部队在周围300到400里地活动。民国32年灾荒年在聊城、冠县等地学习8个月，后来调到刘伯承二十二团二连，团长是刁团长。

没听说过民国32年得霍乱病。民国32年人吃不好，吃菜叶、树叶，得浮肿病。有日本人在这儿，没人敢管。听说其他地方有得霍乱病，具体不知道在哪，这个村里也有得霍乱病的，因为吃不好，下大雨得霍乱。部队上没有得霍乱的，有得疥疮的，因为受潮，长脓、出脓，用火烧，冒烟，有时候就好痛。

那时吃井水、河水，井水多。肚子不好受，找人用针扎，见过有人扎针的，没仔细看血的颜色。

皇协军是原来的土匪，这个庄里也有人当皇协军的，皇协军头头都枪毙了。周围的县里就打死了十几个人。曲周县的皇协军头叫肖根山，原来是土匪。

1963年的大水，水大着呢，往高处去，房都倒了。水是从南边来的，听说水库的水。

东陈庄

采访时间：2007年5月3日

采访地点：曲周县白寨乡东陈庄

采 访 人：张 伟 李 琳 郭存举

被采访人：鲍金贵（男 78岁 属兔）

鲍金贵

那年都出去了，我也出去了，到陕西。民国32年一直旱，不下雨。病死的不多，都是饿死的。也有八路军，也有日本人。那回村里不超过300人。逃荒都是往西走。生蝗虫是一九六几年。

采访时间： 2007 年 5 月 3 日

采访地点： 曲周县白寨乡东陈庄

采 访 人： 李 琳 张 伟 郭存举

被采访人： 黄国栋（男 83 岁 属牛）

黄国栋

一直到民国 32 年连旱了 3 年，1944 年年景开始好了。1941 年、1942 年、1943 年三年灾荒，地没人种。主要是旱灾和虫灾。1946 年才开始种麦子。1943 年死的人不少，当时庄上三百多人，有逃荒走的，有死的，在民国 32 年冬边死的人多。人主要是饿死的，没出现什么病。走了没一半，大约一百人。逃荒的大部分往陕西，往河南的也有，少。

没水灾。发水是 1964 年的事。

当时这个村归曲周县一区，二区管俺这炮楼。侯村有日本人，曲周有一个日本大队，大约有五百多人吧，这个村没有。白庄也（有）炮楼，那边日本人少。

土匪姚三多在日本来之前来抢这些东西。八路军来了之后，组织了一个抗日大队。俺这个村有两个被抓走当劳工的，后来回来了。抓到日本去的，一个叫陈玉山，另一个叫黄国章，是我三兄弟。在那干活，没有下煤窑。（他们）现在都死了。黄比我小四五岁，陈比我大五岁左右，我那会儿十四（岁）。

滏阳河开过口子，在解放前，我那时十来岁。发的水大部分是日本人放的，他们开着小汽船来回走。日本人不是故意放的，走船把堤冲开的。决口在北堤，没淹到曲周县，大部分淹鸡泽，在西边那个堤放的，淹得那片地都成了碱地。日本在城西占着，不让去。咱这（地势）高，淹得少。鸡泽和平乡都淹了。

得病的主要原因是霍乱，水灾以后都得，咱这也有，它传染，厉害着呢。蝇子蚊子咬了传染。得霍乱时日本还没（来），后来。得病死了有十来个人（这个村），用针扎，一放血就好了。我姐姐、哥哥都得过霍乱，没有治好，死了。闹不清多大年纪。闹霍乱在我参军前。我16岁（1940年）当的兵，霍乱的时候，我13岁。

高丽人、外蒙人在日本人前来过。山本大队，司令的手被炸掉一个。民国32年时没过来国民党。俺这村里有两支枪，让土匪抢走了，农民组织红枪会和日本人打。

东冀庄

采访时间：2007年5月5日

采访地点：曲周县白寨乡东冀庄

采 访 人：张 伟 李 琳 郭存举

被采访人：刘福昌（男 82岁 属虎）

刘福昌

（我）一直住这个村。民国32年大水淹。平地涨水，不旱，后来就发水了，水来得快，挡都挡不住，水里平地走船，水从西南来。那时候日本人还在。有过两个贱年，民国32年大贱年，1963年发大水。1963年平地走船，谁家都有水。

民国32年一直不下雨，地里连草都不长，旱了一年多，到七月里下的雨。逃荒的人多着呢，不知道啥时候回来的。都穿着衣服不敢睡，一听日本人来了都跑。人有个病都死了，不吭声别人也不知道你的啥病。没记得有霍乱、伤寒。有被抓去当劳工的，死在外边没回来。

我民国32年出去的，在外边待了两年又回来了。

采访时间：2007 年 5 月 5 日

采访地点：曲周县白寨乡东冀庄

采 访 人：李 琳 张 伟 郭存举

被采访人：刘克昌（男 80 岁 属龙）

刘克昌

（我）一直住这个村。民国 32 年那会十来岁，闹旱灾，没井，人都逃荒了。快到七月（六月二十四）才下雨，下得晚，庄稼没收。人大多数都逃荒了。我在永年住了几年。当时家里六七口人，我、叔叔、两个妹妹、父母。我逃到永年了，为了混顿饭。下雨后出去的。都是之后，下雨下得不小，地上没存水。都饿死的，没旁的病。

民国年间发过水，记不住有没有日本人。高粱长籽时发的水。发水在民国 32 年以前。固安、邢台都是水，不知道哪儿来的水，记不住具体哪年。

日本人常来村里，他们穿黄军装，他一放枪人都跑了。来了抢东西，抓鸡子，打人也杀人。抓劳工不多。

隔三四年就发一次大水，发大水从西边过来的，这儿河都满了。

东朱堡

采访时间：2007 年 5 月 5 日

采访地点：曲周县白寨乡东朱堡

采 访 人：孟祥国 左 炀 段文睿

被采访人：济 绍（男 81 岁 属兔）

（我）上了小学没毕业，日本人就来了。日本人住曲周。见过日本人，在滏阳河附近修的炮楼，有十来个日军，有皇协军，在桥边修了个炮楼，住皇协军。有公安队，来村里要东西，催，打人，抓人去交东西再回来。三月初八,八路军来村里，打日本人和皇协军，有个魏村长，叫人拿红旗迎日军，日本人打枪，一个人死，一个人受伤，打欢迎他的人。八路军游击队给日本人捣乱，没打死日本人，打死过皇协军。

没当兵。日本人没来之前，家里有五口人，奶奶、儿子、女儿，全家有三十亩地，靠天下雨，没井。滏阳河附近的地种菜。一般年景能收一百来斤，上肥料的话，能收二百来斤。一般一个村十几亩地都有个牛，有的两家合用一头牛，粮食基本够吃。

八路军要小米，国民党时交钱，按地要，日本人也要粮，一般皇协军来收。

民国32年，大灾荒，老天没下雨，种不了苗，种了旱死。下的雨不大，种了苗没收，各村都下场雨。很多人逃荒，向山西、河南，老人能过去没逃荒。死的人不多，得病的人不多，不记得得的什么病了，没发过大水，没听说过什么传染病。日本人一般都戴个口罩，没穿白大褂，没有大部队经过。民国33年逃荒回来的。

采访时间：2007年5月5日

采访地点：曲周县白寨乡东朱堡

采 访 人：孟祥国　左　炀　段文睿

被采访人：冀治安（男　82岁　属虎）

民国32年，日本人来的，路有公安队，桥的路东、路西有皇协军。赵金同的爷爷被小日本人打了肚子，死了。日本军队465部队，四月初八，把吴厚一家的房子给烧了。有人被抓去干活，查有没有共产党，有良民证，给日本人干活不给饭，没抓到外地干活的。有八路军，但少。

日本人来之前，家里有七八口人，兄弟两人，两个姐姐，家里没有地，靠给他们打短工、雇工，干一年短工给450斤粮食，没有做小买卖的，给国民党交钱。当时村里有360口人，像这样家里没地的不少，吃不上饭。

民国32年，大灾荒，天旱，先旱后淹。六七月下雨，一米高的水，从西南过来的水，西南的河叫漳河，房子都倒光了，死了很多人，主要饿死，得病的不多，没听说过霍乱病。很多人出去逃荒，俺没出去逃荒，都逃到山西霍州，绝大部分没回来的。

灾荒后，村里记不清有多少人了，上学的不多。

采访时间： 2007年5月5日
采访地点： 曲周县白寨乡东朱堡
采 访 人： 孟祥国　左　炀　段文睿
被采访人： 李　氏（女　78岁　属羊）

那时小，家里有七八口人，地不多。民国32年，灾荒，天旱，下了大雨。

范李庄

采访时间： 2007年5月3日
采访地点： 曲周县白寨乡范李庄
采 访 人： 张文艳　王占奎　王春玲
被采访人： 范文清（男　79岁　属蛇）

范文清

一直住这个村，没上过学。没有得传染病。旱，有半收（没下雨），一年庄稼收半年。民国32年过不去，都死人，不是秋天下雨，不下雨，种不上苗过不去。地里苗长得不高一点，收不了，过不去。逃难，有逃东北的。逃得不少，逃的都死了，有东北的，有山西的。光俺这一片有三四十人，后半年下得不大，一点点。有个三指雨，不行。过了秋下的。

民国32年下了雨，下了一阵，到了民国33年就收庄稼了。种的秋苗，高粱、棒子、谷子都有。

民国32年我就走了，三月份走的，到东北去。没有听说过霍乱抽筋这种病，村里三分之一死了，生病，半病不病。原来一百多人，也叫这个名。二区，不闹河水，发河水是一九六几年，民国32年没有发河水。

村里有日本人住着。赶着黑天是黑天，赶着白天是白天。司令部是ding里，马布有一个，南you村有一个，都是炮楼。鬼子来扫荡多哩，来得很多，也烧也闹，有杀了的，也抢，见什么抢什么呀。真的日本人没几个，咱们人抢东西才孬哩，皇协军，他们抢，日本人不抢，他没地方搁。村里没土匪，别的村里有，红枪会、大刀会村里有，也抗日，一路的，抗日，见过扔炸弹。没见过检查身体。

滏南村

采访时间： 2007年5月3日

采访地点： 曲周县白寨乡滏南村

被采访人： 侯国实（男　80岁　属龙）

民国31年的时候的事记不清了。民国32年的时候灾荒。那时候没有的吃，都死了，都饿，病死的倒不多。我吃糠，后来糠也没有了，孩子都卖了。灾荒年，那脚长疮，用针扎，手也生疮。我过了灾荒年就生病了。人人都生，也不是光我生。几年了都还不好。日日生。我爹和我娘都饿死了。那时候的事儿我们都不记得了。河里长的草都拿来吃。人躺着躺着就死了。那时候，家里有人挖了一盆子泥，没得吃就上吊死了。家里孩子都卖了。树上都没叶子了，没得吃了。

席安氏

采访时间：2007年5月3日
采访地点：曲周县白寨乡滏南村
被采访人：席安氏（女　86岁　属狗）

民国32年，那些老人都水肿。都饿的饿。接了犁，腿就肿了，胀了就死了。也不知是什么病。浮胀病。也不知是什么病。那时是民国。民国31年，旱，没下雨。染上霍乱，拉肚子，吐，没医生那都是自己熬点中药，扎扎也有的。得病吃草药，中药，吃好的就好了，好不了就死了。有的慢慢就死了，一得了病就没了。

以后有了毛主席，有了医生也就没这病了。民国32年后来就逃亡了，都逃光了，就没这病了。

八年抗战，有日本人，八路军都在乡下，都是秘密。日本人都在城楼。日本人来了。把八路军都打了，抢东西，皇协军把抢来的东西都吸白面了。走火车都是中国的，都被打。可不杀人了？民国32年的时候有土匪，抢地主。俺这个村没有。俺民国31年嫁到这儿，后来的事都不大清了。俺们都不在这儿住了。

席王氏

采访时间：2007年5月3日
采访地点：曲周县白寨乡滏南村
被采访人：席王氏（女　78岁　属马）

民国32年，（我）12岁，民国32年都饿死了好多人。在8岁的时候（1929年出生），日寇到曲周。俺就跟我爹逃到乡下来了，来这儿都搗死人，在这儿有土匪，都抢人，抢东西。

民国32年以前，民国31年没发过大水。民国32年时以蝗灾为主，蚂蚱特别多。都从北边过来，都蹦着。到河里的时候，都抱成团，有脸盆那么大。天旱，七八月份的时候。

民国31年、32年都是灾荒年，都吃野菜。死了好多人。蝗灾过去之后下雨了，那时候下雨了，1941年那年旱，没发过水。那会死人多着呢，草籽都没结，特别苦，吃糠、吃菜。

日本鬼子在这儿待了8年，生病的人多了，血不流通，得霍病，是霍乱，家家户户死的人多，春天的时候发的病都没钱治，六月份死光了就没了，村里有医生，扎血，黑血出来就好了。长病的人多得很，年纪老的人长得多，年轻人都逃出去，都卖了，现在都没了。记不清了，六十多年了。俺家没病死的，我得过病，扎针扎好了，扎腿扎出血来就好了，上吐下泻，家里俺叔弄的。俺叔家七天死了三个。春天的时候，都在四月份得的病。知道是霍乱，下面泻上面饿，小米都没得吃，吃槐花有毒。那个死猪也吃了，吃了就害病。死了就用席子卷。我得的病全都是因为饿的。稗子都吃了。

土匪很霸道，没有被抓的就好了。那时候都死了人了，飞机都飞了好大片，都炸死人了。

滏阳集村

采访时间： 2007年5月5日

采访地点： 曲周县白寨乡滏阳集村

采 访 人： 杨向瑞　陈其凤　张　婷

被采访人： 韩王氏（女　79岁　属龙）

民国32年下雨下了七八天，水退了之后就得霍乱，死得多着哩！

采访时间：2007 年 5 月 5 日

采访地点：曲周县白寨乡滏阳集村

采 访 人：杨向瑞　陈其凤　张　婷

被采访人：王存礼（男　77 岁　属羊）

刘宁氏（女　78 岁　属马）

王袁氏（女　77 岁　属羊）

灾荒年就是民国 32 年，饿死的饿死，得病的得病，没有听过霍乱病，没下过大雨。日本在东边那个炮楼待过，西边待过，来了打人，要鸡要鸡蛋。抓人，抓走的不多，走的走，跑的跑，光要年轻人，30 多（岁），40 多（岁）的。

（刘宁氏娘家是）羊寨，当时就来了，六月天好得这个病，磨砺找找医生，扎针，那就叫霍乱病，就在民国 32 年那个时候，过了民国 32 年不多时候。

采访时间：2007 年 5 月 5 日

采访地点：曲周县白寨乡滏阳集村

采 访 人：杨向瑞　陈其凤　张　婷

被采访人：张广富（男　88 岁　属猴）

民国 32 年以前有点霍乱病，后来没有了，不多，民国 32 年霍乱那就没有了。

日本鬼子 1941 年来的，修了个炮楼，就在这住下了，没有抓人，打死一个人。

后寨村

采访时间： 2007年5月4日

采访地点： 曲周县安寨镇敬老院

采 访 人： 张文艳　王占奎　王春玲

被采访人： 胡秀香（女　76岁　属猴）

胡秀香

娘家在后寨，民国32年在娘家，老天爷不下雨，没啥吃，人饿的，爹领着咱姊妹几个逃荒到山西，到山西，逃的人太多，有河南的，俺两个姐都卖到山西了，就卖了四袋麦子，俺娘给人看孩子，爹给日本人做饭。后来，俺爷爷奶奶也去了，拾草拾菜，过了一年，第二年回来了。

民国32年也不知道啥时候走的，不冷不热，估摸是秋天。外边扔小孩儿，哪都是，狗都拉走了，吃了。后来年景好，俺回来了，爷爷奶奶都死在山西了。南mo店，活活两孩子，老两口将孩子煮煮吃了。有个女的，有一个6岁的小妮，带着小妮来想嫁个人，没人要，就把小妮活活扔井里了。俺在山西得的是伤寒病，浑身红点子、黑点子，俺娘哄孩子得了这病，人就不叫在那儿了。一下子一家子都上来了，俺爷就死了，其他人都过来了，哪吃药哩？都有这个病。俺拾柴火，那个庙里呀，死的人呀，狗都拉着头、腿啥的。逃难的，河南的，河北的。

没听说过霍乱转筋。白寨一个钉子，河套一个钉子，日本人来村里来，哪个村公粮交不够，就下令，过那天那个村鸡狗不留。

三月初四，我七八岁，八路和日本人在侯寨打了一仗，八路军被撵过来了，（八路军）非让腾房，半夜枪叽叽喳喳响，日本人打过来了，八路军将走，日本人来了，赶紧往屋里摆东西，不能叫看到屋里离离俩俩（空空的），不然一个都不能活，全家一个都不活。

鲁新寨

采访时间：2007 年 5 月 3 日

采访地点：曲周县白寨乡鲁新寨

采 访 人：张文艳　王占奎　王春玲

被采访人：关发真（男　80 岁　属龙）

一直住这儿，没上过学，民国 32 年当时也是鲁新寨，鲁新寨在二区，曲周县分七区。民国 32 年天旱，没收，下雨下得少，不是没收，是收得少。旱了一年，下雨很少，七八月份之前一直旱。在七八月份，大雨下了七天七夜，涝了被淹了，下雨时滏阳河的水平常。下了七天七夜，地上没有水，坑里有，下得慢。来水是滏阳河，河水没出来。

民国 32 年没发水，没有传染病，有发疟子，得病不分时候。有霍乱转筋，不分时候，民国 32 年以前也有。有医生，医生少，都中医，没西医。民国 32 年霍乱病不多，医生拿针挑，在前心挑。有扎针的，扎腿，扎胳膊，都是治霍乱的。霍乱名字从哪来说不清。霍乱浑身没劲，肚子难受，拉肚子不拉肚子说不清了，有的哕，有的不哕，挑一下就好了。病死的不多，饿死的人不少。霍乱是大人得的多。得霍乱的还在的没有了。周围村没有得这个病。

逃荒的人不少，没啥吃啦，吃树叶。有逃荒的，死在外头的，多的。逃到太原的，死在太原的，顾不住嘴。有过了秋天走的，就是民国 32 年秋天，有过了春天走的，民国 33 年春。民国 32 年以前有出去的，民国 32 年有收麦子的就没出去。

日本人住在城（里），有炮楼。日本人不抢东西。一看是八路军就抓你，不抓好农民。有抓去干活的，有抓到日本（去）的。

有土匪，村里有红枪会。

采访时间： 2007 年 5 月 3 日

采访地点： 曲周县白寨乡鲁新寨

采 访 人： 张文艳　王占奎　王春玲

被采访人： 李怀温（男　84 岁　属鼠）

李怀温

一直住这村，上过两天学，是私人学校。民国 32 年年景不好，天气旱，民国 31 年、32 年都是大旱年，我听家里大人说过。下雨少，有逃荒的，民国 32 年出去最多，刚开春就有人出去，是在荒年。民国 33 年好年景，民国 33 年有回来的，民国 32 年没有回来的。逃往太原、长清，来山西走的多。

民国 32 年没发水，没涨过水，全年都没有，传染病不知道，浮肿病不少。因为没啥吃，大部分死的多。饿死的这儿死一个那儿死一个。周围村没有听说。正南 12 里地河道好像有，哪一年记不清了，咱还小，浮肿病没见过，河道传染病也没见。

民国 32 年秋天下了点雨，收了点，不成籽，这儿旱多。记得有一年下了七天七夜，来一股云下一阵雨，是个热天。滏阳河开口，那时候十几岁，特寺桥东头决的口，河水自个涨出来了。河决口朝北，北边地洼，和河底平。

皇协军炸中国人，日本人打八路军，没见过日本人戴口罩。飞机见过，没有往下扔东西。有红枪会，土匪抢户，是群众组织，是刀枪不入，土匪就是本地人，头目的名字不知道，

红枪会消灭他们，一敲鼓他们就来。

采访时间： 2007 年 5 月 3 日

采访地点： 曲周县白寨乡鲁新寨

采 访 人： 张文艳　王占奎　王春玲

被采访人： 田　斌（男　74 岁　属狗）

田　斌

一直住这村，3 个月小学，6 天完小。民国 32 年灾荒年不收，老天不下，旱，一年多都不收，旱情严重。民国 33 年收了点，收成很少。民国 32 年开始逃荒，逃荒的很多，月份记不清，有逃太原的，没回来，死在太原了。饿死不少，反正饿死不少，大部分都是饿死的。周围村并不知道。有逃荒死的，是冬天。民国 32 年没有下大雨的印象。

过了民国 32 年我 12 岁的时候得了霍乱，得的不多，急性肠炎，抽筋，肚子疼，医生拿针一扎胳膊肘窝，那样一治就好，治不好就上吐下泻。民国 33 年、34 年、35 年每年都会发一次，医生是村里的。家里其他人没得这个病。扎十个指头，两手心，十个脚趾头，扎针扎不住就死啦。病急，不超过几小时就死了。不知道那病传人。

日本人住在炮楼，皇军又叫黑团。日本人戴口罩，大白口罩，有戴的有不戴的。他们自己带水喝。没有检查身体，没有打针。他们逮鸡吃，都自己带水。有土匪，没见过土匪与日本和皇协军一起干过坏事。红枪会为伪军服务，为日军服务，伪军办的。红枪会不打土匪，地主受了八路欺负就加入红枪会，就是伪军。老百姓被日军抓走，抓到永年广阜城，抓壮丁当兵。白天伪军修路，夜晚八路军行动。

南王庄

采访时间： 2007年5月3日

采访地点： 曲周县白寨乡南王庄

采 访 人： 李　琳　张　伟　郭存举

被采访人： 王富林（男　81岁　属兔）

王富林

民国32年先旱后淹。八月后下雨下了七八天，逃荒有逃往山东聊城、济南的，有往西的。当时村上都没人了。当时五百多口人。逃出去的有早回来的，有晚回来的。我逃到范县（清风南路？）。我自己就得过霍乱，扎小腿。村里保健院给扎的。得霍乱的多，很多死的。八路军给编的歌谣：民国32年，灾荒真可怜，饥饿又受潮，人人得霍乱。灾荒年咱们这算重的。

没决口子。这没积水，地势高。滏阳河的水到不了咱这。霍乱是下了雨之后才得的。

记得下了雨之后日本人来过。穿黄衣服。没给咱检查过身体。抢东西的都是皇协军。有两回日本人把村里人赶到一个地方去（开会）。抓过劳工。

娘娘寨

采访时间： 2007年5月5日

采访地点： 曲周县白寨乡娘娘寨

采 访 人： 李　琳　张　伟　郭存举

被采访人： 张　顺（男　73岁　属猪）

张　顺

那年我9岁。一个是收成不好，老天不下雨；第二个是日本人在，大扫荡河北。有日本，有皇协（军），你藏点粮食在地里他都拿。阴历六月初六下的雨，才能播种，下了四指深，不是很大，地上没有积水，逃荒的那太多了，到现在还有二十多口没回来。那时村上有四百多口人。小姑娘都去当童养媳。到民国32年逃荒的差不多都回来了。

挖煤窑一顿饭就吃一碗黑豆，死人到处都是，年轻人都跑了。有借粮食吃的，借一斗还三斗，一斗是360斤。有卖地的、卖房的，算是没饿死，还有卖妻子的，到民国33年再回过来。我家6口，父亲和大哥到峰峰煤窑干活了，一天就两茶碗黑豆。日本人在那儿拉了电网，电死的人多了。我家里还有母亲、二哥和一个妹妹。大哥那会才15（岁）。从这儿到峰峰一百八十多里地。人在粪堆上捡了白菜就生吃。那会没病，都饿死的。

日本人多了，田水庄、马布、塔四桥、马君营、李胡寨、刘寨、大河道、东大由都有炮楼，把这儿围了一圈。咱这是八路军根据地，高厚良在中央行空军后勤部当总司令，经常在这儿活动。日本人挑死过八路。他们用机枪点名（点到有八路就射死），其实是吓唬人，光说没干过。在村东头苇坑那杀死过三个八路，一个叫唐西贵（音），还有一个八路军军医，叫杨贵（音）。

村里都是土匪，不当土匪你活不下去，当土匪能凑合着维持生活。民团是护村庄的。地里种高粱、麦子、谷子、玉米，没有大地主。一个人四五亩地，收成特别小，一亩地收六十来斤，还是好年景时。连高粱都吃不到。

日本人穿军装，戴头盔，和电影里演的一样，带大狼狗。皇协军多，这个村子好几个咪，有一百个皇（协）军才有一个日本人。为了活命，咱自己卖兵给日本人。从东大由到马君营有壕沟。白天给他挖了，晚上再填上。都是咱这的农民，你叫挖就挖，晚上再填。别的沟是八路军叫挖的，打仗时藏进去。咱八路军就有三颗子弹两把步枪，不到万不得已不能打。那年头，一听日本人来啥也不要了，就跑，吃一顿饭能跑三四回。

1947年、1948年流行过霍乱，日本人已经走了。得了那病，肚子疼得要命，上吐下泻，扎针，一出血就好了。用自行车条扎。民国32年也有不少得的。新中国成立后国家下令免费治疗。新中国成立前就多了，（得病的）就像你们这年龄，十八九岁。那时喝井水。不知道（霍乱）传不传染。这是以后的事，我知道有霍乱都十几岁了。民国32年不清楚。

采访时间： 2007年5月5日
采访地点： 曲周县白寨乡娘娘寨
采 访 人： 张 伟 李 琳 郭存举
被采访人： 张迎春（男 83岁 属牛）

张迎春

一直住在这个村，民国32年二十来岁，那是灾荒年，没井，全靠天。民国33年就丰收了，记不清啥时下雨。去山西峰峰逃荒，挖煤窑。记不住有霍乱。

日本人来过两回了，在这住，周围有炮楼，咱这是八路军根据地。皇协军跟日本人一块扫荡。把村里人赶到村东头苇坑那儿开会，挑死三四个八路军。没修什么纪念碑。

我没去逃荒，家里四五口人，记不住逃荒什么时候回来的。发水不是民国32年，是1956年和1963年。不记得解放前发过水。地里种高粱和谷子，一个人划4亩多地，这儿没有很大的地主。有个叫常胜的被抓到日本去当劳工，没回来，死到日本了。他在这住着，在个庙里，不是这个村里的。日本人穿黄军装。皇协（军）多，日本人少。土匪抓了你的人，要钱，净小土匪。过了民国32年组织了红枪会，土匪不敢来了。

日本人从西朱堡到东大由修了一条沟，好几丈宽，丈把多深，沟里没东西，挖的土都在（沟）西边。

塔寺桥

采访时间：2007 年 5 月 5 日
采访地点：曲周县白寨乡塔寺桥
采 访 人：杨向瑞　陈其凤　张　婷
被采访人：关绍武（男　76 岁　属猴）

民国 31 年下大雨，雨不小，下了七天七夜，枣基本就红了，七月底里吧，过去霍乱病多了，1947 年、1948 年到 1950 年得霍乱的多，俺家里没得的，霍乱病持续了有三四年，就是放血，死亡不大，老人不多，小孩不多，主要是中年人，中年人多点。

新中国成立前也开过口子，大口子不多，小口子不少。

日本炮楼里七八十来个人，民国 32 年、33 年、34 年都来抓过人，新中国成立前两年来抓的人多。

采访时间：2007 年 5 月 5 日
采访地点：曲周县白寨乡塔寺桥
采 访 人：杨向瑞　陈其凤　张　婷
被采访人：石书绅（男　86 岁　属狗）

俺上过学，日本人进中国了，谁还管谁呢，民国 32 年旱，都饿死了，那时候没人管。

采访时间： 2007年5月5日

采访地点： 曲周县白寨乡塔寺桥

采 访 人： 杨向瑞　陈其凤　张　婷

被采访人： 尤振岑（男　75岁　属鸡）

这个村叫塔寺桥，属于曲周县，下了可不小，下了七八天，光天上下的，该没生病的，有霍乱，东边死的人多，下雨以后有得的，没多长时间就出来了，就是肚子疼，那时候都说是肠炎、阑尾炎，好得少，不好的多。这个村就有日本鬼子，一个两个看着炮楼，日本人不抓，皇协军抓，抢粮食。

王　村

采访时间： 2007年5月3日

采访地点： 曲周县白寨乡东陈庄

采 访 人： 李　琳　张　伟　郭存举

被采访人： 范秀荣（女　81岁　属兔）

范秀荣

民国32年还在娘家，王屯，4里地，5里地。那年天旱，不下雨，两年没下雨，东逃西逃，有去河南的，有去山西的。这儿死人多，这个村死了五十多个人。霍乱有，老黄娘、老黄爹都死了，民国32年里头。我那会十五六。霍乱灾荒年以前（有）。

发大水是1963年，新中国成立以后，飞机里扔饼。灾荒年没发过水。日本飞机扔炸弹，炸8个大坑，没伤人。日本人在北边曲周县。西边交公粮，日本人不抢那儿。

西陈庄

采访地点： 曲周县白寨乡西陈庄

被采访人： 陈之林（男　81 岁　属兔）

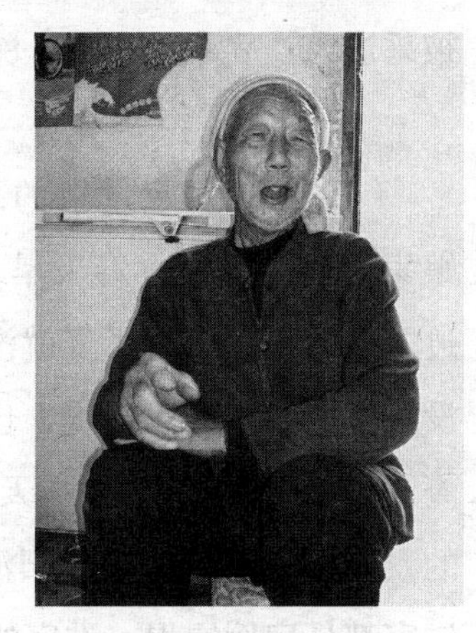

陈之林

民国 32 年的时候，这村里旱，没记着过有洪水，田里都没收成，老天都没下雨，一年就旱成这样了，6 年都不下雨了。民国 32 年以前都没下雨，种不到东西，传染病传染了就死了。脸肿手肿，耗子皮也吃过。民国 32 年得病都是浮肿病，家里人也有得病的，爹娘都得过，当时有四五个人，哥哥是得病死的，村里有大夫，也不治。生了病就死了，那时候没扎针的，也没拜神的。

日本人 8 年都在这儿住着。日本人进村抓人，抓人的时候就死了人了，扫荡的时候见了人就抓。日本人进村都进行“三光”政策，抢光东西，穿着黄色衣服，都戴钢盔，没戴口罩。土匪很多，一半儿是皇军，一半儿是黑团，有好几拨儿土匪，没名字也没有固定的地方，黑团都是恶人，都是百姓中不干事的。日本人都到俺村抓人，八路军共产党都跟百姓一块。我是老党员。

滏阳河那时候没有开口子，那时候滏阳河是日本人控制着的，当时喝的水是井水，不喝河水，滏阳河上都是日本兵，有飞机扔过东西也不知道是哪儿来的飞机，日本飞机炸死了好多人。

采访时间：2007年5月3日

采访地点：曲周县白寨乡致中寨

采 访 人：张文艳　王占奎　王春玲

被采访人：贾希秀（女　82岁　属虎）

贾希秀

（我）18岁嫁过来的，民国32年还在娘家，是西陈庄，春天旱，旱了好几个月，过了麦才下雨，过了麦就没粮食，几亩地也没打多少粮食，没得喝，也没得烧，六月就淹了，下大雨，下了八天雨，六七月间下的，下得满河了。离滏阳河三四里地，河里的鱼都出来了，雨有半人深，谁家都是房倒屋塌，谁家的房子没塌就去住。吃树叶，可不饿死人多，没有病，饿着饿着就死了，饿得走不动了，再加上有点病就毁了。

就是民国32年灾荒年，秋天八九月死人不少。饿得肚子疼，病人也吃不了东西，没东西吃，也拉肚子，饿得很的就死了，没有医生，人也没劲，没人抬，饿两天就毁了。饿死的人就肚子疼，拉稀屎。我没见过，我们家人没有拉肚子，邻居有，一家人有一两个拉肚子，年轻人经饿，老年人不经饿，大人小孩都有拉肚子，年轻人都逃荒走了，老年人走不动，干挨饿。都逃到平阳府去了。

红枪会是打老杂的。日本人能在这住？他们在曲周县城住。他们到村去抢衣服，日本人、皇协军都抢东西，穿黄衣服，不戴口罩。穷人都跟日本人走了，穷人都走了，来了村里人都跑了。

周围村死好多，都是饿死的，死的人多了，藏的粮食都让皇协军抢走了。

叶 庄

采访时间： 2007 年 5 月 3 日

采访地点： 曲周县白寨乡叶庄

采 访 人： 李 琳 张 伟 郭存举

被采访人： 叶明书（男 72 岁 属鼠）

叶明书

一直住在这个村，民国 32 年我 8 岁。地里不收粮食，地能种但没人种。日本人一来都跑了。安寨、曲周和南油村有炮楼。五更天放枪把村子围起来，藏的就打，在明处就打。日本人指挥皇协军，烧人放火，抢东西。把粮食烧了，把房子烧了。

灾荒是民国 32 年，民国 33 年好点。民国 32 年连高粱壳都没有，当时村里有一百来口，饿死八十多口。我大哥出去逃荒，到后（音）屯，遇到炮楼里的日本人，就又拐回来，饿死了。主要是饿死的，过了灾荒年有得霍乱的，不多。得了就找村里大夫扎针。霍乱开始是在日本人走了以后，1945 年以后。

滏阳河离这远，够不到。1963 年发过水，之前没有，咱这高。

致中寨

采访时间：2007 年 5 月 3 日
采访地点：曲周县白寨乡致中寨
采 访 人：张文艳　王占奎　王春玲
被采访人：董希林（男　86 岁　属狗）

董希林

民国 32 年没有传染病，没听说过霍乱抽筋，没发过洪水，民国 32 年下大雨，下了 8 天，有逃荒的，没吃的。村周围的河没有开口子的，1943 年秋村里没大批死的。1943 年秋天不在这村里。

采访时间：2007 年 5 月 3 日
采访地点：曲周县白寨乡致中寨
采 访 人：张文艳　王占奎　王春玲
被采访人：董希增（男　88 岁　属猴）

董希增

在供销社上过班，民国 32 年都没吃，灾荒年啥也没收，民国 33 年就有的吃了。民国 32 年老天爷没下雨。民国 32 年一直都没得收。有出去要饭的。民国 32 年没发过大水，民国 32 年整年没雨，吃糠菜，饿死了好多人。能逃的都逃了。治病要钱没钱，民国 32 年得病有霍乱的、大肚子病。没啥吃，治病没钱。民国 32 年什么时候得的病说不上来，死了很多人。

民国 32 年日本人在这乱抢。日本人在城里住，八路军在乡里。

董绣申

采访时间： 2007 年 5 月 3 日
采访地点： 曲周县白寨乡致中寨
采　访　人： 张文艳　王占奎　王春玲
被采访人： 董绣申（男　83 岁　属牛）

一直住这村，原名常董庄，属曲周，上过两年私学。

民国 32 年灾荒年，天旱，好几个月没下雨，从春天就没下雨，过了秋天就发洪水，河水过来了，河水多是因为下雨，南边过来的，南边是什么河不知道了。下开雨了，雨水到门半截，庄稼都淹了，吃树叶，死人不少，有饿死的，饿死的多，有生病的，不知道生的什么病，天暖和了有霍乱，是热天。

有逃荒的，有回来的，有没回来的，有到邯郸去的，有跟日本人走了干活。

有土匪，土匪多，听说过红枪会，就在咱这村，红枪会是打老杂的，我们给八路军藏粮食。

鲁新寨发过大水，从西边过来，是河水。

采访时间： 2007 年 5 月 3 日
采访地点： 曲周县白寨乡致中寨
采　访　人： 张文艳　王占奎　王春玲
被采访人： 贾文郁（男　74 岁　属鸡）

民国 32 年正是日本扫荡非常严重的时候，日本人搅乱，人民种地不好种，牲口被牵走吃了。没井，靠天，日本经常扫荡，农民经常跑。下雨少，种得晚，收的很少，是秋粮，一亩地收五六十斤，七八十斤就不错的，没肥料，平常收一百多斤，好年景四五斗，麦穗长得和樱桃那么大，有一厘米长，一亩地长三四十斤。

民国32年麦子没种上，民国33年收的不错，民国32年种上了是生地，收得不错，民国32年秋后下了点雨，种上麦子了，下了点雨够种麦子了，基本上都种上了，印象中没有下雨很大的时候。滏阳河在这北边，不记得什么时候发过水，听说发过水。

日本人在时，饿死人不少，把孩子领到山西卖的，人再回来。逃荒的多了，大部分都到山西，旁的不清。听说过霍乱转筋，不多，经常出现这种病，民国32年以前和以后也有这种病。

日本人不在这住，来“扫荡”，这是地方游击队在这活动。扫荡主要是找共产党，他们也抢粮食，粮食都藏起来，埋地下，把门都截起来，找不到门。皇协军带日军来。日本人来之前有土匪，八路军来之后就没了土匪，八路军改造土匪，教育过来了。白杨道是迷信组织，后来散了，在fei阳组织在道的人造反，他们要自己做皇帝，被共产党镇压下去了，几天就散了。

民国32年以前也扫荡，民国32年更厉害，其主要目的是找共产党，村里没有狗。

采访时间： 2007年5月3日

采访地点： 曲周县白寨乡致中寨

采 访 人： 张文艳　王占奎　王春玲

被采访人： 张贵山（男　77岁　属羊）

张贵山

一直住这儿，民国32年逃荒到石家庄，后来又回来了，饿，没东西吃。地里不收，三五年不收，民国31年没东西吃就走了，就到石家庄去，不到民国33年就回来了。逃荒有回来的，有到现在还没回来的。民国32年老天爷不下雨，三年两年的不下雨，民国33年春天到割麦子的时候回来的，麦子收得不好，收不好。民国32年来过水，具体什么时候记不清了。

日本人到曲周县城，南由村有个炮楼，好衣裳，好铺盖。有点好的物件就给你背走了。皇协军杀本地人，帮着日本人干事。日本人逮走你了就用刺刀挑死了。民国32年没听说过得传染病的。

禚李庄

采访时间： 2007年5月3日

采访地点： 曲周县白寨乡禚李庄

采 访 人： 张 伟 李 琳 郭存举

被采访人： 李朝章（男 82岁 属虎）

李朝章

民国14年生的。一直住这个村，1987年退休。灾荒年我十六七（岁）。民国32年天旱，夏雨下得晚，种苗没成籽，七月里下的雨，下得不小，没涝，下得太晚。逃荒的大概十来个。当时庄上一百八九十口。逃到陕西太原、洪洞。饿死好些人。病死很难说。当劳工也有，到日本去有回来的，叫田日明。皇协军头目曰肖根山。

新中国成立前没记得开口子。

采访时间： 2007年5月3日

采访地点： 曲周县白寨乡禚李庄

采 访 人： 张 伟 李 琳 郭存举

被采访人： 李郭氏（女 75岁 属鸡）

李郭氏

俺婆家姓李，娘家姓郭，娘家在麻庄。

那时（民32年）已经在婆家，十四五岁。灾荒年不下雨，地里没东西，五月底才下雨。能逃的都逃了，到山西。都饿死的，没听过得病死的。有霍乱，就那几年。总都有，断不了，扎针治。得病的不少，周围村里都有。

日本人啥也拿。皇协军也拿，日本人也拿。八路军在这。

1963年发大水。

大河道乡

常庄村

采访时间： 2007年5月6日
采访地点： 曲周县大河道乡常庄村
采 访 人： 范 云 李 娜 郑效全
被采访人： 常孟贤（男 75岁 属鸡）

一直住这村，上过小学，民国32年七月（初）几下过雨，下得不大，地里啥也没种。逃荒到山西，我离邢台150里地。出去的好多没回来。饿死人。知道痧子霍乱，民国32年有，这村有两个先生，扎针一出血就好了，出黑紫色血，肚子疼，拉，我就得过。那时才11岁，吃了肉就得。没记得有传染。现在没有这病了。见过日本人，穿黄军装，不戴口罩，皇协军来村子抢粮食、衣裳、盖堤，中国汉奸。

采访时间： 2007年5月6日
采访地点： 曲周县大河道乡常庄村
采 访 人： 范 云 李 娜 郑效全
被采访人： 常振生（男 75岁 属鸡）

民国32年七月（初）几下的雨，没下雨没种庄稼，都旱死了，连草都没有。下了3个多小时。那时候没表，雨下得不大。有死的，有往山西有往河南走的，小孩子都卖了，人死了都没人埋。我留在村里，有点粮都被皇协军抢了，都饿死了，没病，就有痧子霍乱，肚子疼。见过得霍乱的人，一扎就好了，往胳膊弯一扎，出黑紫血。那时候人少，不到400人，都死了，没人了。不知道啥得的，外村的人来卖肉，不吃肉也得病。冷，发烧，得病的人不多，不传染。

民国32年没淹过，一个村有一口甜井，烧开水。没人看。过了民国32年就没有灾荒。

日本的炮楼离这5里地。炮楼里有井。到这个村的日本人少，这个村没有抓到日本去的，看手上有没有茧子。日本人矮。

日本飞机在村上方飞，没扔炸弹，打机关枪。打死的人多了。三村有个学校。

大河道村

采访时间： 2007年5月4日

采访地点： 曲周县大河道乡大河道村

采 访 人： 杨向瑞　陈其凤　张　婷

被采访人： 黄如海（男　78岁　属马）

黄赵氏（女　75岁　属鸡）

那时候下了大雨，地上都是水，地上都不能走路，从南边来的水，谁知道叫啥河哎，都用那里的水浇地，水都到膝盖深，下雨下了七天七夜，没记得有得病的。

采访时间：2007 年 5 月 4 日
采访地点：曲周县大河道乡大河道村
采 访 人：杨向瑞　陈其凤　张　婷
被采访人：黄宗章（男　84 岁　属鼠）

人灾是在民国二十几年，日本鬼子还没来哩！不吐也不肚子疼，没劲，就高烧，脸黄，当时人们在看戏，从西北刮过来的风，二十几天后就开始了，在家里得的，火车不让人走。一天死三四个，一共死了一百四十口人，好了一部分，很少，有四分之一治好，没西药，都是扎针，扎针的时候不流血就活不了了。小孩很少，就是壮年人，三十多四十多，到五十岁的，少年时代的，十五六的没死的，青年也不多，得了也过来了，三月二十开始死，四月底就停了。

民国 32 年七月才下的雨，1963 年下大雨，下了七天七夜。

东大由村

采访时间：2007 年 5 月 4 日
采访地点：曲周县大河道乡东大由村
采 访 人：常晓龙　石兴政　刘　颖
被采访人：崔兆延（男　88 岁　属猴）

崔兆延

那年下了雨，不知道几天，村子里没有得病的，反正都是饿死的，有许多人都出去逃荒，去河南，我一直在村里，村里有千把人，地里没人了，人都逃走了，有上山东、山西的，这些地方都乱了。

日本人我见过，他们来欺负人，逮鸡，皇协军抢，日本人没杀人，没人了。日本人东（边）来了，我们就往西（边）跑；西边来了，我们就往东（边）跑。日本人住在广府城，皇协军出来抢。

有人病，连饿带病，人都饿死了。他拉肚子，医生在（他）胳膊上扎针，治不好，还给吃药，不发烧。

没听说河开口子的事，咱们这里没有八路军，有工作队，是农民组织起来，是八路军组织发展起来保护农民。平时活动都在地下进行，日本人不知道，他们抓住人就杀。

我（是）1940年入党，任工作队大队长，平时我们扒路送公粮，搞的是地下工作，曾经上永年县参加永年保卫战，工作队有四五个人，少的是两三个。找没人的地方开会，发动群众挖地道，是区里县里下来人和我们联系，组织我们进行工作，平时就下来一两个人。

现在一年给我1400多块钱，组织部来给了我700块钱。

前河道

采访时间： 2007年5月4日

采访地点： 曲周县大河道乡前河道

采 访 人： 杨向瑞　陈其凤　张　婷

被采访人： 王荣昌（男　82岁　属虎）

王侯氏（女　82岁　属龙）

民国27年时人灾，都是这个村最严重，都是庄稼人得的，大部分没看好，死了。一上来是头烧，二三天就死了。俺父亲得了，40多（岁），得了三四天就死了，主要是发烧，开了草药，吃那个草药还不如不吃哩，都死人，在那时候。也有霍乱，少，主要是肚子疼，发烧，人灾前后都有。灾荒年是有得霍乱的，不大多，那时有就知道叫霍乱，哪个村也有，不是很多，死不多。

这个村就有日本军队，1942年、1943年、1944年在这，十来个人，剩下的是皇协军，有30个人，光在街上转悠，抓八路军，老百姓不抓。

西大由村

采访时间： 2007年5月4日

采访地点： 曲周县大河道乡西大由村

采 访 人： 常晓龙　石兴政　刘　颖

被采访人： 冀清朝（男　79岁　属蛇）

冀清朝

1943年大旱，1942年蚂蚱把所有的都吃光了，第二年什么都吃不上，村里人把蚂蚱撵到一条沟里，那么厚的一层，人都用棍子打，人没吃的，把榆钱榆叶都给吃光了，人向河南、东北三省逃荒去了。有回来的，也有没回来的，二拐子回来了，没回的，就死在那里了。

那时雨下了40天，蚂蚱长翅膀往南飞走了，蚂蚱中间是黄的，前面是红的，走起来刷刷响，雨下得大，每天起来天都是阴的。人都饿死了。咱这饿死的人算中等吧。那时有七百来口人，饿死的人里数七八岁的小孩多，没有得霍乱病的，肚子疼的有，但非常少。往南一个胡同的老人死了，人们把他腿上的肉割下来，吃他肉的那个人噎死了。

那时咱这里没日本人，在村里有红枪会和白枪会斗，为了争一口气，谁也不让谁。

采访时间： 2007年5月4日

采访地点： 曲周县大河道乡西大由村

采 访 人：常晓龙　石兴政　刘　颖

被采访人：张爱玲（女　76岁　属猴）

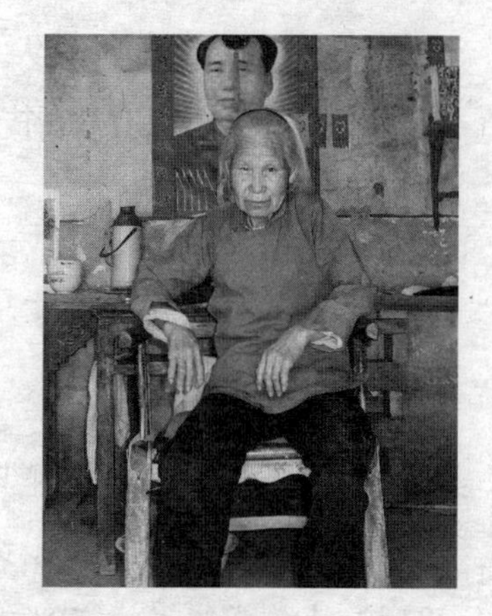
张爱玲

那年人都饿坏了，还吃草籽，吃野菜，那野菜不孬，还挺好吃。孩子有很多给饿死了，下雨的事闹不清，人都是饿死的，有点病就死了。先得看有没有吃上，树上都没有叶子，都把路捋死了，树上啥也没有。

那时候日本人来过，修了炮楼。那年之后就不太饿，那时候我还小，都在村里藏着不敢出来。

薛庄村

采访时间：2007年5月6日

采访地点：曲周县大河道乡薛庄村

采 访 人：范　云　李　娜　郑效全

被采访人：李孟景（男　74岁　属狗）

李孟景

日本人在这里，没上过学，我自学的，参加工作扫盲。民国32年，尽旱。七月里，立秋了，种苗都种不上了。下得大，下了七八天，愣下，不停，没淹，房子都漏。种庄稼，马上种，没种子，种高粱。下霜了。枣树上的枣稠着哩，不熟，快红了。

饿死不少，得霍乱，肚子疼，人瘦，能治，扎胳膊。出黑血，有人全扎。见过霍乱病人，我还好几次肚子疼了，没人管就死了。好几天顶不住，大人小孩都有，现在是盲肠炎。不传染，下了大雨以后就有了。吃榆树叶、榆树皮，地里长的刺菜，开红花，现在少了。

见过日本人，东边有炮楼，大河道有炮楼，日本人和中国人一样，穿黄衣服，有戴口罩的。不杀人，光杀八路军，给糖球吃。民兵、八路军组织的模范班打日本人。原来70户人家，逃荒逃到山西，剩余没人了，炸铁车，打机枪，没人了。民国33年又回来了。

本地人当皇协军，头目叫王荣祥，保护日本人，走在日本人前边。日本人不少，皇协军多。

村（子）附近没有河，有马路，吃井水，全村一个井，有甜水有苦水。不知道有没有扔东西的。曲周有滏阳河，民国32年水多，夏天决口，下了大雨往北决口，离这两里地，黄口往北都淹了。要人挖的，问村里人要，挖沟，盖房。有抓到外边的，有抓到日本。有共产党员，叫张朋起。

带病带饿，我母亲在地里打棉花，中了枪，日本人给药吃，把子弹拔出来了。炮楼里有医生。见过日本飞机。

赵逯庄

采访时间： 2007年5月6日

采访地点： 曲周县大河道乡薛庄

采 访 人： 范　云　李　娜　郑效全

被采访人： 赵振红（女　79岁　属蛇）

民国32年，我在赵逯庄，20岁来这个村的，民国32年旱到七月初五才下雨，下了七天七夜，树上够枣，俺家有5口人，一家人吃一升米，下得大，是房子都漏。水不深，紧一阵小一阵，没淹，都渗到地里了。没河，没井，只有钻井，老天下雨就能耕地，不下雨就不行。滏阳河在塔寺桥里，18里地，民国32年河里没多少水。没开过口子，民国32年光旱不淹。

浮肿病。饿死的人，逃荒的，不少人哩。家里没人摊上病。转筋霍乱，肚子疼，疼死了，扎腿弯出脏血，能治好，治不好就疼死了。肚子疼，上哕下泻，扎针出血，一蹿老远，黑紫色。不知道得病的人多不多，腿胀，脚胀。

日本人进村，有炮楼，八路军黑天炸炮楼。皇协军杀人放火。日本人在这住了8年，两天就走光了。

第四疃乡

北龙堂

采访时间： 2007 年 5 月 2 日

采访地点： 曲周县第四疃乡北龙堂

采 访 人： 孟祥国　左　炀　段文睿

被采访人： 刘桃岭（男　78 岁　属马）

刘桃岭

日本人来之前，基本吃饱。逃荒时七百多口都饿死，剩四百多口，一天死了八个人。我当时十一二岁时，日军来，待了三年多，在东北角修了三个碉堡，两个是皇协军的，一个是日军的。我被抓去干活，还有我的两个儿子，经常挨揍，被打，拿枪托打我的头，日本人基本上不去村里，皇协军经常去，日军通过皇协军来控制老百姓。

民国 32 年，发生灾荒，大旱，秋后大雨，蝗虫，下了七八天雨，主要是天上下雨，滏阳河被冲开了。除了饿死，还有霍乱。治霍乱在身上放血，生霍乱肚子疼，没劲，有治好的。没吃过日本人给的东西，生病和饿死的一天死了 8 个。这个病没有用其他的方法，有一些老太太得病，没医生。尸体没人管，到处都是，奶奶得了这种病，治好了，到 1953 年、1954 年去世的。日本人、皇协军没有得病的。

大部分逃荒逃到河南，西边、南河县等地，主要要饭，有逃荒死在外面的，大部分死在外面的。一年后回来的，回来后又被皇协军拉去干活。皇协军抢东西，当时日军比以前多了。

日本人在这待了三四年，收完麦子后走的，碉堡里最后剩下的东西全拿走了。

采访时间： 2007年5月2日

采访地点： 曲周县第四疃乡北龙堂

采 访 人： 孟祥国　左　炀　段文睿

被采访人： 赵春生（男　80岁　属龙）

赵春生

日本人来了之后上不了学，饿死了很多人，（那年我）16岁，日本来之后逃荒，日本人来之前吃不饱，种地为生，日本人一个碉堡，皇协军一个碉堡，日军多，皇协军不多，土匪多，规模不大，有八路军（张秀川领导的）。日军经常进村，抢砸，主要是皇协军来，日军不经常来，对小孩好，没给小孩东西吃。

民国32年，蝗灾，天旱，大旱后七八天的大雨，下雨后很多人得病。死了很多人，主要是饿死。逃荒了很多人，向开州、石家庄、山西逃，主要向北、西，很多逃出去当兵。

采访时间： 2007年5月2日

采访地点： 曲周县第四疃乡北龙堂

采 访 人： 孟祥国　左　炀　段文睿

被采访人： 赵景新（男　82岁　属兔）

赵景新

上了3年小学，日本人来了之后就不能上了，把学校掀了。1941年出去的，当八路军六七年，跟日本人干了5年。民国32年就有日军了，1938年、1939年、1940年左右日军来的，日本人来之前吃不饱，勉强。日本人来之前开杂铺，日本人来之前，没逃荒。

民国32年灾荒，逃荒，父母都是灾荒年饿死的。灾荒年时村子里有三百多口，死人扔在街上，一半多（大部分）都出去逃荒，逃到河南、山西，以要饭为主，第二三四五年逃回来，也有至今未归，死在外面很多。1944年还有蝗灾。

民国32年，先旱后灾，下雨下了七天七夜，从西南过来的水。大多数饿死，有霍乱，上吐下泻。

大爷是八路军游击队里的，有七八十个日军，还有皇协军，两个碉堡，土匪二三十人，治安队（皇协军的队伍，投靠日军），共产党游击队是陈再道领导。有日本人的飞机。

解放前有滏阳河被冲开的，没大有得病的，日本人没有来治过病。

1945年6月18日日军走的，走后碉堡光剩房子没有其他。日本走之后，还有水灾，1946年。

北辛庄

采访时间：2007年5月2日

采访地点：曲周县第四疃乡北辛庄

采 访 人：李 琳 张 伟 郭存举

被采访人：史兰桂（男 73岁 属猪）

史兰桂

（民国32年）高粱旱了，没长籽。六七月里没下雨，到八九月下了七天七夜。那年滏阳河没发水，只是雨下得大。逃荒有朝北的，有朝南的。我没出去，当年庄上六七百口人，死了很多。大部分饿死的。

白天是皇协军，夜里是小偷来村里捣乱。有八路军撵他们。日本人黑夜里不来。他们抓年轻人，不知道到哪去。有抓到日本去的，新中国成立后又回来了。现在死了，如果活着得80多了，叫张金山。不知道在那儿干什么活。

没见日本人穿白衣服。日本人不大惹老百姓，比皇协军强。皇协军由日本人管。张四方、叶国梁、肖根山（音）相当于他们的头，新中国成立后枪毙了。

采访时间： 2007年5月2日

采访地点： 曲周县第四疃乡北辛庄

采 访 人： 李　琳　张　伟　郭存举

被采访人： 杨福林（男　82岁　属虎）

杨福林

民国32年春天旱，到秋天就淹了。上边下雨，河里水往外流。村里有人看着大堤，不看塌了。堤上又加了一层，有一人高。没开口子。跟曲周那，北部开过口子，是新中国成立后开的。

民国33年我回来让日本人抓去当劳工，去张家口南边宣化烧窑，砸石头，炼钢炼铁。在宣化龙烟铁矿。日本人用个棍子赶着，我才16岁，又不高、又没劲。三九天就穿个单裤子，吃不饱。说是一月 100 块钱，他找个借口就给你扣没了。（当劳工时）睡的炕啥也没有，连干草都没有。天不亮就上班。干了有一年。要不是毛主席我就死那儿了。我 1950 年去的朝鲜，当年毛主席亲自送我们。

想不起庄上当时有多少人。那时都饿死的，一百口能出去八十口，连一半都回不来，都死外边了。逃荒有到泰安的、黄河南的，哪都有。民国 32 年秋天开始逃的，都淹了。先是旱了三年，又淹了。粮食没收一点。有人饿得没法了就跳井了、跳河了、上吊了。我（是）民国 32 年秋出去的。当时水没到胸上。我和两个兄弟跑到河南朝城、范县，民国 33 年春天回来的。麦子一米高了，来了蝗虫，像云彩一样，不一会树上叶子就被吃光了，光剩一个秆。那虫子和蚂蚁一样密。

程寨村

采访时间： 2007 年 5 月 2 日

采访地点： 曲周县第四疃乡城程寨村

采 访 人： 李　娜　范　云　郑效全

被采访人： 陈　交（男　71 岁　属牛）

从小在这个村，当时霍乱也是这个症状，上吐下泻。人脱水，然后就不行了。当时不知道怎么得的。当时有个人得了，那个人得了后，很快就死了，然后就从地里挖个坑埋了。当时没有采取防范措施。当时采取土方，中医扎好了一部分。灾荒年出现的情况，不到一天就死了。当时医疗条件差，传染病很严重。民国 32 年水不大。滏阳河在我小时候开过口子。

当时日本人在这里，共产党还没有。当时去黄河南逃荒。

采访时间：2007年5月2日

采访地点：曲周县第四疃乡程寨村

采 访 人：范　云　李　娜　郑效全

被采访人：郭正斌（男　76岁　属猴）

民国32年，在雨季，下了七天八夜的雨。流行性疾病可能有霍乱。一方面没吃的，一方面抵抗力弱就容易得病。那时缺医短药，医生很少，几个村里平均不到一个医生。举个例子，人睁开眼就得吃，没有粮食，把破衣服、牛卖了买秕谷。日本人、皇协军是敌人，残害百姓，用布把秕谷都包走了。俺这个村，原来百来户，剩下不到十口人。俺父亲和俺逃到黄河南，逃了几个月，到第二年开春的时候就回来了。霍乱究竟俺这个村有没有不敢说。共产党当时俺这里没有。没有人采取什么行动、措施（预防）。

民国32年有大水，没淹到村庄，光淹了地里的庄稼。滏阳河决口是自然性的，但没大事，里面水少。

我可以说是从小就学（医），家里有老人就干这个，后来又参加专科培训。没上过小学、初中等，是祖父在家里不叫出去，在家认识字，去人家旁听了近两年的小学。我在邱县工作，当中医，调到曲周两年就退休了。

第三疃村

采访时间：2007年5月5日

采访地点：曲周县第四疃乡第三疃村

采 访 人：陈连茂　孔　静　刘婷婷

被采访人：赵家珍（男　77岁　属羊）

一直在这个地方，三疃，民国32年，三疃属二或三区，那时住这个屋，上过小学，初小，猛一上小学，才7岁，开始念书，念抗日课本，没书本，拿两张纸，跟幅年画样，油印机印的，抗日领导宣传人员组织咧，念两年不能念了，日本人来了。过了民国32年，民国34年、35年开始又重上，上了几年，开始学人，中国人，我是中国人，我爱中国，打日本打日本，全国军民要齐心。

民国32年得霍乱还不多，又饥又饿又添病，那时后来过了民国32年又唱歌，民国32年，灾荒真可怜。

那时俺父亲、俺母亲、俺大哥、奶奶、大爷、嫂嫂、二哥、俩妹妹，十来口子，过灾荒年都没了，奶奶饿死了，嫂嫂领着孩子走了，哥、大爷逃荒走了，大爷回来，哥没回来，俺父亲逃荒走了，母亲饿死了，二哥当兵了，有小孩，俺一妹妹得病死了，不知啥病，那时我才11岁，不记得啥病。霍乱病也有，上来上边哕下边泻，听说的，听俺父亲、大爷说的。过去的时候，俺爷爷会治霍乱，使针扎，扎人中，扎脊椎，（尾椎）这块最重要，不知道传染不，人家来找，就去哎，那是民国32年前，民国32年时俺爷爷就死了。

蚂蚱，民国32年秋边儿，女的逮了往锅一放怕飞，把锅盖一盖，火一烧，当饭吃，这是七月份的事，八月份才下雨，先旱后淹，歌：八月二十二，老天阴了天，接接连连昼夜不停下了七八天。房都下漏了，谁家没漏去避雨，下雨下淹了。

那年没耩上麦子，第一日本人闹的，再下雨下得没法拉耧。

滏阳河没听说它开口子，后来开了，得一九四几年，1944年、1945年、1946年，在塔寺桥开的，那时叫企之县，因为有个县长叫郭企之，老家是南宫人（南宫下属是济南），（日本人）下来扫荡，坑害中国人，把郭企之围起来活埋了，他为人民办事，教人怎么敬，躲日本人，好着哩，为了纪念他，把曲周县叫企之县，就民国32年的事，新中国成立后，又改成曲周了。

日本人下来过，得一百多人，咱见了就跑，穿得跟电视上一样，黄衣裳，没见过穿白大褂、戴口罩。有一年，忘了几月，下雨前春天，日本人来俺村烧火做饭，把人都叫了路西院里，祸害群众，放毒，一小院子人，有的当场就晕那儿了，有皇协军，说毒气毒不死人，你使人的尿弄个湿毛巾，捂鼻子上好得最快，说是毒叫毒瓦斯，放在一个盒子里，放了好几个，晕的那个人，后来都醒了。

日本人来了，有跑的藏的，没跑了的，就逮起来，得百十个人，四五个人晕倒，那时咱村里三百来人。

那日本人从天疃那炮楼来的，碉堡五里地十里地一个，老些炮楼，叫咱哪也不能去，跑不了人家那个口，河里船都是日本人的船，好查人，不让出去，有东西就抢了你的。

在其他村里也使个法放过毒气弹，放了后冒白烟，有味呛人，不记得哪个村，他光逮大人不逮小孩。

见过日本人的飞机，一回，日本（人）来的时候，他（们）从水边来的，卢沟桥七七事变，二十九军抗战，从北边保定打过来的，到邢台，往咱这来，打到龙堂，拉了一路子，他（们）没吃饭，利用飞机给他（们）送饭，他（们）不敢吃咱的饭，怕咱中国人毒死他（们）。

飞机咱看了很稀罕，往下给日本人扔食物，这也就民国32年的事，以后没见过，就见过一次，飞机从前边看好几个角角，有轮子，翅膀底下有红太阳。

日本人给咱村抓人往炮楼上做活，还有做工人的，往日本国送，下煤窑，也就民国32年的事，后来有日本回来的，现在都死了，抓了5个人：

赵彭莱，无音讯。

赵贡，可能还活着，得86（岁），87（岁），有音信，没回家，在抚顺住着，头几年有小孩回来了办公处北边，与赵自章是叔侄关系。

刘改成，音信全无。

刘现章，音信全无。

乔令章，新中国成立后，国民党都败了，逃回来了，在日本挖煤，没孩子。

咱村有土匪，乔玉平叫土匪杀了，在家把他杀了，那时乔玉平还小，把他抢走了，土匪头叫赵国玉，郭李庄四疃乡的，能在山东跑，大干头，得百十个人，比宪兵还厉害。土匪是坏人，光抢，砸富人，人家土匪说自个儿是替天行道，顺天而行。

治安军咱这没有，是国民党，汪精卫说为了中国治安而成立，他投到日本了，当汉奸了，最后死日本了，叫日本人害了。民国32年就有这治安军，大城市都有。

咱这儿没黑团，它跟土匪差不多，黑团黑团不是明的，不像八路军共产党，它是坏组织，不知谁是头儿，都没名没姓的。

民国32年下大雪是春节前下的。下了雪以后，到了正月初儿，俺就踏着雪逃荒走了，逃到保定东、行唐那儿，保定水车井，在那儿要饭，那一年八月里回来的，那年地里蚂蚱把麦穗咬了，收了点粮食。

民国33年蚂蚱吃麦穗，小黄蚂蚱，下籽多，会爬。那时咱走的路上，哪硬衣哪儿错眼，第二天就一堆小蚂蚱。蚂蚱过河就抱着团，下种，四五月份。

蚂蚱人蚂蚱人，咬了麦子救穷人。

麦穗掉了，穷人拾，富人割走的是麦秆。

1943年春天，榆钱刚长叶，俺父亲、母亲、妹妹、哥哥在这个屋子住，俩小西屋。穷，买一斤米都能吃两顿，掺点榆叶，放点米煮，叶都摘光了，是人能吃（的）都打光了。

这个情况下，共产党八路军来了3个领导人，叫刘立山，干地下党，跟日本人斗争，在这儿建立根据地，郑县北边，李省庄，有大部队。他来这儿之后跟俺哥一块儿吃饭，活动。后来我问俺哥，哥不让问。那年我周岁11岁，他说你这小孩儿给送封信，要粮食。俺父亲叫我去，俺姨家是那个村，我去过，就说能去。第四疃有炮楼，不好去，我给王大仲家送信，赵街有个炮楼，得过两个卡才到。那我都敢去，我去了。俺母亲把小破袄找个口，把信缝进去，说去吧。那时走15里地，通过第四疃炮楼，不敢过，我搁那个东边绕过去，到了第六疃朝东南走，不过村走斜路，到刘王庙朝南走到王大仲家。清早去哩，到了得十来点，那刚好是俺姨夫管这事儿，俺姨给饭吃，我给姨夫说：我来给八路军送封信要粮食。他又找了大仲家一个富人李老郭，又找支书李成林，俺姨夫，我把信给他仨了，吃了饭我就回来了，到家了。这个叫刘立山叫我作伴去焦庄要粮食，引住他。那时路上有沟，日本人在不能过。走了十里地到河南疃，找刘凯，一个干部，在那儿待了两天，搁村里征粮食，谷子。征了两车，套牛车，朝省庄走，过两栋炮楼，皇协军放照明弹，咱害怕，没走到，离得远，搁老漳河，到郑县旦寨，到后来第二天早5点到省庄了，卸粮食，俺跟哥就回去了。

我1957年7月加入的共产党，都50年了，在另一个村入的，教了十来年学，1949年开始扫除文盲，白天学，几个人一个组，我教他们，1952年全国普遍开始扫盲，成学，我是正式教师，在北辛庄。

采访时间：2007年5月5日

采访地点：曲周县第四疃乡第三疃村

采 访 人：刘婷婷　孔　静　陈连茂

被采访人：赵金华（男　80岁　属龙）

赵金华

民国32年，我住在这个村，当时三疃村属于四疃乡，我一上学日本就进中国了，上了几天小学，没验过血，也不知道血型。

我弟兄4个，我是老二，老三、老四给了别人，老大已经不在了。日本人在中国，见人就烧、抢。烧人不饶命，什么坏事都干。我还有妹妹在，在太原有个兄弟，老四在新疆，离得远，信已经不通了。

那时没啥吃的，是灾荒年，民国32年，日本人乱抢，因为天旱，地里还不收。提起那时就想哭，我们还编了一首歌谣：民国32年，灾荒真可怜……地里不收，没的吃，收的还不够日本人、皇协军抢的。

那年八月初一，老天爷一下子变了天，雨接连下了七八天，下的房倒屋塌，沥小，老天爷下的，仍是发水，滏阳河开口子，有几天。民国32年，是沥水，老百姓都在曲周北边看堤。（滏阳河）在曲周北边，霍桥开的口子，淹了咱这，不是民国32年，已经过了民国32年。但俺离那个卫河远，决堤不决堤不知道。

民国32年，先是旱，一片红地，没浇上苗，没井，不能浇，八月下了雨，就像歌中唱的，一点也不夸张。

下雨后，得了霍乱病，上来就肚子疼，但因为穷都治不起，医生医霍乱转筋，拿针扎，不是打针，扎筋，扎不好，一死一家一家的。咱村那会人少，还只有二百来家，几百口。现在咱村有八百左右，那时得霍乱死的人有很多。那时说不准，死了很多人，十来口不行，三十多口有。谁也说不准，有死的人没，因为是灾荒年，饿死的不知道了。

霍乱没别的症状，只要上来就肚子疼，上吐下泻，叫霍乱转筋，时间不长，一天也过不去，得病的大人多。我家里的人也有得霍乱的，我那大叔，叫啥已经说不上来了。除了霍乱，其他啥病没有，不知道传染不传染，上来就死了，一死就埋在地里了。

从下大雨到得霍乱转筋病，冬天来了，下了雪，特别大，身上无衣，肚里无饭，冻死了一些人，很可怜。

除了霍乱，当时还有羊毛疔，上来队人，攮纸娃娃：脊梁骨长得和线头样，一挑出来就好了，不传染。已记不准了，当时是先霍乱，霍乱好了，就出现了羊毛疔，有伤寒病、冷、烧，跟发疟子一样，也死了很多人，但霍乱死的人最多。

日本人扫荡，霍乱流行时也扫荡，没别的事，来扫荡抢粮食，他们凉水也喝，都不消毒。日本人、皇协军来了抢粮食，日本人在四疃、四南疃等都有炮楼，五六里地一个，龙堂也有，这一片有三四个炮楼。

日本人在我们这儿抓劳工，抓到了东三省去。还就近修个炮楼，抓人去挖坑，叫人回来，抓到东三省去的人，挖煤矿。我记得有一个被抓到东三省去的人可能叫乔令章，当时就他一个去了东三省，剩下的都叫回来了。

日本人扫荡时大多穿黄衣服，就穿呢子衣服，有时戴口罩。扫荡时，日本人出来部分人，皇协军在炮楼，日本人在曲周扫荡是为了清扫八路军。当时毛主席力量小，都穿紫黄色衣服，跟老百姓衣服差不多，为了掩护，跟老百姓穿一样的衣服。扫荡时，日本人的狗腿子皇协军一看到年轻人就问什么的干活，如果不穿军装，就看手上的茧子，有就是苦力，没有就直接用刺刀挑了。

日本人在这个村里没有杀过人，在刘上寨杀过，在曲周杀过很多。

那时还有老杂（土匪），日本进中国后，先有老杂，那时毛主席还没来，蒋介石不承认共产党，叫共匪，后来发生了西安事变，国共开始合作。

当时土匪头很多，有赵国玉、杂七、郑加闲、胡梦九等，胡梦九都老了，蒋大麻子强奸妇女，抢人家东西，新中国成立后，被绑在树上千刀万剐，有挖眼的，有剁手的。就在这一片活动，咱这一片是蒋大麻子，我不知道他是哪里人，胡梦九是潍县的，在潍县一带活动。赵国玉也在我们这一片，郑加闲不准跑到哪去了。

当时逃荒逃到了曹州范县，后来又回来了，民国32年八月过后下大雨，后来又生蚂蚱。灾荒年我逃荒出去了，我大哥来回买东西，跟我说得霍乱，我父亲死那了。

后来我当兵了，跟领导说了说，才把父亲迁了回来。

我当过兵跟着刘伯承干，晋冀鲁豫军区第二中队五旅十五团芮少康是司令员，刘伯承是元帅，官比芮少康还大，我开始时当兵，后来调过来当通讯员，到大别山，现在复员了，每月给我250元，我的老首长叫张涛，他现在还在，比我大16岁，在武汉干休所，当过广州军区副政委，打过淮海战役，由刘伯承领导。当时张涛是我的团长，徐向前是司令员。我跟着刘伯承，就是当通讯员。

赵自章

采访时间：2007 年 5 月 5 日

采访地点：曲周县第四疃乡第三疃村

采 访 人：陈连茂　孔　静　刘婷婷

被采访人：赵自章（男　77 岁　属羊）

民国 32 年，这也叫三疃，那会就是四疃乡。我上过半年学，家里穷，就不能上了。没检查过身体。

都饿的，有得病的，啥病不知道。反正饿得不能动了。有霍乱病，有上吐下泻呀！没见过得那病的。谁知道啥症状，谁也不顾谁。

咱家没有。谁知道怎么得的。俺娘就是得病死的，是民国 32 年。呕呀！病死的。谁知道啥病。那时候小了，不记事。没听爸妈说过。

都饿的。那皇协军要，挨个村要，要粮食。老日本来抓人当兵。有皇协军，有日本人。修炮楼，在四疃。

见日本人穿黄衣裳，没见戴口罩的，没见过飞机。

日本人来了，揭锅，那来要东西了。抓到那，抓到四疃，干活了。不知道是否抓到外地去了。

第四疃村

采访时间：2007 年 5 月 5 日

采访地点：邱县旦寨乡刘坡（原曲周县第四疃，村挺大的）

采 访 人：陈洪友　李玉芝　张少勇

被采访人：宋春蕾（女　78 岁　属马）

那时 15 岁，院子里蒿子长大约一米多高，人都逃荒要饭到河南王谷

zui。七月份去的（绿豆秸，小蒿子），下着的时候走了，待了一年，一家人都走了，在那要饭。走得村里都没人了，涨病死了老些人，吃麻仁、榆树皮、花籽儿，没粮食，有胖墩墩的小孩被煮着吃了，姑姑说的。有地都不收了。家里有12亩地，给地主做活，（地主）吃大烟。

第五疃村

采访时间：2007年5月2日

采访地点：曲周县第四疃乡第五疃村

采 访 人：陈连茂　孔　静　刘婷婷

被采访人：袁　印（男　84岁　属鼠）

袁　印

原来就住在曲周县，上过学，小学，学语文，算术，血型没去医院查过。

1943年我25岁当游击队员，是退伍军人。当兵说会就会了，只要年龄过线，参加八路军，参加游击队，就开始打鬼子。老了不能干了。人不多，武器不好。

村里现在八百多人，灾荒年有一百多人，剩下二三十口。有灾荒年逃到河南，送公粮，送到河北，在码头住下。

那会当了兵，没在家，在河南过的。四月去的，在那待了有一年多回来。情况不清楚。去时麦子没种，冬天发了大水以后走的。

人吃人的年景俺这村没有，听说那个村有个（人）把小孩吃了。没收粮，收了也吃不上，日本鬼子在这。很旱，旱地种不上庄稼。七月下雨，发大水先下雨后发大水，雨下了七天七夜，到了九月份又发了大水，水从河里过来的，水多了，河又小，又下雨，又来水，水从滏阳河开口了，在曲周边缘开的，离牛屯不远，有里把地，口子冲开后，连下大雨再水涨。

没在这，没看见，听说的。

九月份那场小雨不大，七月份的下得大，平地，有膝盖那么深。

霍乱。下了大雨发水，发生了霍乱。听说的，听老百姓说的。有多人得霍乱的，得病也有一半，有大人有小孩，大人多，小孩不担事，顾不住小孩。

拉肚子吧，头脑发热，没见吐的，不抽筋。传染，它传染，大部分（人）都得了。

弟弟也病了。屙屎屙的，拉肚子拉得不对劲，死了。那会急了，没法找大夫。那会有六七口人。当时家里有妹子，弟，哥，爸，妈六口，其他人没有得病。哥妹没事，弟弟没传染，家里人没到过别的地方，有人死咱也说不准，记不清了。死十几口。没大夫看，有人拿点土方治治。有好的有没好的。没保健院没医生，熬点姜水，喝点糖水。没有医生扎，农民给扎的，有扎针的，扎胳膊，扎腿，农民没有好多人扎。有好的，没有出血。

日本人抓人修炮楼，又打了，抓劳工抓了四五个。抓去修炮楼不让回来。给你做工又不叫回来。没回来都丧外面的。修东南边的赵集，在那修的离咱这有五六里地，咱这有炮楼，这修得早。八路军人少，保护不住，八路军运粮食吃。

一到晚上就有土匪抢东西，吃的都给拿了，咱这没有外村的。日本人不吃，皇协军闹的。日本人没有检查。没有防护服。飞机搁这过，灾荒年也有搁这过的，扔炸弹，在曲周城里城外扔炸弹。扔炸弹时飞得不高。最早是炸了曲周。

下大雨那年炮楼没修，这里离曲周远，在这，雨大了水平地了，人得病，日本人没出来。轻易不来，那会来这，闹事，烧杀。

采访时间：2007 年 5 月 2 日

采访地点：曲周县第四疃乡第五疃村

采 访 人：陈连茂　孔　静　刘婷婷

被采访人：张洪林（男　81岁　属兔）

张洪林

原来就住在这个村，上过两年小学，后来不上了，日本进中国不能上了。血型，不知道。

夏天阴历七月左右，过二伏天了，麦子早没下雨，没种上。

家里9口人，我两个哥哥，一个弟，一个妹，一个嫂子，爸妈，只姐一人得病，就俺那姐姐，她才17（岁），传染，别人没得，两三天就死了。肚子疼，没记得了，上哪照顾，没法照顾，扎扎针吧，腿弯，胳膊弯，别的没有，这就晚了，血成黑色了，出稠血了，不管用了，晚了。

霍乱病，出血黑稠，尽扎针，不是大夫，会扎。闹天阴潮湿，下雨，经常下，不见太阳，一个劲下，先下雨。

发大水啊！发啊，曲周县城东北，皇协军日本人，八路军，中央军没人管，没人堵滏阳河开口。曲周城北，围着曲周，北头开的口，在牛屯开口，离曲周城3里地。曲周城北，水大，河里水大，车踹了，一冲一大口子，没人管。我当日开口，不知道，后来去曲周了，见了，口子多大忘记了，有一个月吧，口子还没堵。水从南往北流。开了口以后，俺姐姐死，七月份。天冷，没这个病了。

在七月里，天旱，下了小雨，七月份，整天下，接接连连下了七八天，将苗子、种子冲完了。小雨完了，天晚了种都种不上了，淹了，地潮湿。村里现在八九百人口。逃荒跑河南，有熟人，找地方住，生活也不太好。头一年就灾荒，第二年，没有人啦，一百口，逃出去八十口人不止。第二年回来了。家没有逃荒，都在这。我当兵了，没有回来。

县城里是日本人占了，中国亡了，中国被侵略了。

老百姓见了日本人，就散了。害怕跑了，走得急快。嘣嘣，日本人来了，就跑了。日本人不爱财，皇协军爱财。日本人主要是害怕地方八路军。八路军游击战。看着你的手，先看看你的手，手上没茧子，你是八路军；有茧子，苦力的干活，没茧子，八路军的干活，大部分不是。

你是八路军，没茧子，带走了，带到炮楼了。问你，你不说，武力打，武力降服，不是八路军，打出来了硬说。一中年，带到炮楼，不承认是八路军，把这个人放到箔里，卷起来，摔死了。日本人刑罚，拿绳子捆住了，头朝下，不能动。这个情况就是俺村里，反正不是经常，一般老百姓不抓，苦力的干活，没茧子八路军，有茧子没事。

日本人来了，人都跑了。有人应付应付，招呼招呼。日本人待一阵。日本人不穿白衣服，不戴口罩，没有检查谁身体，不吃老百姓的饭。

没见过土匪。坏人，好吃好喝，吃白面，胡吃乱花钱，没钱，当土匪，村民不好说，肯定有，记不得谁。哪个村没有土匪，没有土匪头。

蚂蚱是第二年，民国 33 年有蚂蚁，没的数，把麦穗咬下来了。

东流上寨

采访时间： 2007 年 10 月 2 日

采访地点： 鸡泽县小寨镇驸马寨村

采 访 人： 姚一村　李　琳　石兴政

被采访人： 王平俊（男　73 岁　属猪）

王平俊

从前是东流上寨的，离这 6 里地，在北边。在这待一年了。民国 32 年灾荒年记得，那一年困难着哩，东逃西散，没么吃。那年是旱年，也有水。我记得下了七八天。那年在流上寨（曲周），别人都出去逃荒，我没逃荒。西流上寨以前也归曲周。光记得那年下雨，闹不清什么时候下的雨。那年水大民国32年西南山上水冲过来。流上寨在滏阳河东边，紧挨着河。有霍乱病，有治不及的就死了。说不清什么症状，没见过得病的。流上寨有得病的，不少，说不清下雨前还是下雨后（得病）。

东魏村

采访地点：曲周县第四疃乡东魏村

被采访人：马尽荣（男　80岁　属龙）

马尽荣

1943年发过大水，民国32年时下的大雨。下了七天的雨，河里来水。河是自然河，那时候没有很大的事。霍乱在那时，一个传一个。伤寒病，浑身冷，几天就没了，那几年记不住，几年就忘了。

天天有日军来，有炮楼，强抓俺嫂。那时候家里有老娘老爷，哥嫂侄子。哥哥长了那病，没治就死。嗓子病，嗓子长东西。咱家没长霍乱。

那时候没大夫，那时候饿死的没钱治，吃井水，吃野菜，吃树皮，枕头里面的籽都要吃下去，玉蜀黍皮都吃（玉米皮）。饿死人都记不准了。妹妹逃荒，一个找着了，一个找不着了，被人领走。逃的人多着咧。都出去了，都没回来，河南的那边走的都饿死了，饿死的人不少咧，老娘就是饿死的。

日军都来抢，抢粮食，抢牲畜，才打人咧。俺侄都抓去了，来吓唬你的，打枪，还抓人到顶上干活。飞机都来，在曲周县城那块扔过东西。扔了吃没吃没见面，日本大扫荡时候烧完了，扔吃的东西都扔在外面，没扔这块儿。听说过没见过。

有皇协军，就是土匪，俺不知道有头没头，都是土匪抢的，咱村没住国民党军。陈赓、宋任穷、邓小平都在这儿住过的，驻扎都有一个月，发展党员，发展游击队。17 岁入的党，13 岁站岗。在地道里开会，这村儿里有地道。

细菌战在北边村寺头那边有，1945 年后的，是解放战争时的事。国民党跑，八路军打。日本人跟国民党厉害，属八路军受罪。

巩 村

采访时间： 2007 年 5 月 5 日

采访地点： 曲周县第四疃乡巩村

采 访 人： 陈连茂 孔 静 刘婷婷

被采访人： 郭宝秀（男 81 岁 属兔）

郭宝秀

（民国 32 年？）一直住这村，那时属四疃，上过两个月小学。那时咱村五百多口人，三十多口人都死了。有的饿死了，有的拉肚子死了。

那时叫老毛子，走咧，没见吐的。有中医生治，光抓草药治，还扎针，扎没啥效果，效果不大。

当时咱村有日本人，来咱村穿黄衣裳，见过他们戴口罩，来村里没见戴，日本人进中国是 1938 年、1939 年，见过日本人的飞机，没有见过炸弹，飞得不高。

有霍乱，那是以前 1938 年、1939 年时，又吐又泻，拉肚子与霍乱不是一回事，霍乱是吐、泻，那是 1939 年的事，当时日本人来扫荡，1938 年、1939 年日本人来村。

日本人不抓劳工，西边那公路，共产党挖的沟，日本人叫人填了，叫村里人。没抓过工去日本，在咱村没杀过人。

采访时间： 2007 年 5 月 5 日
采访地点： 曲周县第四疃乡巩村
采 访 人： 刘婷婷　孔　静　陈连茂
被采访人： 石孝堂（男　82 岁　属虎）

石孝堂

我没有上学，也不清楚自己的血型，那时上学的不多，都是小学，就上几个月。民国 32 年时我住在河南疃石韩村，没听说过有得霍乱病的，我在那村没听说，大部分人都是饿死的，有病是有病，有拉肚子的，这种情况有很多，但不抽筋。我那时还小，没听说过霍乱病，听说过伤寒菌、伤寒，有羊毛疔那病，得这病的人多不多说不准，死了几个，也说不准。

死了人，就去地里埋，埋哪也说不准。也有霍乱这个事，传染病非常厉害。

咱村现在 3000 多人。那时大部分人都逃荒，去河南，推着车去。

那时咱村有日本人，村也大，离炮楼 3 里地，日本人一来，咱就跑了，他们都穿黑绿军装，没有见穿白大褂的，来的日本人，都戴着口罩，白色的，都是步行来的，不知道为啥戴口罩。当时见的日本人很多，他们来我们村吃饺子。咱拿着日本人的国旗，白布红日，欢迎大日本，欢迎他们还杀咱，活埋了一个，说不上来叫啥。共产党俺村有 6 个，日本人打了他们，拉到萍乡，摞着脖子都没死，也没有套出口供，后来放了回村，但后来被杀了，这事，我知道，共产党没公开时我还不知道，但俺村的共产党没死。民国 32 年的事。

日本人戴口罩，只是装扮，见几回戴几回，不给咱打针，不是检查身体，日本人烧、杀、抢，给咱吃东西，给孩子，大人没吃，我那年十五六岁，个儿小，日本人给我糖吃，以后就不敢看了。

那时都给日本人干活，我也去了，修炮楼。抓到外地的，不知道，都当抓劳工抓了，俺自家有一个大哥、二哥抓到北京去了，到那叫做啥就做啥。一个叫石纪清，一个叫石文忠，那时都大了，坐火车送到乡下去，然后回来了，是要饭回来的，被抓以后，过了半年就回来了，是逃回来的。一般都是抓劳工，别的被抓的就没听说。

民国32年是灾荒年，俺村死了好多人，不知道谁得病了，那年大家都逃走了。

李西头

采访时间： 2007年5月2日

采访地点： 曲周县第四疃乡李西头

采 访 人： 孟祥国　左　炀　段文睿

被采访人： 宋安详（男　81岁　属兔）

日军来之前，基本吃饱，都不要紧，上了三四年学，日军来了之后上不了学。日军住在村东的碉堡，还有警察楼，有三十多个日本人，有钢炮、机枪，出现过飞机，有警卫队，有游击队，牺牲了很多。日本人不常出来，皇协军经常出来。被日军抓去盖炮楼等，不管饭。土匪不是很多。

十六七岁时有大灾荒，是民国32年，旱灾，没井没河，盐碱地，收得很少或没有，还有蝗灾，还下雨下了七八天，淹了，死了很多人，大多数是饿死的，也有病死的，也不知道叫什么病。村里有医生（赤脚大夫），病的人大多数都死了，有拉肚子死的，没听说过叫霍乱病。

去西北等地逃荒，本家6口人都逃荒，逃到山西，要饭，家人都没得病。

采访时间： 2007年5月2日

采访地点： 曲周县第四疃乡李西头

采 访 人：孟祥国　左　炀　段文睿

被采访人：张庆明（男　78岁　属马）

日本人来之前，基本吃饱，除日军外，还有八路军。日本人有几百个，日军也来村里，抢东西。

民国32年，大旱，下了七天七夜的大雨。

李　庄

采访时间：2007年5月6日

采访地点：曲周县城关镇薛庄村

采 访 人：范　云　李　娜　郑效全

被采访人：李荣章（女　72岁　属鼠）

上过小学，没毕业。16岁嫁过来。民国32年，在李庄，离这5里地。民国32年，曲周大荒旱，老百姓个个遭灾难，不记得下大雨，下点不大。饿死的饿死，逃的逃。村里都没人了，逃到山西。

在家就有得霍乱的，灾荒年还没过，就有霍乱。俺娘得了，肚子疼，传染，有医生，霍乱扎扎，扎胳膊弯，出点血，黑紫血，扎针，拔罐。大人得病的多。

俺娘家离炮楼3里地。见过日本人，黄衣服，不记得戴口罩。不杀人，一个村里一个井。一个苦的一个甜的。苦水刷洗，甜的吃。日本人在炮楼上不知道吃哪水。有八路军。

没听说日本人给中国人看病，没听说得病死的人多。吃的不好，谁知道怎么得的。

民国32年滏阳河没听说过开口子。

龙王庙村

采访时间： 2007 年 5 月 2 日

采访地点： 曲周县第四疃乡龙王庙村

采 访 人： 范　云　李　娜　郑效全

被采访人： 李宝真（男　77 岁　属羊）

民国 32 年发大水，水很深，出门就蹚水。下大雨，一下七八天，房子漏得都不能住。我逃到菏泽鄄城，逃了 8 年。去曲周的路上都是死人，饿死的很多，得病也是饿的。原来村有六七十户人，饿死十来户，剩余四十来户。死得很快，出门走几步倒在地上，一会就没气了。

八月份日本人把村子围住，抓住两个共产党员，扣到炮楼里。大水发自漳河（？），地里都是水，没面，够小枣吃。皇协军抢东西，把枣树都锯了，用来圈日本人的炮楼。炮楼周围挖大沟，架个桥，桥一拉上就不能过人了。日本人喝村子井里的水，先让我们喝一口，尝尝有没有毒，有毒先毒死我们。

日本人的飞机炸过曲周，是在发大水之前。

采访时间： 2007 年 5 月 2 日

采访地点： 曲周县第四疃乡龙王庙村

采 访 人： 范　云　李　娜　郑效全

被采访人： 李如贵（男　78 岁　属马）

我上过小学，上到二年级。

民国 32 年发水后得霍乱，拉肚子、肚子疼、急性肠炎。老中医扎腿肚子、胳膊弯，扎出血就好了。好的多，死的少。要死的人两个钟头就没了。有一些人得病，是传染病，一个村一个村的都死光了，大人小孩都有。得病前后有人走，去河南了。村有三百多口人，死了四十多口人，剩了二百多口人，死的人都埋了。

日本人把粮食押走，把锅都掀走。皇协军——日本人下面的人，走狗，来了就往这，把桌子、椅子都砸了。日本人不打小孩，摸小孩的头。皇协军干坏事。卖甜瓜的不叫进村。

日本人在村西修了碉堡，没多远就一个碉堡，轻易不出来。皇协军不穿军装，打头阵。日本飞机在曲周扔了三四个炸弹，在天上转圈。

下了七天七夜的雨，一天一顿的饭，没柴火。没粮，吃糠，吃树叶，吃得脸都肿了。“大水淹了个龙王庙，一家不顾一家人。”没有羊、牛等物件，穷。发大水来自漳河（？），现在没了，水从南边来。近农历七月初几，都长小麦了，到第二年二月份。大水一天比一天大，过几天又下去了。水深了没大腿，把床当船撑着走。

全县的日本人一个季度扫荡一次，说抓八路军。死了一个人，抓到日本国一个，抓到曲周两个，后来又回来一个，现刚死没几年，叫李玉成，日本无条件投降时回来的。

村里有八路军，我给八路军送过信，是游击队，今天住这村，明天住那村。发病时八路军不管，也没医院。吃得不好，喝得不好，天太潮，人就得病。日本人没炸过堤。人都饿跑了，村里都没人，逃光了。

马　曈

采访时间：2007年5月2日

采访地点：曲周县第四疃乡北辛庄

采 访 人：李　琳　张　伟　郭存举

被采访人：崔李氏（女　80岁　属龙）

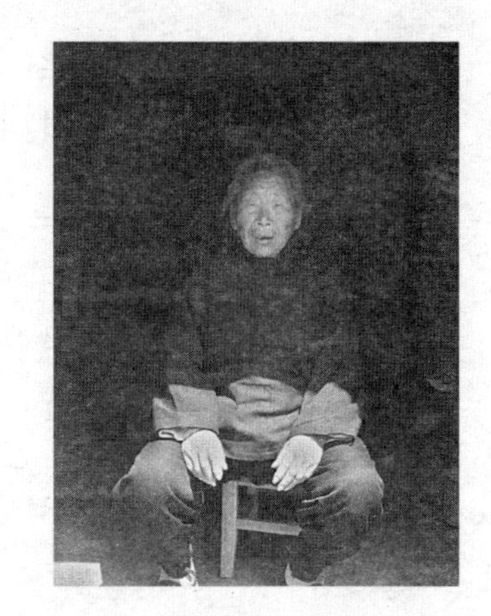
崔李氏

婆家姓崔，娘家姓李，娘家在马疃。民国32年16岁，在娘家。有偷的、有抢的，还有日本人。饿死的多着呢。饿的得浮肿病，死一片。

民国32年头里日本人在这，人不得过，看见年轻的都逮。民国32年昼夜不停下了七八天，七月底下的。河没开口子。

（皇协）二鬼子常来，日本人不常来。日本人来见年轻人就说你是八路。被抓走的人没数，抓到大同挖煤，有跑回来。不叫吃饱饭，有的人就累死了。村里净土匪，什么也拿。

民国32年9月开始逃的，逃了一年。东边有逃过来的，在这站不住又往西，邢台是（逃荒人到的）最近的（地方）。

采访时间： 2007年5月2日

采访地点： 曲周县第四疃乡马疃

采 访 人： 李　琳　张　伟　郭存举

被采访人： 丁奎明（男　79岁　属蛇）

丁奎明

民国32年出去了。那年先旱后淹，棒子、高粱长不好。淹的时候下雨下了七八天。河水没到堤了，没开口子。淹了以后都去逃荒了。我逃到沈阳，后来当兵了，到1954年才回来。村里死的人很多，都饿死的，就是有病也不知道。

抓过咱这的人当劳工，去沈阳、抚顺，下煤窑。这个村子里不多，有回来的。有个抓到日本去又回来的，叫杨长杰，比我大六七岁。不知道属啥。村里很乱，也有土匪，也有日本人，没给咱查过身体。日本人下雨之前来过。我年底去的沈阳。

采访时间： 2007年5月2日
采访地点： 曲周县第四疃乡马疃
采 访 人： 李 琳 张 伟 郭存举
被采访人： 姜连必（男 86岁 属狗）

姜连必

我一直住这个村。14岁时日本人进的中国。

民国32年这地方没见人。前半年没下雨。秋天下雨下了七天七夜，滏阳河没开口子，水都在河里流走了。民国32年后又发了一次大水，具体什么时候不记得了。1956年、1963年发过。开口子的时候在民国32年以后。我20（岁）左右。逃荒的多着呢，都不顾小孩了，把小孩扔到路上。日本人不让跑。逃荒的朝西向邢台。村里人都走一半。十个人能死三四个。有霍乱，得的多着呢。属民国32年那次厉害，壮年得的多，没听说小孩有得的。秋季下雨后有人得，一多半人都得了（霍乱）扎针治。得病死的很多。没有逃荒到这的。周围村里也有得的。霍乱上来了肚子疼。一个发疟子，一个霍乱，可厉害了。那时候喝井水，日本人会不会往井里撒东西谁也说不准，没见过。我和我的母亲得过霍乱，都治好了。得那病愣疼，在床上摁也摁不住。逃荒的也有得霍乱的，东边过来的走到俺这走不动了，死这了。下雨之后有逃荒的，有得霍乱的。我没去逃荒，家里老的老，小的小，走不了。

日本人抓劳工抓得可多了，有回来的。有一个抓到日本去解放后又回来的，现在不在了。姓杨，活到现在得90（岁）了，比我大八九十来岁。不知道属啥。日本人不给咱东西吃，见过日本飞机，没见撒过东西。

南龙堂

采访时间： 2007年5月2日

采访地点： 曲周县第四疃乡南龙堂

采 访 人： 孟祥国　左　炀　段文睿

被采访人： 李孟岑（男　78岁　属马）

一直住在村里，民国32年去河南要过饭，上了小学，日本人来了之后就不能上了，把学校掀了，盖炮楼。

民国32年先旱后淹，下了七天雨，水自己流，从滏阳河过来的水，村里有人去了滏阳河，下了雨停后第二天，大堤的洪水流过来，堤是自己冲坏的，没有人破坏，有人看堤的，是自己冲开的。

饿死的人多，得病死少。民国33年、34年大水，得霍乱的人不多，家人没得霍乱的，得霍乱也没人管，记不清其余的了。

有八路军，张秀川是当时的县长。

刘景修

采访时间： 2007年5月2日

采访地点： 曲周县第四疃乡南龙堂

采 访 人： 孟祥国　左　炀　段文睿

被采访人： 刘景修（男　75岁　属鸡）

农民一般不上学，没上学。

民国32年灾荒前，地里种小麦、玉米、大豆、棉花、红高粱，饱不了，除了种地，有做小买卖，卖瓜果、菜什么的。民国32年前没有逃荒。

日本人下村少，一华里有两个碉堡，一个是日军的，一个碉堡是皇协军的。皇协军多为城市人，抢。日军在碉堡待了四五年，日军也就十多人，皇协军人多。没见过日军飞机。有飞机，没注意是谁的，不知日军的番号，皇协军里分了好多机构。

没有大土匪，有共产党便衣，游击队，不敢住久了。有两个村长，一人为日军的，一人为游击队的。

民国32年，十来岁，先旱后水灾，下了七天七夜，下完雨后河水没过来，没见到，有很多人逃荒，逃到东阳关、平阳府（太原），向南逃，民国33年逃回来，大部分回来了，有死在外面的。

饿死，病死，霍乱病，这个村子死了几个，家里有得这种病的，姨夫得了这个病，后来好了，“文化大革命”后去世，这个村子有个人会针灸治好的。日本人也给他们打过针。姨夫又吐又泻，不分年龄都有。其他的病的有抓草药。

日本人抓苦力到碉堡周围挖沟，日本人给姨夫喝米汤后得病。日本人一般不出来，主要是皇协军。日本人在民国35年左右春天走了，皇协军一起走了。

采访时间： 2007年5月2日
采访地点： 曲周县第四疃乡南龙堂
采 访 人： 孟祥国　左　炀　段文睿
被采访人： 王金兰（女　85岁　属猪）

王金兰

民国31年，日本鬼子来了，上的小学，日军来之前上的，日军来之后，就不能上了，对小孩无事。

靠种地生活，吃高粱，不够吃，自己种的，去地里摘野菜，有逃荒，逃到黄河南等地方，要饭。日本人来抢粮食，有炮楼（村东北角），有三百多日本人，还有皇协军，比日本人厉害，和日本人住在一起，在炮楼，没有其他军队。我是共产党员，日本人经常扫荡，60里地，向南向北都去，土匪也有。

民国32年干旱，得病的不是很多，都是饿死的。全家死了5口，都是饿死的。有一半人逃荒，逃到山西、黄河南、山东、北京，主要是要饭。民国34年回来了，也有很多死在外面。日本人捣乱，没有水灾，主要饿死，有霍乱。民国31年、32年、33年霍乱，死一人埋一人，1000人死了400多，得病不分老弱，家里有人得霍乱，主要是饿死，人吃人，在那时知道是霍乱病，没有医生，大多数病死，让病人自己死，没人抬。在其他地方也是等死，谁有地就埋在地里，埋在自己的地里。兄弟、叔叔、父母都死于霍乱。

日本人自己治病，日本人没有发放食品，方圆十里地都有炮楼。日军杀死人不多，被日本人挑死的叫赵凤×，被日本人经常抓去劈柴、挖沟，有抓去外地干活的，没回来。

沈　庄

采访时间： 2007年5月2日

采访地点： 曲周县第四疃乡沈庄

采 访 人： 范　云　李　娜　郑效全

被采访人： 沈德功（男　82岁　属虎）

我一直住这个村。民国32年立秋时，六月底七月初下了七天七夜的大雨，村庄周围都是水。村里人都逃光了，逃到菏泽鄄城了。逃荒之前村里有三十多户人，后来剩下不到5口人。过了年，阴历四月大水退了又返回本村。

民国32年，饿死的人太多，人吃人的年（头）。日军、皇协军经常来抢粮。我们村长苗的地比较少，大都是盐碱地。现在有井可以浇地了。有点粮都被抢跑了。不下雨，地旱，不收庄稼，人就得逃荒。这里不怕淹。民国32年没大淹，水积在洼地里，高地可以长苗。

日本飞机把曲周县城给炸了。村里有游击队。

采访时间： 2007年5月2日
采访地点： 曲周县第四疃乡沈庄
采 访 人： 范　云　李　娜　郑效全
被采访人： 沈万吉（男　77岁　属羊）

我一直住这个村。民国31年七月初几下了一场雨，就下了那一天，滏阳河开了口子，水就冲到俺这里了。过年的时候下大雪，雪把门都堵死了。民国32年水退了，就丰收了。逃荒的人到民国32年麦就回来了。民国31年腊月死的人多，原来有三十多家，逃出去二十多家，我家没法逃。人都饿死了，把皮鞋的皮都煮了吃。民国32年人得浮肿病，是吃得太不好了。

日本飞机把曲周炸了，就来俺村天上飞。逃荒逃到黄河南、石家庄、平阳湖。本村没有人得霍乱，也没听说过邻村人得霍乱。以前听老人说过霍乱厉害，上哕下泻，跑茅子，是传染病，老人不叫吃太多的瓜。民国32年日本在俺村实行“三光”政策，吃光、烧光、抢光。

我上过学，上了四年，写毛笔字，认字不少。一天练两页纸的毛笔字。

乡中心

采访时间：2007 年 5 月 2 日

采访地点：曲周县第四疃乡乡中心

采 访 人：陈连茂　孔　静　刘婷婷

被采访人：李学明（男　86 岁　属狗）

李学明

原先就住这儿，四疃村，现在还不是镇，曲周县。我十四五岁，日本人来了，学校都没了，只上了几年小学，在本村上小学，国办，国家派的老师，不是共产党，蒋介石执党，日本人一来，教师都没了。农村没有高小，曲周县有四个农村人上学，只交点学费，学国文（汉字），数学。

血型是 B 型，在医院查过血。

民国 32 年，这个村有 600 多口人，中等村庄，逃荒逃出 80 多人，我也逃荒，家剩一父一母，逃到回南去了，20（多）人也大多饿死了。

灾荒年，上来霍乱就死了不少人，不病还死了，连逃荒带生病，逃荒，一块出去，走到半路就饿死了。有个老医生，死了一百多（人）了，都治过，能治霍乱针灸，大部分的霍乱都死了，治不好。身体都不行，加上霍乱，吐，泻。见过，哗哗吐，治不好就死了，霍乱快着哩，止不住就死了。谁知道得多少，咱说不定，有七八十。有霍乱死的，有病死的，有饿死的。就属民国 32 年霍乱病多。

大人多，小孩不多，民国 32 年前后就不生育了，民国 35 年倒是好点。

民国 32 年正月去，当年农历五月就回来了，民国 32 年最关键，一年打水淹了，吃没吃，喝没喝（前旱后淹）。种点瓦面。

先下雨，下了七八天，房倒了不少，不是这房子，还有河流开口了，水平也就这么深，街上都是水，出村就蹚水，发到棒子将吐红穗就淹了，不能种高粱，都淹死了。连阴七八天，还有蝗虫，就这儿，河开口，在中屯村，不远，十七八里地，尽是水，都淹了，曲周，广平，肥县，机制，主要是水，水多了，水势大，哪儿也不牢稳，没人扒，河又决口，又有河水。

下雨，日本人不能来，不光来这个村，去周围村。下雨，霍乱，民国32年，灾荒，蝗虫，逮蚂蚱，把蝗虫都吃了，七月份，灾上加灾，不下雨，不能种地，高粱不能种，就种点棒子，五月份才种上点棉花，还生蝗虫。长翅膀，哧飞了，就去逮蚂蚱，烧烧吃，没点油，按现在看，没法生活，共产党偷运点粮食，给村里分分，炮楼来人就给提走，玉米、高粱、小米不多，花生饼，共产党给运来，分1000斤，村长给分了。

先下雨，后决口，又招蝗虫，前半年旱，后半年种点苗，苗长这么高，又决口，又生蝗虫，灾上加灾，这就造成了逃荒，天旱不能种地，下点雨，种上苗，苗都这么高，河水又到了，就又决口了。

逃荒，有人逃到半路死了，奄奄一息，有连生病带饿死的，连树皮草根树叶都吃了，去河南的到现在还没回来。

日本人抢东西，面也抢，民国32年都没日本人，尽是皇协军，共产党不敢公开。村里有一个碉堡，民国32年炮楼光剩皇协军了。日本人在这儿不能做生意，没有市场，八年抗日最艰苦，日本人不大下来，扫荡来，见东西就抢，见人就带人，带走了当苦力，挖沟，开山，去东边到日本，抓劳工，抓了十几个，这十几个就回来了，其他都没了，都没活着了，开山苦着了，吃不好，累跑回来了。

扫荡，衣服，是东西都要，八路干架，兵就死了，有怀疑了，真八路他逮不着，八路干活着乐，看穿的衣服，按句说话：日本人在那个社会，扫荡扫荡，出个假证就带走了。

日本人在这，游击队在西头，日本人扔了两个手榴弹，游击队就撤走了，拿刺刀挑了老婆婆，游击队在那儿。民国31年、32年都没日本人了，曲周县城有。人家大部分吃人家东西，运来的，不吃当地东西，吃鸡蛋，逮活鸡，鸡蛋、活鸡没毒。怕，有没给他下过毒。喝水，炮楼有井。来这儿时间不长，一两个钟头就走了，见了鸡蛋就装，群众家有鸡蛋就装走。

日本人有妻子老小，给小孩糖，特招小孩。

日本人给人家治病，不检查，没有打针。日本人在这不管人民的疾苦，苦不苦，有没有病不管。

国民党都没了，卢沟桥事变都没国民党。有小偷，民国32年饿了，有点东西就偷了，没有成群结队，就叫小偷，没有土匪头，民国32年没有。日本人走了，土匪头铁魔头，这个人厉害，在永年县广谱城，邯郸水边，不到100里，在这没有，后来到台湾。

看电视电影，日本人就那样，戴口罩咱这儿没见。

曲周县没有飞机场，日本人飞机从这儿过，很低，扔几个炮弹，在曲周城，还没到这儿。民国26年日本来曲周，有一个飞机扔炮弹没爆炸，扔到城外。有圆太阳，日本国方，圆头。

没有黄沙会，红枪会有，当地农民一个自己组织，咱村也有。防小偷，村多少有一户，不打日本人。没有日本人，有了日本人，共产党又来了，民国32年以前，学校都没法去了，那时，国民党在这儿，资源解散，八路军也不允许这样组织。

采访时间：2007年5月2日

采访地点：曲周县第四疃乡乡中心

采 访 人：陈连茂　孔　静　刘婷婷

被采访人：王书田（男　85岁　属猪）

王书田

原来就在此村，乡政府就在这儿，曲周第三区，旧社会时第三区，共产党领导时第二区，第一区在龙堂，咱是第二区，第三区问南疃，总共六个区，日本鬼子在这儿，就是共产党在这儿。

我上过大学，抗日大学，干工作期间去的，家穷上不起。写个字，认个字。血型不知道。

民国31年修炮楼，没有鬼子。日本进中国是1937年，1939年来的曲周城，1941年修的炮楼，在村西头，第四町，离这一华里，搁这儿朝西，过了桥向西50米，不保留了。

民国32年那一年是前旱后淹，前半年旱，后半年淹，五六月份才下雨，七月份就淹了。那一年，西边邢台地区据说那边淹得还厉害，咱这边是沥水，沥水就是小雨，还编个歌“民国32年，灾荒真可怜，男女老少，死了大半，好难过啊，男女老少都捉蚂蚱，雨大受了潮湿，人人得霍乱，连阴雨不分昼夜下了七八天，雨大受了潮湿，人人得霍乱，好难过啊。”

得霍乱不少，计算不出来，1952年我们村灾荒年以前，900多口人，牲口90头，唱戏，唱龙玲的戏。

过了灾荒年，过了民国32年，民国33年前秋后，我在村里当村长，修着炮楼。我在公安局，化整为零，公安局把我放了，做地下工作，村长都听我的，就俺这个村村长不听我的，枪毙了，装卖旱烟、卖火柴，后来，村长不听我的，就干掉了，枪毙一个人，谁也不让说，先给领导说，选我当村长。有日本人，上炮。

第二年，还喂牲口，连个小牛都卖了，九百多口人，死了一大半，妻离子散，把小孩卖了，逃的逃了，李红明有爷奶，有爹娘，爹娘爷奶都饿死了，还有四口人，一个女儿，李红明领儿子逃难走了，他老婆领小女孩两岁多铺了席，小孩哭，不许赶集，走也走不动，走的时候，走走，小孩哭，七八米有井，小孩抱住，扔进井里，自己走，随人贩子走，到石家庄了。

民国32年共产党送粮运不过来，敌人封锁，自己收一点，炮楼抢了，造成那一年灾荒。

七月二十，发水，那一天七月十五，我种的荞麦，来后雨大了，水大了，沥水，下雨下的水，想不起来了，那时发大水。1963年滏阳河开口子，淹了。

下大雨后有十几口子得霍乱，有五六十口子死了部分，现在恐怕没人了，俺家里没有传染，以后大家都说，当时谁顾得谁了，有大夫，治有治起了，吃药，西药不多，吃中药，西药几乎没有。扎旱针有，呕泻，死得快，大人多。

这个村日本人经常来，任意开枪，任意打人，下来，没听说传染人家，来村子里不吃，炮楼里有井。

逃荒留下本村，在俺村死了，有一家到那蚌埠去了，三四户逃到郑州，后来返回来的。都死在那儿了，就一个小孩回来了，就得那个病，小孩六七十（岁）了，他爹娘死在那儿了。他回家，逃山西的，走关外的。

尸体埋了，就埋在地里，光我埋了好几人，没钱买棺材了，抬了一扇门，抬了他去地里，埋了。还有抬了一扇门，人在门上躺着，三扇门一合，可怜事。原来有一条公路，土路。邱县灾荒更严重，东边离这三四里最严重，邱县那边好吃，不存粮，一过灾年更严重。有个女的，大概四十多岁，带个小孩，女的死在马路上了，东边过来的，在村子路旁死那儿了，小孩还活着，吃奶，大人死得早，小孩死得晚，不知哪儿的，可够可怜了。

不分先逃荒先得病，旱涝头一年就收成不好，春天就有人出去，民国32年在七八月九月份，一看不行了。

民国32年有蚂蚱，在秋季，飞的蚂蚱把太阳都罩住，龙王庙，原来就有庙，下了雨后，尽是蚂蚱，地里种高粱，高粱秆爬的全是蚂蚱，一捋就一棒，逮了一小布袋，就背回来吃，把锅一烧，锅热了，蚂蚱放进去，锅盖一盖，就死了。母的不吃，夹着吃，见一个吃，大家都吃。民国33年春天生蚂蚱，小蚂蚱，都朝西北蹦，日本人开始收蚂蚱，挖一条沟，都装布袋里，到县城卖，收了两天，多了不收了。蚂蚱只会走直线，不会拐弯，当蚂蚱走到滏阳河，几个团蝇成一团，一个蛋一个蛋，过了河，还走。春天了，天热了，被子盖本窝都有，在地上、田里、在街上、场里、民国33年了，三四月份，到谷满天，第二年把麦穗咬掉了，拾麦穗头，后来还有，就少了，一代一代又生小蚂蚱，民国33年热天还打蚂蚱了，也不知怎么来的，种谷子、高粱，很少，那可从来没见过。

日本人抓了十几个人，抓曲周县城炮楼，跑回来两个，其他的不知死哪儿了，从石家庄火车上跳下来的，光知道朝北走了，不知道往哪儿了。现在都死了，没到目的地。

咱村上没有当皇协军的，为了日本人办事的，没有当土匪的。民国32年遍地都是土匪，比如咱四个人，你看我家有东西，你想拿走，遍地都是小偷。

这没有红枪会，有白枪会，大刀会，灾荒年以前有，大刀会在，维护地方治安、防匪。俺这个村就有大刀会，我那时候小，刘庄，那个村就在白枪会，俺这个村是大刀会。在1937年，国民党，临清那的齐子修，是红枪会。

赵　街

采访时间： 2007年5月2日

采访地点： 曲周县第四疃乡赵街

采 访 人： 范　云　李　娜　郑效全

被采访人： 赵　镇（男　83岁　属牛）

我上过小学。

民国32年苦得很。枣不红，七月十五头里，一气下了七天的大雨。前几年都是旱，农民手里都没吃的，旱得都不能耕了。下了七天的雨，地里都淹了。死亡的人不少，饿死的人不少。我家十一口人，剩下两口人，有饿死的，有逃出去没回来的。天愣潮，拉肚子，痢疾，跑茅子，村伤的很。漳河的水淹的这里。逃荒到黄河南。村里原来有六十多户人，家家都有逃出去的。年轻的都跑了，老人留在家里。人不吃粮，吃树皮、草籽，得浮肿病。

日本炮楼就在俺屋前头，现在没了，都盖楼了。皇协军守着日本炮楼，日本人住过，走了之后就是皇协军的了。日本人到村里找八路军。

发水灾时，村里没水，庄稼地都淹了，村里地势高，庄稼地是洼地，有积水。村里有井。发大水后没好转，从秋天到第二年春天，麦子可以收了。我父亲走了，我父亲给日本人当劳工，永远没再回来，可能被日本人带走了。哥哥在家死了，我哥哥饿死，两个孩子也没有了，我嫂子一个人去黄河南。家里买点粮就藏起来，也被皇协军搜走了。爷爷在我那死了，我埋了老人就回来，家里没有人，我就跑到岳父家过的春天。

日本人不是很孬，没杀过人，有时还逗小孩玩。

郑　庄

采访时间： 2007年5月2日

采访地点： 曲周县第四疃乡郑庄

被采访人： 郑景昌（男　85岁　属猪）

郑景昌

我是解放军复员军人，第四野战军。1943年下大雨来了水，从北边河里来了水。沚漳河。以前不开口子，那时候下大雨决了口子，滏阳河也决了，七月份那时候，冠庄那地方。1943年的事，六七月庄稼也淹了。谷子快割了的时候。发大水的时候发病，死人不是很多，转筋，霍乱病，我娘那时候死了。有姐姐，有弟弟有妹妹，逃荒出去了，我走了三百多里参了军。

1943年参的军，姐姐逃荒的时候死在河南，妹妹逃荒到东北，是发水之后逃的，父亲得病先死了，这是传人的病，父亲是在发水之前死的。当时村里没大夫，是西魏村的大夫。母亲是父亲之后得的病。父亲没去世，母亲就得病了，姐姐比母亲病的晚，老人得病多小孩得病少。吃的都是井水。

见过飞机，炸八路军，三光。土匪晚上来都来着抢，成伙的，头目叫铁魔头，日本人见了就杀。蒋大麻子那会就参军了，后来去了延安。

日本修的炮楼龙堂、赵街、大里坝，1945年走了就揭了。皇协军抢，日军抢，土匪抢。

采访时间： 2007年5月2日
采访地点： 曲周县第四疃乡郑庄
被采访人： 郑林周

郑林周

龙堂有日军，到村来不抢东西，找八路军。伪军皇协军抢东西。喝水喝井水，河水不喝，都在家里打井。那年雨水大，附近没土匪，对村有土匪，村里没八路军，下大水淹庄稼，吃小米。民国32年养牲畜不多，有逃荒的，有逃出去的，逃河南的，出去的不多，那时没大夫，看病的不多。

采访时间： 2007年5月2日
采访地点： 曲周县第四疃乡郑庄
被采访人： 郑永光（男　78岁　属马）

郑永光（右）

那时候发过水，那边开了口子。漳河开了口子，在哪村记不清了，南边来的，那时候八月份，辣椒啥也没剩下，都淹了。民国32年灾荒下雨，都编了小歌。那会有5个人，两个哥哥，大哥17岁，当兵到湖北了。

那时候死了好些人。饿死的。家里没得病的，其他都是霍乱病。有用针孔扎治的，有扎好的，有扎不好的。在东魏村，有大扎张云是医生。现在早不在了。那时候没有药吃。青年人都出来逃荒。死的人都随地埋，都没劲抬。其他村也都在逃荒。霍乱都拉肚子。

日军都出来抢东西。在龙室，在大龙杯，赵牙珠，三元都出来抢东西。逮不住青年人。日本人的飞机见多了。长病的时候日本人、皇军皇协军也没东西吃。那时候年纪小，记不大准。那时候都是喝井水，大水冬天还有。第二年就没有了。到人都死了就没病了。

许多逃荒到河南。有出去当兵的多。这里是老根据地，家家户户都有出去的。附近有土匪抢劫，土匪头头都逮不住。不好认，脸上都有划出条条，怕被认出来。日军那时候穿黄衣裳，戴手套和口罩，他们不管那事儿。来个二三十人都戴口罩。

发水以后得的霍乱，一两天就死了。镇局都不管用。八十来天就死光了。家里没有得病的。村里没人管了。八路军只有晚上来，日本人抓劳力到炮楼，到那儿去挖河。枣刺树都砍下来。没听说带走人。这村里逮不住人，没有抓劳力的。

采访时间：2007 年 5 月 2 日
采访地点：曲周县第四疃乡郑庄
被采访人：郑永祥（男　80 岁　属龙）

郑永祥

民国 32 年，连着下了七八天的大雨，从庄头流水流到这来，没河是洼地。得病没钱治的霍乱，家里 8 口人都是得霍乱病死的（调查者：讲到这里，郑永祥老人流下了眼泪，他的老伴也在一旁流泪，当已到耄耋之年看起来健朗达观的老人提起儿时家破人亡的惨剧不禁老泪纵横时，我感到一种锥心的疼痛，无法想象我们的民族在那个非常年代到底承受着怎样的苦难，而真正记得这些苦难的又有多少人）。

村里就剩下107人，原来有五六百，都知道是霍乱病，老人得病多，年轻人少，吃不好又得病，爹先死的，后来是母亲，大概是在七八月割了谷子之后，娘属蛇，发病后，以后人都逃了，村里没什么人了。

日军三天两头来抢东西。炮楼是日军建的，现在再没了。

日军驻在龙塘抓人埋人，大里坝里有日军也有皇协军，皇协军来了，吃着饭都走，吃的铺的盖的都卷走，伪军抢东西抢得厉害，黑团比皇协军低，跟土匪不一样。皇协军头目叫蒋玉清，“蒋大麻子”。

那时（我）小，十三四岁，去给日本人干过活，自己是老三，有个弟弟，俺大哥是游击队长。死在日本人手上。

以前有个小庙，日军都炸坏了，日本人说赔钱都没赔。

河南疃镇

第二疃

采访时间：2007 年 5 月 2 日

采访地点：曲周县河南疃镇第二疃

采 访 人：常晓龙　石兴政　刘　颖

被采访人：韩长生（男　79 岁　属蛇）

韩长生

1943 年，下完雨后，人就都死了，都是霍乱转筋死的，拉肚子又泻，但不知有多少，七天七夜的雨，下得地都成泥了，鞋湿了，潮。日本人不管传染病的人。村里有会扎的就给扎扎，神保着的就好了，神不保就死了。那病说上就上了。那时我就没拉肚子。

那病主要是大人多，小孩少，大人经常蹚水就得了，小孩就不得，一蹚水不就得了？发大水之前，旱，地里没蚂蚱，第二年有了蚂蚱，出来了。

我见过日本人，日本人啥事也不干，要钱要粮食，给了就没事。没听说日本人有决河口子的事。

采访时间： 2007年5月2日

采访地点： 曲周县河南疃镇第二疃

采 访 人： 张文艳　王占奎　王春玲

被采访人： 马心合

马心合

一直住这儿，家在二疃，原来是一个村，后来合了。

民国32年，霍乱转筋就是那年，到秋天，七八月时，扎也扎不好，吃药也不好，一个扎过来的也没有，都死了，一天一夜连唠带泻，转筋。

民国32年就是1943年。地里庄稼都旱死了。头一年旱得都干了，快到十月份了，下雨，下了七天七黑夜，不能种地，一亩地见300斤麦子就最多了。第二年下雨又不能种了，净是水，坑里满了，街里进水，地里的水和河里的水都通了，鱼都跑出来了。滏阳河开了个大口子，开了口子堵不住，河里的水跑出来灌到坑里去了，房子都淹了，北边一个城叫关东，挖了一条河，都往北突突，都回大河往北走了。

下雨以前，秋口里，八九月时，先旱，后又下大雨，人就得病了。连吐带泻，转筋。腿都扭筋，俺母亲，把脚搬过来叫人给扎，先给人吃饭，吃饱了，再扎针。没饭吃，没劲，谁能扎。俺治好了，旁的没，扎好了，扎在肋巴上，尾巴骨上三针，脖子，（指右侧）耳朵后。没吃药，没药。没先生，俺村没先生。得病的是大人多。

都没啥吃，我母亲吃树皮，喝井水，下雨后高台处井里的水没淹，都喝高台处井里的水，在院里挖个井还涨水呢。我母亲在家得的病。得病的埋了，这病在我们村一个多月，两月，得病的都死了，后来没有。逃荒多了，我还用逃荒，没吃的，也不能治，一点米一点面都捎走，逃荒人不少，因为没吃的去逃荒，大部分人都死在外面了，在下洼 hong 山。

日本人在这里，日本人住炮楼，在马兰堂，河南疃镇是八路军根据地。日本人穿黄军装，钢盔，先放枪，就数俺村来得多。

采访时间：2007 年 5 月 2 日

采访地点：曲周县河南疃镇第二疃

采 访 人：常晓龙　石兴政　刘　颖

被采访人：徐孟华（男　79 岁　属蛇）

徐孟华

当时下了七天七夜的雨，以后还下，俺家六口人，过完年那一年，就剩我一个了。人拉肚子，那个病叫霍乱，我没和病人接触过。

病连怎么来的咱也说不清，那年人拉肚子拉了脏东西，吃的又孬，人拉在炕上，人就只能用灰铺在炕上，主要是小孩和青壮年得的，那小孩不是比大人更饿吗，你想，十里地一个炮楼，运粮运不过来，实际上有粮也被抢了，有人逃荒去了，还有人逃难都没回来。

我没听说过日本人把河开口子的，河北（黄河北）是黄河以北，八路军也管不了咱，八路军连军装都不穿，都不敢出来，穿便衣。

雨把房冲塌了把有些人砸死了，那时我小，这个病很厉害，有的人去埋病人，埋都没埋完，去埋的人都死了，很快，治也治不及，人也不会扎针，那会儿连暖瓶也没有，把人蒙住了让他出汗，这是土办法啊，那人使劲在炕上动呀，啊呀地喊，那时连热水烧不上，找个做煎饼的锅，连着油滚，然后让病人吃上，这病是因为下雨天气潮得上的。

那年日本人把年轻人赶走了，下煤窑，把很多人都往外赶，不光日本人，咱中国人也当日本人的狗腿子。日本人和中国人皇协军都一块闹，十里地全是皇协军。

日本人的黑飞机俺见过，那时有土匪，啥都干，叫老杂。

采访时间： 2007 年 5 月 2 日

采访地点： 曲周县河南疃镇第二疃

采 访 人： 常晓龙　石兴政　刘　颖

被采访人： 张西成（男　71 岁　属牛）

张西成

那病很厉害，人得了就死了，那刚过民国 32 年，是由于炎热造成的，猛然间潮湿造成的。民国 32 年俺在这街住，日本人在一里地远修了炮楼。住下了日本人，让人去给他修。那时得病不少，年龄高的也有。

郭于自口

采访时间： 2007 年 5 月 2 日

采访地点： 曲周县河南疃镇郭于自口

采 访 人： 周燕楠　姚一村　杨兴茹

被采访人： 郭东秀（女　74 岁　属狗）

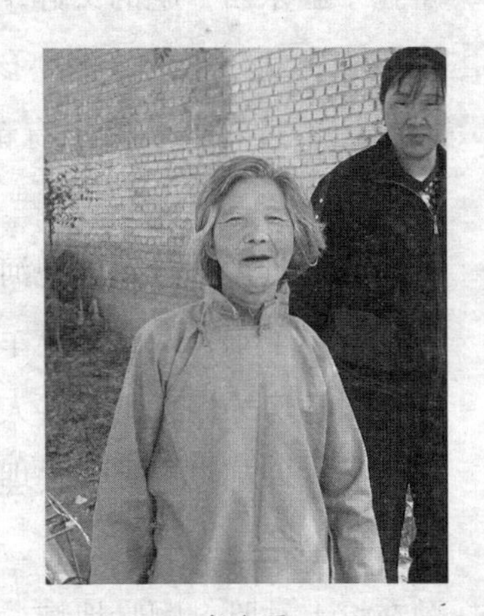

郭东秀

我 7 岁时灾荒年，那一年没收，旱得没收。一直在旱。玉米没长高。民国 32 年一直旱，到秋天淹了。村都淹了，不知道水哪来的。后来还下（雨）。七月下开大雨了，不能耩麦子，一直在下。

死人可多了。姊妹们都死了，没啥吃。灾荒年可厉害了，都逃荒了。我没逃。我在家做买卖，能吃口饭就行。要不一年都不能吃。不能浇地。可难过了。逃荒是头一年，逃荒人可多了，十个人逃三四个。不能过就逃荒，过不成。

霍乱，我一个妹妹，一个小兄弟（病）死了，我没得病。不知道怎么死的，死得可快了。不知道症状，躺会儿就死了，都得这病。就那一段儿，以前不知道这病。（尸体）都叫狗吃了。尸体让狗刨出来吃了。（病）没法治啊。有大夫，没法治。有病只能坚持，可难过了。不知道死多少人。十个人里有四五个得这病死的。不知道从哪传过来的，可厉害了。小孩得病多。老人都（饿）死了，没的吃。后来就没了。就这个病快。姊妹五六个死了两三个。五岁了，说死就死了。

解放前是曲周县，一直没变。

没有土匪，不知道。老杂人不多，杂子人还能多了？

采访时间：2007 年 5 月 2 日

采访地点：曲周县河南疃镇郭于自口

采 访 人：周燕楠　姚一村　杨兴茹

被采访人：郭二顺（男　85 岁　属猪）

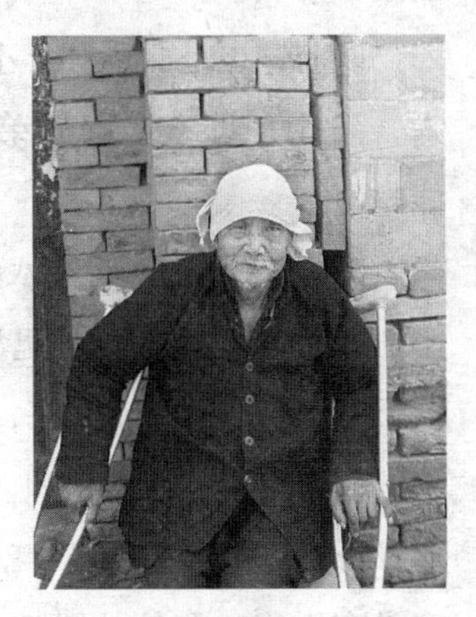

郭二顺

一直从这住，没上过学。

民国 32 年没吃的，没收，老天不下雨，俺庄旱了一二年，到东边旱了三年。民国 32 年后半年下雨了，挺大，耩麦子了，没淹，没洪水，没开口子。

霍乱转筋是民国 9 年，光听说。民国 32 年没有。逃荒的有得是，春天，民国 32 年。以后没见过，光听说，扎针。

（那时）日本人还来。把村围住了，民国 32 年头里，逮八路军，逮着了，三个人逮走俩。咱人少，人家多，打得过吗？

皇协军是汉奸，国民党跑了，光剩八路军了。老杂，挎着枪，逮人，抢东西，人不少，土匪头不知道。

大刀会俺庄就有，打老杂，打不过，人少。咱这几个村一集合，大刀片，红缨子枪。大刀会，红枪会可能是一回事。黄沙会打八路军。大刀会拜神，磕头，不知道给谁磕。

采访时间： 2007年5月2日

采访地点： 曲周县河南疃镇郭于自口

采 访 人： 周燕楠　姚一村　杨兴茹

被采访人： 郭荣甲（男　83岁　属牛）

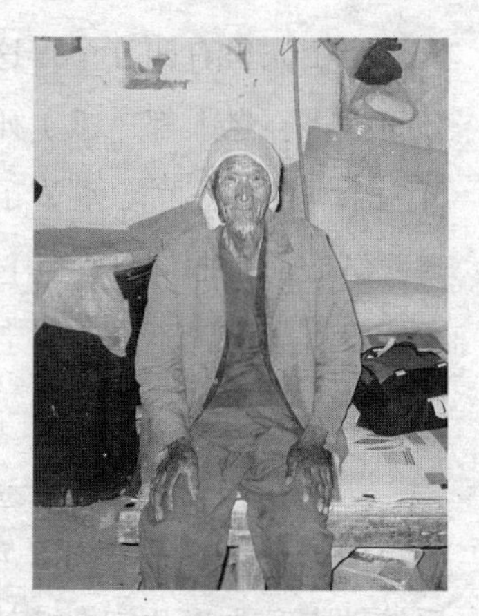
郭荣甲

上三四年学呢，在本村，私人办的。念语文，常识。

以前这也是曲周县。小的时候家里5口人，父亲，母亲，俩兄弟。种没20亩地，能吃饱。

民国32年记得，有八路军，才过来。有土匪。人都饿死了。天也旱，土匪也抢东西。从正月里旱到八九月里。没有蚂蚱。民国33年闹蚂蚱。秋天下雨了。阴历八月底，下了七八天。每天都下，下得大哩。下雨下的水，七天七夜，没有决口。只有下雨下的，没洪水。霍乱转筋也是那年。七月份，下雨前，干旱时就有霍乱。我都十八九了。从威县传过来的。咱家没有人得。拿针扎腿，出血就好。找土大夫，能治好。紫血，出血就好。扎腿肚子，没抽筋，不知道。吃井水，有个井，水不很甜。得病时也是吃井水。平常不盖盖。

土匪怎么不厉害？土匪头都邱县这一片儿人。有二百来人，二三百人，邱县马头以西。

有红枪会，咱这没。有大刀会保护农村，头是丁老布，自己组织起来的。有个施老贵。有大刀有快枪（射击的枪）。管事儿，土匪不来了。皇协军多，咋不抢呢？八路军跟他们打，主要跟日本人打。住在杨堆，阎二庄，那有炮楼。来抢东西，找八路军找着杀。

日本飞机，怎么没见过？没往下撒东西。

国民党军队也有，高震林，跑邢台去了，这是治安军。国民党治安军的炮楼。不打日本人，往老百姓家要东西，比土匪还强点。国民党不打八路军，联系情况，都还联系。也有抽白面的，可迷了。白面哪来的说不准。

就那一年有霍乱病。壮年人，老人得的多。小孩不大多。什么都吃，红高粱、玉米，也没吃别的东西。逃荒是九月以后，都死了，不是因为怕霍乱病，没饭吃。霍乱在前，旱的时候没人逃，下大雨之后才逃。也收一点谷子、高粱。土匪抢得没饭吃了，有往山西洪洞县逃得多。我也出去了，旧历九月，霍乱以后，下大雨之后。

没发大水。滏阳河发过大水，一九六几年。民国32年没有。卫河发水不能淹这里，地势高。都是下雨下的。没别的病。

采访时间： 2007年5月2日

采访地点： 曲周县河南疃镇郭于自口

采 访 人： 周燕楠　姚一村　杨兴茹

被采访人： 骆计山（男　78岁　属马）

骆计山

村属于曲周县，上过学，村里，公家的，八路军的学校。是新中国成立以后上的。

新中国成立前村里有三百几十口人，以前也是这几口。

民国32年灾荒年，前半年旱，后半年淹。八月下旬下的雨，下雨下得淹了，不是来的水。滏阳河开口子，往东走的，离这儿十几里，郭桥南边有七八华里，在张桥村。大水冲的，不是人挖开的。听说的。没人敢挖，别的地方不知道。滏阳河跟现在一样，有32米宽，河堤，河两岸，当中不算，堤有五六米宽。漫了都平了。滏阳河是地上河，不经常开口子。没有冲到这，这地势高。

民国32年有霍乱转筋，严重，得病的不少，有老的有少的。得病什么样不知道，咱家没人得。有扎针放血的，有治好的有治不好的。下雨时潮湿，得病。旱时少，也有。下雨后厉害了，原因不知道。不知从哪传来的，十几岁，搞不清多少人得这病。

喝井水，砖井，几尺深。没有土大夫治这病。日本人不管。民国32年秋后秋前都有逃荒的。闹霍乱时村里闹不清有多少人。往哪逃的都有。

（庄稼）收了一点，日本人一直要，八路军也供给点，小偷偷点。八路军那时少，不大光明。

日本人三里地一个炮楼，把这里分割了。皇协军，老百姓给当兵，也抢粮食，老杂也抢。土匪有几十个人，几百人的。国民党军队有，很少，在城市里。日本人大扫荡，打八路，杀人放火，杀光，抢光。

大刀会还在以前，保护农村，自己组织，打土匪，不敢打日本人。拿红缨枪，与红枪会是一回事。

有日本飞机，没见过，没往下撒东西。放过一次臭炮，一会儿人就缓过来了。发坏，那年32年头里，31年过秋，秋后，就在西边街里。往村里扔了点，来两个兵，用火点。拿冷水一喷就缓过来了，克制老百姓。村里开会时放臭炮。

日本人还让老百姓集合。抓劳工，在北边村里抓过一次，抓到北京以北。后来都回来了，有很少抓到日本国的。土匪光要东西，日本人还杀人。

李于自口

采访时间： 2007年5月2日

采访地点： 曲周县河南疃镇李于自口

采 访 人： 周燕楠　姚一村　杨兴茹

被采访人： 李计臣（男　75岁　属鸡）

李计臣

李口原先属于鸡泽县。

（我）念了5册书，八路军建的学校，解放后。俺这些人，是罪就受过。皇协军，治安军，老日本，宪兵队。宪兵队是中国人，治安军是汪精卫的队伍。

界限沟以北是敌区，以南是八路军的天下。这基本是八路军的天下。沿着沟都是炮楼，沟里都有水，用滏阳河的水灌沟。八路军过去不方便。记不清谁让挖的沟。炮楼下面是砖，上面是楼。炮楼是圆形的，在沟的北边。杨二庄一个炮楼。三四华里一个。日本人来扫荡，打八路。

民国32年，谷子还不熟的时候，昼夜不停下雨七八天，这没水，南北都有水。这地形高。下雨，河里的水不多。土地庙那小孩都扔那，都活不了了，给几口就多活一会。吃没吃的，喝没喝的，死的人可多了，有的人吃人。

霍乱转筋，一会儿就死。民国32年左右，我就得了这病。用针扎十个手指头，放血就好了。不记得症状了。扎过来就扎过来，扎不过来就死了。下雨后得这病。滏阳河开口子记不清，到处是水，没听说滏阳河发水。死的人不少。找棺材都来不及，有时候一天死一两个。有时多，有时没有。无论老少（都得病）。吃井水，烧开，用炭，不能烧煤。俺这辈子什么罪都受了。你们是生在蜜罐子里了。

民国32年差不多都逃荒，我们家有井，烧点水，收点（粮食）。32年逃荒多，33年秋后玉米、绿豆收获了。霍乱时已经逃荒走了一半，有走山西的，石家庄、河南。

民国32年八路军来了要，皇协军要也得给。八路军不打你，八路军也得吃啊，叫老大娘，老大爷……

日本鬼子抓劳工，回来穿红衣服，有良民证能跑回来，没有跑不回来。

黑团不是很清楚，光坑老百姓了，光吃光喝，农村没有，在县城。农村里是老杂，到处是老杂，十个八个的，没组织，抢去，不给就打。大刀会是民间组织，保护老百姓，冬天光脚丫子，光脊梁，刀枪不入。

为找八路军，日本人放臭炮，把人熏倒。整点辣椒，在水里泡泡，塞嘴里，灌辣椒水，把你呛死。在这没有放过臭炮，在别的地方放过。

李口现在有2000多人。

采访时间：2007年5月2日

采访地点：曲周县河南疃镇郭于自口

采 访 人：周燕楠　姚一村　杨兴茹

被采访人：李九梅（女　82岁　属虎）

李九梅

婆家姓霍，娘家李于自口。

就是旱，秋天下雨了，下了七天，下得大着哩。咱这不淹，外边都淹了。地高，有下的，有来的（水）。从西边过来的，鸡都不能走，不知道哪里来的。旱的时候得霍乱，这病不能治，从哪里过来不知道。得病不少，我家不少。

逃荒去要饭，正月走的，十一月回来的，在外边要饭吃。头年下雨，第二年回来的。没啥吃，饿都饿死了。

马兰头村

采访时间：2007年5月2日

采访地点：曲周县河南疃镇镇敬老院

采 访 人：张文艳　王占奎　王春玲

被采访人：刘德祯（男　78岁　属马）

赵金钵（男　75岁　属鸡）

刘德祯

我原来在马良堂，也是曲周县，河南疃镇，上过小学，是O型血，检验过，在曲周医院。

民国32年是1943年灾荒年。民国31年就开始干旱，民国32年开春都没有下雨，一直等到六月才下雨，点上苗了，后来淹了，没啥吃了。大水把我们这都淹了，平地都成水了，人都没法活了，河水没有出来，雨水成灾。滏阳河在西边，它开口也淹不到这儿，卫河不淹。

赵金钵

有人得霍乱病。民国32年先旱后淹再得病。雨七天七夜不停，房倒屋塌，后来就霍乱了，死了多少人说不清，后来说闲话，有五六十人死了，有逃难的。八月二十二，下了七八天之后就淹了，还唧唧喳喳唱歌："八月二十二日，老天阴了天，大雨连连，下了七八天……"

得了霍乱那个病急性病，上吐下泻，三四天就死了，我见了，得了那个病，治不及就死了。那个病传染厉害。没西医都是中医，医生告诉是霍乱，去找医生的很少，带血就完了，一开始不带血，一开始肚子疼，吐，下稀屎。霍乱转筋，都死完了。一千多人的村子死了五六十人。拿针扎，用针灸的针，扎腿窝、腿上、胳膊上也有，胸膛上说不清，不让看，说传染。家里有得，有两三个人得病。主要生活也孬，天旱，玉米不成籽，连芯也吃。那时我还小，才11岁，上学也顾不得，只顾玩了。病人死了埋，水大不能挖坑，把人绑在门上，把人扔出去了。发水之前没有这个病。生活孬，吃米糠，配点菜，掺点米面，最后俺种了荞麦，吃了荞麦容易拉稀，那是最后了，有啥吃啥。八月，九月，十月就得病，说的都是阴历。

日本军在，粮食运不过来，就逃荒了，玉米开始能吃就逃荒了。民国32年以后村里人都没有多少，有往北走，到石家庄、陕西一带，到南有到河南的郑鹿。

后来就乱开了，先闹土匪，日本进来了还有皇协军，土匪都抢东西，后来皇协军来了装粮食。那时土匪、皇协军多，民国32年正厉害，那时候日本人少，都是皇协军多，炮楼五里一个，日本人抢东西，马兰有炮楼，东里滩正南徐家滩就是这儿的徐街有炮楼，北龙堂有炮楼。日本人修碉堡，锯枣树，一道沟之间修一炮楼，村里枣树都锯了，打围墙。外是枣树，往里是一道沟，里是墙。日本人活动抢东西，抢粮食，衣服，牲口牵走。日本人抢民工，修碉堡，第二年开始运了。

村里闹洪水日本人也在。闹霍乱他们也转悠。日本人他不吃咱中国人的东西，抢东西是皇协军，日本人只是少数，他们吃的东西从县城运。没有隔离衣，有口罩，戴口罩，穿黄军装，日本人穿高级鞋，口罩跟现在的一样，和医院一样。我见过日本人，不给检查身体，没有打针吃药吃东西。皇协军、治安军受日本人用，帮日本人做事。

洪水时老百姓都不讲究这，喝河水，井水满了，把井淹了。喝熟水多，渴了也喝生水，主要是吃得太烂。日本人也喝咱这水，从井水挑了去烧，怕下毒，让你先喝一口，消不消毒就不知道了。他们不管这，军医没有，我们那里炮楼一个不出来。日本人里头没有霍乱。日本人修碉堡的目的：往东北挖一条河，斜深，把地方分成一块一块的，楼跟楼之间都有沟。

村里有地下党。动物没有病，狗事先都打死了，打狗是八路军让的，行动时叫，家里没有养的东西，没啥吃。日本人主要是杀人、放火，不抢东西。日本人查八路军，看是不是共产党，听不懂，有翻译官，是中国人。不是就打死了。

平乡县，八路军把日本人汽车打了，日本人把村里人都集中起来，放了那个臭炮，熏晕了，那臭炮拿水一泼就好，就赶紧找水，泼活了好几个。

周围村里得霍乱的不知道。我们村有五六十个，没有统计那个数，后来说闲话说说五六十人。河南滩东北角挨着村有个庙，叫龙王庙，住庙的先得病死了都是本地人，后来传染开了。不是外地带回来的，是本地人。庙还是那个地方，现在都盖成房子了，新修了一个小庙，还是一个小庙。

闹霍乱的时候，王明山搁敌区往回运粮。

许下疃

采访时间： 2007 年 5 月 2 日

采访地点： 曲周县河南疃镇许下疃

采 访 人： 常晓龙　石兴敏　刘　颖

被采访人： 栗连元（男　76 岁　属猴）

栗连元

雨下了七八天，那时地里收不好，人都没吃的，死了不少，死的人是霍乱转筋，一得这个病治不好就得死，拉肚子就死，多着呢，各个村都有，那时秋天都死了，大人多，小孩记不清了，成年人比较多。

日本人在村西修炮楼，日本人住着了，西边一共五个日本人，一个警察所，日伪军，还有一些做饭的。

采访时间： 2007 年 5 月 2 日

采访地点： 曲周县河南疃镇许下疃

采 访 人： 常晓龙　石兴敏　刘　颖

被采访人： 郑　江（男　78 岁　属马）

那年下了七八天的雨，人都没吃，把人给饿的，火柴都打不着火，下雨下得把人饿死，人拉肚子，没柴火烧，得霍乱的大人多，小孩少，反潮，太湿，大人就死了，有一天死了十二个。

日本人不大到，主要是皇协军。

郑　江

采访时间： 2007年5月2日

采访地点： 曲周县河南疃镇许下疃

采 访 人： 常晓龙　石兴敏　刘　颖

被采访人： 郑克民（男　79岁　属蛇）

郑国瑜（男　80岁　属龙）

郑克民

那年下了雨，有人死了，天上下雨，有人得霍乱转筋，8月24日下了雨，一共下了九天，之后就死了人，都是霍乱转筋，那时候是大人多小孩少，屋里都漏了雨，哗哗的。那会儿有滏阳河，没有听说开口子的。

日本人是民国29年修了炮楼。八路军也在，蝗虫是在下雨之后出去的，八路军就是有也管不了啊，房上屋里全是大蚂蚱，那时天灾。蚂蚱把麦头粮食全吃了，老蚂蚱是在霍乱之前，幼虫是在霍乱之后出现的，那霍乱病一抽筋死了，白天村里死五六个人，也没法活，几个月下来不知道死了多少人，没人给治，给谁治啊？没办法治。

郑国瑜

采访时间： 2007年5月2日

采访地点： 曲周县河南疃镇许下疃

采 访 人： 常晓龙　石兴政　刘　颖

被采访人： 郑文广（男　74岁　属狗）

郑文广

民国32年，日本鬼子在这儿修了炮楼，那时下大雨，每天都抬死人，人都饿的，又有病，有人是霍乱转筋，不知道拉不拉肚子，死的人有快有慢，得病的人是大人多，鬼子过去也没干什么，皇军使坏。有很多人逃荒去了，没听说日本人戴面具的。

朱于自口

采访时间： 2007年5月2日

采访地点： 曲周县河南疃镇朱于自口

采 访 人： 周燕楠　姚一村　杨兴茹

被采访人： 李淑芹（女　79岁　属龙）

发大水了，河南来的水。七月下了雨，雨后得病的人多。滏阳河开水了，开口子。哪段开口不知道。

采访时间： 2007年5月2日

采访地点： 曲周县河南疃镇朱于自口

采 访 人： 周燕楠　姚一村　杨兴茹

被采访人： 朱成彬（男　76岁　属猴）

文化不深，上过几天学。

朱成彬

民国32年先旱，到秋里下了七天七夜，水深有半米，就是下雨下的。没发洪水。1963年滏阳河决口。

有日军，治安军，皇协军，黑团（国民党管着），军分队。治安军是汪精卫掌权。黑团，本县的，抢东西。

民国32年郭桥没开闸。民国9年，有霍乱转筋。民国33年，闹蚂蚱，蚂蚱团成蛋过河。滏阳河蚂蚱，不会飞。民国32年腊月逃荒，（我）12岁。听老人说的闹蝗灾。民国33年收麦子时，蚂蚱把麦穗吃了，把苗全吃光。麦穗都掉地上了。

民国32年有霍乱转筋，有，不多。民国9年，全村共三百多人，每天死五六个。不知道霍乱什么样，但死得快。先旱后潮，人受不了，猛下七天七夜，得了病。先下雨后得病。不知道哪里传过来的。那时吃井水。井比平面高30公分，水把井给淹没了。村里的井高，没没过。不知道日本人有没有下毒。民国32年以后逃荒，淹得那会村里没人了。人贩子用窝窝换小孩。

当时的村长是国民党派来的。八路军晚上来，白天不敢来。白天日本人让挖（河道），晚上八路军让填。通邢台，有炮楼，一个口上12个鬼子，其他是治安军。沿着炮楼挖河，就像护城河似的。东西的河，两道炮楼，防八路军。河南疃政府抗日，曲周县没有伪政府，有抗日政府，不过是暗的。

治安军不抢东西，土匪抢。治安军抓坏人，确认了，找到了就枪毙。没有特别大的土匪。大刀会不记得，五六岁时有，后来没有了。没有红枪会。

馆陶临清卫河是秦始皇修的，卫河发大水淹不到这里。往东跑不往西跑。这边高那边低。

日本没有飞机场，没见过日本飞机。扔过臭炮。日本人通知开会，拿炮熏，能熏死。点着，在俺村点了两回，让说八路军的下落。不是民国

31年就是民国32年，还小。没有熏死人，吓死一个人。

土匪孬。皇协军是地方部队，治安军是汪精卫的。一回事。曲周县皇协军不多。“能杀老百姓万千，不让老百姓过关。”

皇协军抓过劳工，日本人掏钱雇个人，民国33年秋后把地都围住了，日本人要民工，光我们村就七八个。日本人给皇协军钱，皇协军抓人，抓到北京北边，都跑回来了。

八路军把皇协军枪毙了。

1955年八月初五滏阳河发过水。

采访时间： 2007年5月2日

采访地点： 曲周县河南疃镇朱于自口

采 访 人： 周燕楠　姚一村　杨兴茹

被采访人： 朱东周（男　85岁　属猪）

朱东周

从小就从这个村住，以前也属于曲周。

民国32年大灾荒，没收，头半年旱，下半年淹。水把井给淹了，有一米深。下了七天七夜，还有西边河里来的水。八九月份，先下雨，又来水，滏阳河水。把闸给提起来了，怕开口子。在郭桥开的闸，八月里，不知道是谁开的，水就冲到这里了。不知道其他有没有开口子。都说那里开闸了，咱也没见。淹得啥也没有了。又有这病，有治好的有治不好的，死得很快，霍乱转筋没这病，民国32年下雨之后也没听说有。咱没见过，听说得扎针，使劲扎。

逃荒去要饭。冬天走的，下雨以后的冬天走的，腊月。

日本人在邢台威县，这里没见。八路军不来。老杂开始行，后来不行了，不知道多少人，光听说了。国民党军队不大来。没有大刀会。日本飞机过来过，没大见它来过。

侯村镇

北陈庄

采访时间： 2007 年 5 月 6 日

采访地点： 曲周县侯村镇北陈庄

采 访 人： 王 选 常晓龙 刘 颖 石兴政

被采访人： 陈明潮（男 81 岁 属兔）

陈明潮

那年我在家里，灾荒年死了老些人，都饿死了，没啥吃。那时村里有二百多人，那年死的人都算不清了，死了五六十口人。

后七（闰）才下了雨，那年不好，七天七夜，把房子都下漏了。后面人都出去逃荒，咱村陈庆堂跑到河南，有好多人死在了河南，有人死在了逃荒的路上。那时连花籽饼都吃过，没啥吃，咽不大下去。

陈清？得了霍乱，肚疼得了不得，不知道跑不跑茅子，那年我才 12 岁，那病也可以用针扎，那个人后来治好了，陈自成就是治好了的，治好的人也有。得霍乱的人不多，老人好得这病，年轻人少，村里也没多少小孩，陈清肖就是得霍乱死了，别的村里也有，东城堡式我有听说过的，附近的村没听说过有没有，那时村里的那病是传染的，我们怕，都不敢出门去，霍乱是下雨后出来的吧。

那年啥也不收，下雨下的晚，谷子根本没收成，里面都是空的。

日本人让人给他修城修顶子，也不给吃的，干得不好，还把一个人给埋死了。说干活的是良民，说手没茧子的是八路。

那时土匪很多，皇协军，咱中国人才孬，投给日本人的兵了，汉奸是中国人自己造孽。

采访时间： 2007年5月6日

采访地点： 曲周县侯村镇北陈庄

采 访 人： 王　选　常晓龙　石兴政　刘　颖

被采访人： 陈明文（男　80岁　属龙）

陈明文

民国31年参加八路军，在本县县大队参加，在本县活动。1942年正式参军，1945年日本投降。抗美援朝后打到广东，1958年回来的。经历了抗日战争、解放战争。

曲周县城里是日本人，都让日本人占了，敌人在各处修了炮楼，在侯村、马村，他们安上了钉子，炮楼里多半是皇协军。这个时候八路军在游击区，日本人出来就打。这个村子也是个游击区，俺们的枪孬，子弹又少，八路军躲起来埋伏日本人，他们有机关枪，子弹又多，我们使的是大刀，一个炮楼里面只有两三个日本人，侯村也有很多去当皇协军的，是为了生活。

日本人吃东西也靠抢，皇协军多，日本人少。有时候皇协军来了就抢，也有人为咱八路军办事，那种投降的很少。

那年没下雨，灾荒年一年没下雨，种不上苗子，老百姓没吃的，没粮食。部队一天吃一碗饭，非常艰苦，一年也吃不上肉，吃不上油。老百姓都很苦，地里野菜都吃光了，人都死了，都没有人来埋，有人吃人现象，村里人都逃出去了，往山东、山西逃荒要饭去了，后来有人回来了。

有蚂蚱，我们逮蚂蚱吃，地里一层一层的，地里全是，人把蚂蚱烧着吃，煮着吃。八路军跟地主富农少要一些粮食，八路军住在他们家里，不给不走。

日本人只要能吃就抢，牛啊羊啊什么都抢，什么都拿。土匪也多，注定住不安生，八路军有时没吃的就去抢日本人的，抢他们的枪，那年八月十五日，我在马兰住，老百姓本来要吃月饼、吃包子，糖饼都吃不上。王永县是反动头子，连长说去他家抢去，八路军拿着布袋，牵了他家两头骡子，还有他们家很多糖饼，包子、小米、谷子都抢光，他的大小老婆都让我们锁起来，他站在墙头上不敢动，他是皇协军大队长，1944年投降过来了，我那时给大队长当警卫员，把他的两把盒子枪缴了，让他当七大队的副队长，他也在队里干，他过不了咱的苦日子，又到东王堡住去了。老百姓都举报他当初杀了几百人的事，后来他跑了，又到了河北，“文化大革命”的时候把他抓了回来。

老年人都饿死了，咱这雨下了七八天，很大，房屋都倒了，光下雨，没吃都饿死了。下雨时候死了不少人，霍乱这病是下雨之前就有了，老人得的多。头晕、恶心、头发闷，那病还拉肚子，谁得这个病都上吐下泻，主要是饿的，都把老婆卖了。那时喝的是井里的水，不卫生。雨下了很多天，地都陷进去了，没听说过日本人开河口子，霍乱是下雨之后，下雨之后就看到很多病人。

八路军也喝井水。一个大队两个连，一个连一个卫生员。俺给队长当警卫员。见过日本人，穿的是黄军装，戴的是铁帽子。八路军穿粗布，虽然这样我们还是不怕，他们推行“三光”政策。我们是毛主席领导的，坚持解放中国，反正在家也待不住。日本人来了，也不是全杀。

我们有一次在邱县的孙庄，行军找了个屋子睡，觉得很臭，早晨起来，才发现有两个老人死了。不知道死了多少天，这时尸体臭了，那病也不知道传染不传染，晚上过夜，也不敢点灯。

1944年打日本人力量还不行，那一年精兵简政，要把老的小的减下去。我就是应该减下来的，一个大队长问我想不想回家，我说我当兵还没当够呢，他就让我去交通站，让我给7个分队和县大队送信，都是挑晚上去，像孙庄、马连堡、槐桥都是我负责。大队的政委是延安派来的，叫张席雁，是山东高唐的，作战很勇敢。连级以上的干部是上级帮助找对象的，我媳妇是回村里找的。

陈　庄

采访时间：2007年5月5日

采访地点：曲周县侯村镇陈庄

采 访 人：常晓龙　石兴政　刘　颖

被采访人：王国壁（男　75岁　属鸡）

王国壁

（灾荒年）民国31年就开始了，民国32年下了大雨，"民国32年八月二十二，老天阴了天，昼夜不停，下了七八天"，这是共产党编的歌谣，房屋塌的塌，倒的倒。人走不动。人吃花籽饼，树叶子，菜叶子。

人有得病的，霍乱病，这是个急性病。拉肚子，咱村死了十来口人，死的人不太多，是种传染病，没人给治。

霍乱那个病是有钱人得的，老中医给吃药，也有治好的。滏阳河底是平的，一开口子，立即淹了。民国32年城南开了口子，小，北面堵住了。咱这也淹了。没听说过日本人开口子的事。

这病是一阵一阵的，有时候咱村人很少，这个村出去的人也很多，去山西，都没有回来。人贩子把他们拐出去就没来过。那个病有忽冷忽热的，40多（摄氏）度，现在没有那种病了，不然的话就死了。哪个村里都有这种情况。

日本人在这里，共产党在乡里活动，白天不动，晚上动。还有土匪，有东西还让老杂抢了，土匪吸大烟。

日本人和皇协军经常来“扫荡”，皇协军要工要粮，日本人和共产党打，有时候八路军打不过就跑了。日本人后来在曲周城里修了个历史碑，在那牵牲口，有钱人交点钱就没事了，没钱就打你，有个人托个情也就过了。

日本人一扫荡，村里人都跑了，没见过穿白大褂的。

东王堡

采访时间： 2007年5月3日

采访地点： 曲周县侯村镇龙通寨

采 访 人： 杨向瑞　陈其凤　张　婷

被采访人： 李如琴（女　72岁　属鼠）

俺娘家是东王堡的，俺爹得病了，俺爹比俺大二十岁，我八九岁，他二十八九（岁），就是民国32年，还下着雨咧，就得病了，下完雨就更厉害了，都躺倒了，起不来了，身上起疙瘩，用针扎的，一扎就出来血，扎腿肚子，先跑茅子，然后就渴，抽筋，旁人没听说有得的，邻居也没有。

高胡寨

采访时间： 2007年5月3日

采访地点： 邱县

采 访 人： 陈峰玉　林玉之　赵常英

被采访人： 赵张氏

那年以前，我娘家不是这的，娘家是曲周的。

曲周呀，哪能不厉害呀。也是闹霍乱。曲周县高胡寨。下了八天，那人都饿死了。雨大，打那个雷，阴天。都得霍乱病。村里死了这么些人了。那年逃荒的，逃荒的逃荒，饿死的饿死。

采访时间： 2007年5月3日

采访地点： 曲周县槐桥乡白庄村

采 访 人： 陈连茂　孔　静　刘婷婷

被采访人： 张钦芳（女　75岁　属鸡）

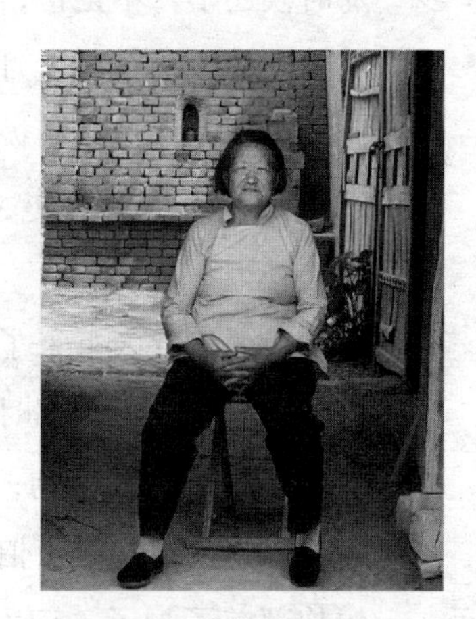

张钦芳

娘家在曲周县程孟乡高胡寨，现侯村镇高胡寨，没有上过学，那时女孩子不兴上学，不知道血型。

那时候民国32年我小，（才）10岁，有得霍乱的，抽筋，抓腿肚子，蹲茅厕，泻肚子，也吐，我听说的。那年我哥也得了，后来好了，不知咋好的，我记得我娘生炉子，取炭水喝，喝那个直吐，那个时候，人穷，没钱，用土方，泻忘了怎么治了。没几天，三四天，哥好了。那时的人，得病没有人治，俺村就死了一个。俺哥一病，我娘吓得不行。听老人说，是霍乱。俺哥是下了大雨之后得的那个病，反正不该死，好了。那时候大部分人都是饿死的。在下雨之前村子里并没有人得霍乱，我记得下雨之后。那个人，得了没几天就死了，听老人说会传染，不知道哥咋得的，一上来就吐泻，腿肚子难受，得病的那个人有爹有娘，但全家就他一个人得了这种病，没几天就死了。得霍乱死的那个人，几个人抬着他坟地就直接埋了，不知他叫什么名，他的家人现在也都没了。

哥哥叫张钦增，80岁走的（去世），16岁得的病，也可能17岁吧，哥属虎，还有一个哥哥，一个妹妹，没有传染家里人。

日本人进中国，我那时3岁。民国32年11岁，去逃荒逃得早，都刨完红薯了，是九月份，住了一年多才回来，要了一年多饭。

在我逃荒之前，在民国32年前半年旱，没有种粮食，家里啥也没有，树叶都被吃光了，槐叶、杨叶、榆叶都被吃光了，后来就逃荒了，要不就饿死了，村子里的人都去逃荒了，不知道村里多少人，也不知道死了多少，那时候还小，不记得，那个时候女孩子不让出门，在家纺织。

那年的雨大约是在七月份，下了七八天，每天都发水，俺这没河，下雨房子都漏了，并没有听说有河决口，雨下的很大那时，枣子快红了，因为下雨还没有来得及打枣，枣子就都烂了。那时还有一首歌是说那时候的，我已经记不清了。

得病后，日本人下来了，带老些人，群众吓得都跑，当村长的还带着人，打了鼓迎接人家，那时候都过了民国32年。

那时日本带了大洋狗，见过有的日本人穿白大褂，但没见戴口罩的，当时，我们见了他们都害怕。

蚂蚱都盖了天了，记不清啥时候了，但俺吃过蚂蚱，民国32年来了两回，好像是在下雨后来的，那时粮食都还没种。民国33年麦穗都让蚂蚱咬了，那时候麦子快熟了，到四月份，蚂蚱咬断了地里头的麦穗，但那年的收成还差不多。当时蚂蚱从西南往东北一下子全都过来了，都盖住地皮了，那时我们都一起抓蚂蚱，日本人站在一边，也有抓的。

那时都吃井里的水，我记得我们都烧水给日本人吃。俺大哥是老党员老干部，啥也知道，才死两年。他是共产党员，这是个秘密，俺家人都不知道，他还带人挖地道，到广府城打日本人，打赢了，把那里的日本人都消灭了。

日本人抓过俺二哥当苦力，那时候他才12岁，俺二哥还挖沟，在炮楼边上，俺哥才活到30岁，死得早。他们挖沟护炮楼，怕共产党进去，沟很宽，跟房子一样宽，沟外边有铁丝网，二哥干了没几天，村长就把俺二哥调回来了，跟人家说点好话，送点东西。不记得挖炮楼是啥时候了，可能是民国31年或民国30年，挖完回来的人都没有得霍乱，炮楼离俺村有五六里地。

广下

采访时间： 2007 年 5 月 6 日

采访地点： 曲周县侯村镇广下

采 访 人： 张文艳　王占奎　王春玲

被采访人： 王同春（男　83 岁　属牛）

王同春

我上过两年的学。不是念老书，念国民党兴的语文，常识。我 11 岁才上学。

民国 32 年住这个村，那一年过了正月初一，一直到七月初五才下雨。过一两天就立秋，那时候小玉米过一两天就熟。耩了些荞麦，七月初五下雨下了七八天，稀稀拉拉的下，原先都是旱地，靠天吃饭，下了雨地上没水，旱的时间太长了。那会儿种了 50 亩地，八九口人，那会儿人少，那会儿俺这儿村民不到 300 口子。那时生个小孩不活，生下来四五天就得脐风死了。乡村不像城里，能抓个草药。民国 32 年逃荒都逃得没人了。剩一百多口人。逃到河南、河北、山西、鄱阳、郓城、巨野、鄄城，还有到曹县。朝北顶到石家庄以东，西边少东边多，还有到山西的，历城、鲁城。大部分要饭。那时候有小笨车，小孩子放车里，女的在后面跟着。有人贩子，小孩五六岁、六七岁，能走的人家要，不能的人家不要。河南的人贩子来到北边王庄，看上小孩贩到河南去了。老人动不动就在家饿死了。不能走，走路走不动。

日本人不咋的，就这个皇协军，三天来咪，两天来咪，跟村长要东西。原先老邱县离这儿 10 里地。有一伙日本人住着，把大杨树锯了盖碉堡，枣树锯了当墙，枣树上有刺。有抓到日本的，名字闹不清，一个好像叫施同喜，后来回来了。现在可能还活着。

传染病不稀罕，霍乱，疟疾，我们庄，周围庄都有。不要命，上来难受。霍乱民国32年春天就有，民国32年以后少了。得霍乱肚子疼，腿抽筋。治得起的就好了，治不起的就死了。得病到死时间不长，顶多一天。那时候我们村有医生，给我们治，知道是霍乱，是听说的。都说谁谁得霍乱没治好。

民国32年得的不是传染病，都是饿的，浮肿。民国32年头里，一个村里有10%得病，霍乱病。日本人来前后差不离。八月里雨不停，就荞麦见个籽，玉米不结籽。就浮肿病多。

民国32年冬天腊月底就下（雪），下了好几天，六七天没停。见天下（每天）。过了初一还下。人都冻死。过了初一，初三初四，俺家大人都在家，女的拿粗布做衣裳，拿到黄河南去卖，换点高粱。柜子、桌子、椅子都卖了。那时候两斤米就换一亩地。民国32年没有发过洪水。

没记得有日本人穿白大褂戴口罩的。日本人他光住县城。王庄住了三四个日本人，还有伪军。民国31年、32年净是土匪，小偷小摸。当老百姓日子都不好过着哩！把当家的弄走，把小孩抢走，要多少钱把人给你。有个土匪叫郭二金科，他在这几个村挺出名。民国32年那会儿他也成帮了。还有一个叫高二黑。

民国26年日本人到邱县。红枪会有。日本人来了以后，（国民党官）都跑了，没官。土匪头子李文华估摸600口子人。老百姓是散沙。日本人也不管，见了也打。红枪会、大刀会，都是老百姓组织的，打土匪。民团起来了，土匪吃不开了，有不干了的，有当伪军了的。民团跟日本人不打，也不归日本人管。民团是为了防土匪，不打八路军。

民国29年，八路军就有了，八路军过来就平定啦。民团也慢慢没了，只剩下日本人和八路军。要公粮都是伪军要，日本人不要。光伪军到村里跟村长要东西，要米要面要柴火。那时候有村长，也是老农民，伪军写个条子，要多少米面，多少劈柴，什么时候送到哪。找村长轮着班干活修炮楼，自己带窝头，吃了早饭去。一个村长给两面办事，八路军来了也联系。白天伪军叫修路，晚上八路军让给挑了它。挑七八十公分深的沟。第二天伪军见了沟，再找人给填上。

侯村

采访时间： 2007年5月4日

采访地点： 曲周县侯村镇侯村

采 访 人： 崔海伟　张国杰　袁海霞

被采访人： 刘鸣贵（男　77岁　属羊）

刘鸣贵

民国32年是灾荒年，到了六月底一直没有下过雨，八月份才下的雨，下了七八天，村子里逃荒的很多，都逃到河南、山西、石家庄，靠要饭来活命，过了年就走了，买米没米，买面没面，日本鬼子管着这些东西，不让卖。村子大，记不着当时有没有得霍乱的。没有记得村子曾经发过大水，村子有很多死人，尸体都来不及掩埋。

庄稼人没有敢打皇协军的，有红枪会，都是没有敢露头的。皇协军经常来村子里抢东西，不给就打，就吓唬人，皇协军比日本人还坏。皇协军队长被庄稼人打死了，分尸了。

采访时间： 2007年5月4日

采访地点： 曲周县侯村镇侯村

采 访 人： 崔海伟　张国杰　袁海霞

被采访人： 谢　氏（女　76岁　属猴）

民国32年旱天，没下雨，没种庄稼，把庄稼弄回了磨磨吃。大雨下了七八天。受了潮湿得霍乱，逃荒死的人，饿死的人很多。把套牛的牛皮都煮着吃了，树叶，野草都吃了。人都死了，不知道是饿死的还是病死的。村子里得霍乱的很多，没有人给你治疗，死的人很多，人都没吃饭，没劲来治疗，得这个病就是肚子疼，抽筋。得了霍乱死的很多，躺在路边。我得过霍乱，用针扎过，治好了。

日本人多，把周围的树都砍光了，拉走了，日本人不杀人，只打人，都是皇协军打的，来抢东西，不给就打，皇协军都是曲周县城的人。不知道土匪后来当不当了皇协军。

日本人埋了许多人，日本人抓住人就杀，就埋掉，可恨极了。不敢和日本人打，不知道有红枪会。

没见过日本飞机。逃荒到石家庄，靠要饭来生活。村子里逃荒的人很多，过了一年后都回来了，麦子烧了快熟的时候回来的。春天逃的荒。

1963年发过大水，死的人就不多了。

里节固

采访时间： 2007年5月4日

采访地点： 曲周县侯村镇里节固

采 访 人： 王　浩　穆　静　靳爱东

被采访人： 董连清（男　76岁　属猴）

董连清

开始老天也不下雨，七月份开始下雨，下了半个月，村子都被淹没了，不能种地。村子里人都逃荒走了，一个村还剩下三两户，逃到山西洪洞、山东鄄城，村子人都死了，得了霍乱，得病的人腹泻，肚子疼。村子里十个有九个得了霍乱，在民国32年冬天。我是民国32年九月逃的荒，在逃荒前就见到了霍乱。有饿死的，有得霍乱病死的。得这病没有什么可以治疗，几乎都要死的，烧的针扎一下可以治好，没治好就成了霍乱。“民国32年，曲周灾荒年，平谷地老百姓，个个遭了难，换不了一升高粱，穷人死来死去，真是真可惜，前卖种子后卖地，大家哭的紧，那些日子东西不合理，咱们老百姓团结起来一定要回地”，中共灾荒年编的歌谣。

侯村镇附近有炮楼，都是抓去民工给修的，不给饭，不给钱，经常打人，主要是皇协军和汉奸翻译。见过日本人戴口罩，没有听说过日本人和皇协军得过霍乱。得霍乱是因为潮湿饥饿，没有得治。不清楚民国32年大水是不是因为滏阳河发大水引起的。1956年、1963年也发过大水，但是没有人得过霍乱。

皇协军经常来抢东西。村子周围没有土匪，日本人在邱县和国民党军打过仗，屠杀过老百姓，村子里被日本人烧过不少房子。日本人在1941年和八路军二二二、二二三、二二四团战斗时施放毒气，八路军都死了，是在广平县凉梦（音译）。

当过兵，在朝鲜打过仗。

采访时间：2007年5月4日

采访地点：曲周县侯村镇里节固

采 访 人：王 浩 靳爱东 穆 静

被采访人：聂守玉（男 75岁 属鸡）

聂守玉

民国31年就有日本人。

民国32年天一直大旱，不下雨，饿死了不少人。早些时候先干旱，到了六月份又开始下大雨，下了七八天，屋里都进了水。八月里头下了霜，地都被淹没了，高地没有淹没。伤亡人数不少，具体人数不知道，有饿死的，村子里得霍乱的不少，原来四五百的人口，死得不少。没有人了，都去逃荒了，我才九岁，没有去逃荒。村子里逃荒的多逃到河南，山西，过了三四年又回来了。

霍乱就是抽筋，肚子疼胀得难受，呕吐得很厉害。我姨得了这病，治疗了，但是没有治好。当时就叫霍乱，因为天气潮湿得的，我姨是种地的，霍乱是在大水之后得的，九月左右得的，得病的人多是老人，不知道传染不传染，不好治。得霍乱时有扎针的。霍乱从得病到死亡不到两个月，也不能吃饭了。民国32年得霍乱的最多。1963年发过大水，但是没有得霍乱的，得霍乱是因为潮湿。村子附近没有河流。

我见过日本人和皇协军。村子是八路军的根据地，经常发生两帮人的战斗。日本人、皇协军经常来村子里抢东西，烧房子。民国32年霍乱的时候，日本人还来村子里，干旱时候，日本人来村子里，见东西就抢。日本人在村里打死过人，和八路军打仗时，经常伤及平民，八路军不敢在村子久留。没听到说八路军有被日本人抓住的。二十九军来过。日本人来村子里抓人，修理炮楼。修河道。不给饭，不给钱，打人，我9岁就为日本人干活。但是没有人被抓到外省去，最远抓到大名县。村子里没有当土匪皇协军的。

龙高庄

采访时间：2007年5月3日

采访地点：曲周县侯村镇龙高庄

采 访 人：杨向瑞　陈其凤　张　婷

被采访人：杨刘氏（女　91岁　属龙）

俺没上过学，俺记得，六月里建了庙，七月里就淹了。大水到腰深。那是民国32年，都饿死了，俺堂爷爷死了，那时候都死了，也不知道啥病，光跑茅子，几天不吃东西，没啥吃的，很多老人都饿得没劲，走不动就死了。人都逃荒走了，俺孩子的叔和姑都逃荒去了，有回来的有没回来的，当时谁都不管谁了，还顾不住咱来，咱还管人家啊！病了好几个月，有两个多月，还有医生。

白庄有日本鬼子，日本军在周围30里地都有。来杀人就跑。

龙李庄

采访时间： 2007年5月3日

采访地点： 曲周县侯村镇龙李庄

采 访 人： 杨向瑞　陈其凤　张　婷

被采访人： 李茂修（男　81岁　属兔）

我没有上学。没有粮食，当时吃菜吃不下去，有了病吃不下去就毁了，老人伤得多。有个医生，那时候医生和现在不一样，开草药，没西药。下大雨我是在家里，下了七天雨，没那么深，有尺把深，有深有浅，那水流是流，不跟河一样流。下几天雨得病，俺家连我7口人，俺爷爷、俺奶奶、俺爹、俺娘、俺哥，俺还有一个妹子，下雨时死了3口，吃不下去饭，连汤也喝不下去，躺了好几天死的，数下雨后死得多。年轻的不大死，也有死的，老人小孩死的多，不大吃，她不干唠吗！跑茅子，哪天不跑几趟啊？

西南面有炮楼，牲口都卖了，一个村子就两头牛。日本人见天来，日本鬼子都穿绿装，一般不打人，该不抓壮丁啊！还打死了好几个人来，有五六个，说他们偷东西，从炮楼上打死的。八路军有，也是游击战。黑夜里住，白天走。炮楼筑得晚。城里有日本军队，都扎城里，不扎乡里，他该不怕死啊，他一出来八路军就打他。没记得他发过东西。

龙通寨

采访时间： 2007年5月3日

采访地点： 曲周县侯村镇龙通寨

采 访 人： 杨向瑞　陈其凤　张　婷

被采访人： 李从政（男　84岁　属猴）

上过学，上了一年，日本来了，就不上了。民国32年下雨老大。七月份，屋里都漏了，整天下，干活都没法干。下雨时还没炮楼。下雨时有时在这，有时不在。有饿死的。下完雨之后有很多得病的，啥病都有。那年俺家没人得病。得霍乱后，不好受，只知道有得的，具体不清楚，没有医生。你是饿死人多，土匪把一个人的馒头劫走了。张村霍乱死了很多人，听说的，没见过。还有发疟子的，老些得的，忽冷忽热的症状，日本人还没来时得的。霍乱病的人农民多。

当时吃井水。蚂蚱一飞把天遮住了，那是民国32年下雨之前。没听过卫河决堤。民国33年八路军过来的。

见过日本鬼子，没戴口罩。俺这没有炮楼。日本人不经常来村里，有时来。日本人不抢不拿东西，没杀过人。

吕洞固村

采访时间： 2007年5月4日

采访地点： 曲周县依庄乡依庄

采 访 人： 李　琳　张　伟　郭存举

被采访人： 李韩氏（女　80岁　属龙）

李韩氏

当时在娘家，娘家姓韩，离这儿十拉里地，在吕洞固。婆家姓李。

天一直到八月里才下雨，下了半月，地里高粱就露个头，河里没发水，水都往河里走。下得太大，水渗不下去。犯霍乱是下雨后开始有的，说得病就死。那时小，记不太清。得病之后肚子疼，没先生治。

“民国 32 年，灾荒真可怜。

大雨不住，淋淋漏漏下了七八天。

雨大结了潮气，人人得霍乱。

计算计算，死了一多半。”

没大有逃荒的。当时家里有我 5 个兄弟、父母、一个妹妹。我两个兄弟得霍乱死了，一个叫秋承（音），一个叫秋继（音）。大人小孩都有得霍乱的。

那时地里种麦子、玉米。一个人一亩地。没办法浇水。河里到不了这儿。

下雨之后日本人来过，来了光放火，烧得啥也没有了，连铺的盖的都没了。他们穿黄军装，不知道来了多少人。日本人一来都跑。不清楚有没有土匪。有出去的死到外面。有被抓到日本去又回来的，现在都死了。

新中国成立后清风渠发过水。

戚 寨

采访时间： 2007 年 5 月 5 日

采访地点： 曲周县侯村镇戚寨

采 访 人： 周燕楠　姚一村　杨兴茹

被采访人： 王怀连（男　73 岁　属猪）

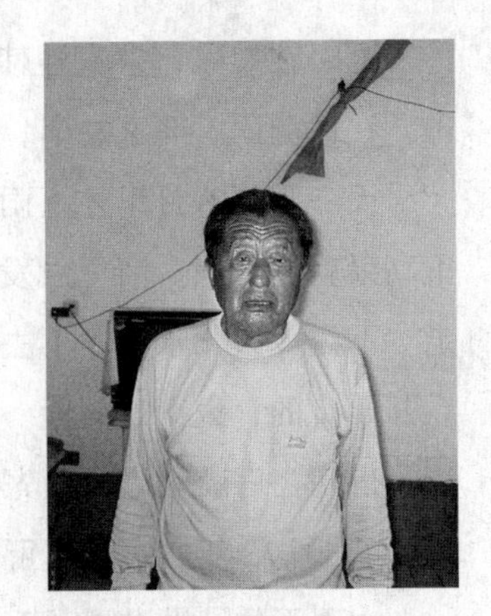
王怀连

民国32年没逃荒，下了七天雨，快到七月了。村里没啥水。咱这地方高，没河里来的水。下雨后，别人有病，恶痢，一号病，拉肚子，叫霍乱，罡（很）厉害了。记不清。见过病人。我父亲得了这病，跑痢，一晚上没数了。下雨的时候得的病，死得快。不知道父亲多大。治啥治哩，没法治。村里没有大夫。不下雨了以后死的，得病的时候还下。记不清还有谁得病。灾荒年后就剩了三百多口人。得了病，没法治，都死了。把父亲埋了地里，地里没水。水不是哗哗地来的。没听说有别的病。霍乱病，父亲得病是阴天，潮，不传染。喝井水，烧开的水。下雨的时候潮，没柴火烧，就喝生水了。有生的，有烧的。到吃饭时喝点烧开的水，平常就喝井里的水。井平常没盖子。父亲死后，也没和母亲去逃乱，一直在家。

采访时间： 2007年5月5日
采访地点： 曲周县侯村镇戚寨
采 访 人： 周燕楠　姚一村　杨兴茹
被采访人： 王新宽（男　74岁　属狗）

下雨的时候在，没有河水，下雨下的。四老斌死不知道。光知道死人。曲周、邱县、高唐（离这一二百里地，东北）得霍乱多。数这一片厉害得很。可厉害了。看见人死，不知道怎么死的。就记得下雨，逃荒，死的人怎么不多哩？我跑到王峰，一百多里地，住了两天，又回来了。要不来饭，回来吃野菜。王峰是馆陶东南，山东地区，冠县。脸都肿了，以为活不了了呢，最后活下来了。爹死在外边，娘走了。去的时候跟叔叔去的，回来的时候自己回来的。民国32年下雨以后去逃荒的，闹不清几时了，还穿秋天的衣服。小孩没人管，坐在那里就死了。可不看到了？我小妹就是这样死的。没拉肚子，才会跑。我爷爷叫日本人用枪打死的。因为你跑，日本人就打。小孩饿得出去了，饿得走不动了，坐在那儿，就死了。

宋　庄

采访时间： 2007年5月6日

采访地点： 曲周县侯村镇宋庄

采 访 人： 张文艳　王占奎　王春玲

被采访人： 宋朝林（男　80岁　属龙）

宋朝林

民国32年大荒旱，“七月二十八老天阴了天，淅淅沥沥下了七八天。”（教歌的人）张明燕，很忠实的老教员。旱，从民国31年就旱，那时的地呀，不打粮食。一亩地七八十斤，最好的一百多斤。嗨！草苗不长，那会儿哪有河呀，靠天吃饭，把人都饿死了，饿死不少。那一会儿，我们村和西边那个村和了，张、郭、徐、王、宋、李这几家，六百多人吧。连饿死的，连出去的，不好计算。能毁了百分之七十，年轻老小。

给日本人打工，打完工还能回来呀！东、西北、张家口、包头，有日本抓走弄到他国去的。有啊，李金荣（劳工名）那不知道，反正抓走了，那会儿我不大，没有什么吃，吃苗芽，树皮。哎——哪户都走，很少的留一个两个。大部分都没了，逃了。逃到山东、文商县、济南南、济宁北边。头一年走，第二年就回来了。十月份，不是十月份就是十一月份，第二年秋天，不小，紧一阵慢一阵，一连下了七八天，不停下。屋里头搭棚，顶都是泥的，使席片。那你没办法呀！到外头淋着呀！邻家背村的能不叫住啊！得病的人有啊，反正也不知道，都高烧吧。四五月份旱天，烧成什么样不知道。也没体温表。伤寒，不知道，那会儿谁顾看你那呀！日本占中国，草药就没地买，以前有，哎——那想办法吧。那部队打伤了还没法治呐！（八路军伤员）没地住，日本人来了老查你。

县城，从这走便道30里，走公路40里。不知道，饿了走不动了。谁还去看滏阳河开口子呀！不浮肿，都干巴了。霍乱啊，肚疼，泻，外村有。啊，都是拉肚子，听谁说那个病大概传染。快着哩，那个病5天就死人了。人瘦抵抗力弱，见病就死。（我家）有十来亩，种棒子，种麦子不打，（我家）有六七口。

日本人不敢在村住，共产党打他。（俺这）不是根据地，有共产党，地下活动。扫荡，路过嘛！就是叫扫荡。遇到个人就带走了，做工，抓壮丁，抓青年，做苦工，有牛也行，有粮也行。土匪不多。

采访时间： 2007年5月6日
采访地点： 曲周县侯村镇宋庄
采 访 人： 张文艳　王占奎　王春玲
被采访人： 张贵德（男　87岁　属鸡）

张贵德

民国32年是灾荒年啊！把人都饿死了。民国32年没下雨，老天爷不下雨，地旱。民国32年从年前就没下雪。民国32年春天下了点雨，都种上苗了。雨水缺，人心里惶惶，干劲少，过得没劲，日本人进中国了，都亡国了，没干劲，没下雨，耩上苗了都没下雨。到那个时候啊，有粮食吃，就在家吃，穷人多，没啥吃，就商量逃荒吧，总比在家饿死好，就说去山西吧，去河南吧，去东北吧。到了，男人给做地里活，混个饭碗，女的在家做个鞋，伺候孩子，就吃一口饭，就能叫吃，这都干。

这个日本人在这儿，十里八里修个钉子，下面是个洞，上面是阁楼，外面一个坑，一丈二尺宽，一丈二尺深，看你不顺眼，一脚就蹬坑里，第二天就修钉子。在那修那个防事啊。跟村里要人，干哩慢了就打，下了雪还光脊背，冷了你不由得就干活。那时去啦，有共产党八路军。那时还没来，有敌情工作的人。那时曲周分区，过去在这儿是七区，七分队保七区，日本人修钉子要人哪个区哪个分队，没有衣服没有枪。那时一村有两个村长，日本人村长每天去报告，拎着黑糖鸡子，肉，说村里没事，不报告还不行。八路军村长就管策划八路军那事。队伍来了，还没吃上饭，日本人来了，就跑。砍死了仨，一个叫二僖 kuo（平声）（音）一个叫长岭（音），一个叫柳来（音），这还放了两把火烧了两间房。要说杀这仨人，还算正确，他仨没啥吃，劫哩吃，人告到日本人那儿，抓住杀了。民工去哩晚了，对着脸打屁股，打完了，干活。老百姓在地里干活，日本人来了"呼"人都跑了，不敢见八路军便衣呀。他怕黑哩！他驻村里，把村用刺围住，怕（八路军）摸他。那一会儿那人都吓惊慌了，一明一听，呀！日本人来了，跑二里地，老人都顾不得穿衣裳。

民国 32 年，也就是 1943 年，灾荒年，都逃荒走了，有走不到的，都饿死路上了。才可怜哩！小孩三四岁、四五岁白给了人贩子讨个活命，就给了。有个集，把小孩扔集上，看人家抱走了，就高兴了。孩子讨个活命。那时灾荒年，"昼夜不停，淅淅沥沥下了七八天"。下雨呀，从八月开始下，那是旧历八月八日，"八月八日老天阴了天，接接连连下了七八天"，那是八路军编的歌，"民国 32 年，荒灾真可怜，老天阴了天，接接连连下了七八天，地主好毒咧，一亩好地换不了一斗高粱"。

得病谁治得起呀！那会儿几个村有几个名医，中医号号脉，吃个草药，扎扎针，"干痨气鼓咽，阎王请住了客"，跑茅子，那土法就是，弄个鸡蛋蒸着吃了。拉肚子病有治好了的，吃得好点，吃个鸡蛋补补。传染病有，有了传染病，碗就叫他一个人使。不叫旁人使，怕传，都是传染病，那个都在肚里，一种传染病，一种头蒙眼黑，治好了很少。日本人围城，我发疟子。一天一次。霍乱上来是上呕下泻，泻的是稀屎，呕的是黄水，有法的吃药，很少。有扎针拔罐子，扎胳膊腿，有吃草药哩。霍乱那一年是1943年。得过霍乱这个病好点的五分之一，一个村三十多人，一般都在二三十岁，十几岁的，五六十的，五十以后的就很少了。

我家7口子3口子都得这个病，我一个妹子，兄弟，吃了药，扎针拔罐子。霍乱没说传染病，不很多，对年头。陈庄一个村一半得这个病的，这是1926年，主要是民国32年多，从六月到九月，这一段多，过了九月就很少了。六月到九月能占五分之一，过了九月就少了，别的不多了。就陈庄多那一年，得一半。我是1941年得的，四月份得的，咱在家躺着哩。霍乱病是个快病。我那霍乱病得了有两个礼拜。民国32年前多，民国32年更多，民国32年以后很少哩。

下了雨了，有日本人。民国32年冬天，十一月以后下了雪，灾荒年毁人狠着哩。蚂蚱来了，铺天盖地，蚂蚱不拐弯，二三里宽，正北走。

西王堡

采访时间： 2007年5月5日

采访地点： 曲周县侯村镇西王堡

采 访 人： 周燕楠　姚一村　杨兴茹

被采访人： 胡豪志（男　76岁　属猴）

胡豪志

七月份逃的，到处是水。七月初二出去的，初三就下雨。逃到龙王庙。没有河水冲过来，正在逃难的路上下雨了，啥病没有？饿的。有霍乱，大家都这么说，都死了，死人不少。住了两年回来了，逃到亳州、范县那边。全家逃的。我家没得（霍乱）的。肚子疼。牛皮一泡，泡胀了，就吃那个。

蚂蚱多着来。过了七月份，有蚂蚱，听说的，烤着吃。当时灾荒年过了剩了四百三十多口，以前也有一千四百多口。这原来是一个大坑，现在搬过来的。我和吴生林（同村被采访人），一个住东头，一个住西头，不来往。

没听过黑团。

采访时间：2007 年 5 月 5 日

采访地点：曲周县侯村镇西王堡

采 访 人：周燕楠　姚一村　杨兴茹

被采访人：黄孟北（男　89 岁　属羊）

黄孟北

从小在这个村里住，建国后第一个当村长，抗日战争，自卫战争得了 48 张奖状。小时候当乡长，新中国成立后是支书。

民国 32 年灾荒。那年不下雨，后半年下雨都淹了。人都饿死了。人都逃荒。日本人来了，八路军不敢来。民国 32 年前半年没下，后半年淹了。六月份开始下，平地里到膝盖上边，水到了二三尺，从北走了。有深有浅，不一样。有天下的，有河里流出来的。南边黄河发了水了，御河那，滏阳河，黄河也发了水。咱住的地方都淹了，很高的地方不淹。这里有水。日本、皇协军都来。霍乱病，我不在家，逃荒，给八路军运送公粮。下雨时候在后边的地方，在这庄后边。这庄高，前边有水，这没有。有病，一家人都死了，父亲，姑，奶奶都饿死了。回不来都饿死了。

有土匪、皇协军、老毛子……咱这是敌占区，日本在城里住，八路军住城外，跟老百姓同吃同住。蒋介石不抗日，汪精卫是个大汉奸。蒋介石总统，汪精卫副总统，是个卖国贼，投降日本。

采访时间：2007年5月5日
采访地点：曲周县侯村镇西王堡
采 访 人：周燕楠　姚一村　杨兴茹
被采访人：黄孟周（男　77岁　属羊）

上学时叫黄群。民国32年12岁。我在冠县陈赵庄住，父亲在家。俺媳妇跟着我。民国32年荒，不下雨，父亲把我送到冠县，邱县当时被日本人占领。父亲让日本人打死了。日本人投降后，我回来了。在冠县抗日子弟小学，帮着挖地道。打游击，是后方。

采访时间：2007年5月5日
采访地点：曲周县侯村镇西王堡村
采 访 人：周燕楠　姚一村　杨兴茹
被采访人：王怀玉（男　88岁　属猴）
王怀堂（男　81岁　属兔）

王怀玉

干一辈子工作，没上过学。当时的事记得很准。老干部，1988年退，做了35年支部书记。

民国32年日本人来时我18岁。民国32年一个皇协军，一个土匪。这个村里死了200口，绝了19户，过了灾荒年查的。500人剩了314口。西王堡原来也是500多人。净饿死的。只叫日本人打死一个。

我逃荒了，民国32年去河南，来回跑，做点买卖。卖家里的东西，锅，衣裳，群众用的东西，卖了钱买点粮食回来。七月初三下的雨，我在河南，初一河南下的，谷穗、萝卜收了一点。这里没被水淹，下了七天七夜，房倒屋塌。没有河水冲过来。

民国32年霍乱病厉害，说死就死，见过。搐搐成一个，王顺友、王春生得病死了。家里的人都被我推到河南了。我大爷回来了，得了浮肿病死了，我大娘也死了。得霍乱的人一抽抽就不中了，就死了。四老斌就是这样死的，死的时候二十五六岁。除了抽抽，没看见别的症状。得了病，一个小时也没有，说死就死了。

我来回干买卖，不是经常在家，也不知道是怎么得病的。四老斌不是出去染的病，就是饿的。调查村里一共死多少人，去年政府来查的。他们说是日本人投的毒，当时不知道，没见过日本鬼子投毒。从山东听说的，弄不清是不是传染。

下雨的时候在河南到这的路上，雨停了又去河南了，回来雨还没有停。河南是指梁山县孙庄。四老斌死是我在家时看到的。那时候我在家，记不清那时还下不下雨。在这里收拾没几天就回河南了。在这待了五六天。房子倒，土墙歪了。大部分都是霍乱死了。那个老头，小名叫龙被（音），岩桂的爹，王春生，我还抬他来着，埋的时候没下雨。挖土的时候不湿，抬到离家两里地，记不清是哪一次回家埋的。

埋人，管顿饭，吃窝头。王春生上午埋王顺友，吃顿窝窝头，晚上王春生就死了。有的人连窝头都吃不起。埋人的人，一个人俩窝头，高粱面窝窝头。

有时半月一趟，在路上走3天。卖了东西再买，然后再回来。岩桂爹可能是下雨以前死的。下雨前就有霍乱，太干了。霍乱是因为下了雨，潮。忘了岩桂爹是什么病死的。四老斌死的时候不冷，下雨回来的那一趟死的。因为经常在一块儿玩儿，所以记得清楚。恐怕雨还没停。得病的人中、少、老年都有。没计算年龄。不知道霍乱是从哪传来的，死得很快。一个下雨，一个挨饿。这才得霍乱病。……没留意死的人身上有没有脏东西。小时候不知道霍乱。别的病很少。河南没有霍乱。村里几里都看不见人，不是饿死，就逃荒了。下雨的时候没有逃荒的人不多。

200口人，过了灾荒年以后，解放后计算的。得病死了多少，日本人杀了多少，现在的资料没有保存。“文化大革命”以前就烧了。1945年解放，互助拉犁，拉耙。过了灾荒年，新中国成立后就统计了。

1938年共产党就来了，三八六旅，宋任穷。1937年是日本进中国。

皇协军队长被老百姓抓住了，解放以后抓住了。那时我是武装部长，用绳吊树上了。不晓得治安军是啥。有黑团，那叫宪兵队。宪兵队最孬。见过日本飞机，没见往下扔东西。轰炸邱城，从邱城住着往外打。马良固有很多劳工，抓到日本去了，早回来了，不知道现在还在不在。

日本人在这住了19天，十月十三打邱城，二十九军打，愣不退，把他们包围住了。二十九军一个连，打死老些老毛子了，军长叫宋哲元。

采访时间： 2007年5月5日

采访地点： 曲周县侯村镇西王堡

采 访 人： 周燕楠　姚一村　杨兴茹

被采访人： 吴生林（男　77岁　属羊）

吴生林

村子解放前一直属于曲周。上过几年小学，八路军的小学，解放前上的学，民国28年、29年。民国32年在家，逃荒一个月又回来了。农历七月走的，九月回来的。七月十五六才下雨的，逃到御河以南，大名县以东。

八九月闹霍乱。上半年太旱，地里没收。没饭吃，全家好几口子去逃荒，奶奶、爷爷在家，九月初一回来的，回来也没有吃的。村里还剩三百人，原来有五六百人。

有霍乱，不少。上哕下泻，止不住。没有好医生，没办法。大名那边也有霍乱。雨大，潮湿了，止不住，高烧，三五天就不中了。没医生。一片村子，三两个医生。扎针，吃点草药。扎针也不管事。下雨后八月底得霍乱。下雨，地里没淹。连下几天没停。

我家，爷爷得霍乱，旧历九月就死了。回来几天的事，十多天就死了。得病的中年人多，小孩不多。爷爷得病时在跟前，上唠下泻，止不住，身上吐得泻得都没什么水分。不懂它传不传染。没传染给其他人，病了四五天就死了。脱水的人脸发白，干巴了。民国32年春天，五月份，麦子黄了，儿子他妈妈得霍乱死了。下雨前就有霍乱，最多是九月以后，十月。有抬死人的。一天也得死个十个八个的，各村都有。刘英桂的媳妇也是得霍乱死的，好像是十月份。连老人带小孩得有三二十个人。我家有个小妹妹，两三岁，高烧，也没饭吃，就死了。小孩死得晚，死到外边了，没死到家里。整个灾荒年，光这条街就很多。咱这没有水，河水没冲过来，地里没水。

日本人离咱这有5里地，六分队是咱八路军。侯村离这儿10里地。马村有鬼子炮楼，炮楼周围有壕。马村离这两里地。邱城离这8里地。西北角上还有个龙头堡，都有炮楼，有日本人军队。邱县以前位于山东省，新中国成立后划到这里的。孩子妈死的时候19岁，没请大夫来看，病了三四天就死了，没我爷爷病得厉害，不知道烧不烧。死的时候都没见她，不知道什么样，不知道怎么得的病。大家都喝井水。

除了霍乱，还有高烧。烧好几天，不能吃，不能喝，也掉头发。七八岁的死了好几个小孩，在春天。说不上传不传染。

民国32年那年，有老杂。日本人最烦老杂，日本人逮土匪。日本人对老百姓不孬，就打八路军，哪个军队不爱民？皇协军，汉奸，也抢老百姓的，还没日本人好呢。治安军就是皇协军，咱这没有，邢台有。

听说黑团，他们围着日本人，不在农村。黑团也是给日本人办事，就是起这个名，不知道为啥，凑一伙人，日本人让他们干点事，日本人带着他们扫荡，日本人少。日本人不来这扫荡。有抓劳工的，带到东北，黑龙江，见人就抓。挖煤，有回来的，现在没有在的。

八路军人少，武器不中，能打就打，不能打就跑，晚上来，住一晚上，来也不打咱，叫老大爷，老大娘。

现在村里人口有一千四五百人，新中国成立初有四五百人。

张书华

采访时间： 2007年5月5日

采访地点： 曲周县侯村镇西王堡

采 访 人： 周燕楠　姚一村　杨兴茹

被采访人： 张书华（男　81岁　属兔）

民国32年逃荒，没下雨就走了。和娘走的，没别人了。我爸死的时候我10岁。七月十五下的雨，下雨的时候听说发大水，淹了。没见过。不知道哪条河发的水。

逃到南衡，在南衡住着哩。听房东说家里下雨了。冬天下霜了，棒子没结籽。八月初儿就回来了，下霜冷了，棒子不鼓穗了。回家以后，没几个人了，吃野高粱的籽儿。没在这住，在姥爷家住着哩，在马村，我母亲一块儿回的马村。没回家。这个家没人了。马村当时没有很大的水，下雨下的。下雨时没有得病的。八月初一就到马村去了，村里没水，地里有水。小，没听说过得病。不知道啥是霍乱。

有蚂蚱，什么时候记不得了。吃蚂蚱，烧烧吃。下雨回来以后。

在马村住到22岁才回来。

槐 桥 乡

白 庄

采访时间： 2007 年 5 月 3 日

采访地点： 曲周县槐桥乡白庄

采 访 人： 孔　静　刘婷婷　陈连茂

被采访人： 安治国（男　73 岁　属猪）

安治国

以前在白庄住，上过小学，村里办的。上到 5 年级，不知道血型。

民国 32 年春天旱，先旱后淹。那时天不下雨，没法种苗，没种上庄稼，到七月里连下七天雨，房倒屋塌，没有发大水。人有饿死的，有逃荒的。俺这一家往河南逃荒去了，六月二十几号走的。下雨前走的。下雨的时候都到苗州府了，民国 33 年春天回来的

民国 32 年有得病的，俺都走了不知道。有霍乱病，我没见过，听说的。不知道啥症状。

发水朝南走得不远，没有见卫河决口，也没见滏阳河开口子，都是下雨下的。

当时有日本人在，咱村西就有炮楼。有 8 个日本人，他也下街，玩，跟咱要活鸡吃。他们在炮楼里有水，有井，不喝咱的水。

他下来谁要跟他说了反话就抓，一般不来抓。他给村长要人，给他干活，挖沟采煤搁井里打水。有抓到日本下煤窑，在咱村抓了一个叫白吉堂，后来日本亡了以后，从日本回来了，在那儿挖煤。

咱这有土匪不跟日本人勾结，他们是中国人，抢东西，干坏事，牵牛，拿衣裳，抢粮食。

有皇协军，跟日本人一伙，咱村没干土匪皇协的。

那时八路军运粮食运不过来，不知道那时有没有共产党，听说有，咱不知道是谁，那时是秘密的。

民国32年以前见过日本人的飞机，就在村上飞过去了，比树顶高一点。扔炸弹，车场扔一个，还扔春玲家，一个把房给炸了，没炸死人。飞机一来人都不敢在家了，都在门那儿。扔炸弹后没多少人得病。

日本人穿白大褂的有，黄衣服的多，亲眼见一个穿白大褂的，没见有戴口罩的，没见检查身体，没打针。他不治病，不关心群众。穿白大褂那人从村西炮楼来，往东走，害怕他。跟咱医生差不多，手里没医药箱。当时村里有先生，没开过药铺，传下来的，谁有病给你开个方，从外面抓药。治小孩疮天疙瘩之类的。

采访时间： 2007年5月3日

采访地点： 曲周县槐桥乡白庄

采 访 人： 孔 静 刘婷婷 陈连茂

被采访人： 白玉珍（男 78岁 属马）

白玉珍

我原先就住在这里，民国32年也是。

上过几天学，那时不兴上学，上了半年学，念的是私塾。平时看看闲书，但没验过血不知道血型。

民国32年的霍乱，已经不记得了，当

时大都是饿死的，俺家没病的。民国32年上半年旱，下半年沥水淹了，大约是阴历七月半下的。雨下了15天，种粮都晚了，但没发大水。

那会子，霍乱病不断，有人得，但不记得是谁了。那时还小，都是听老人说的，光知道肚子疼，灾荒年以前就有，上吐下泻，难受，肚子疼，有死人的，但俺村没有，没听说咋治，得的也不多。

那年没有逃荒，那时俺哥和我在做个买卖，维持生活。那时下河南，把家里的东西都卖了。当时村里剩了没100人，开始时有一二百人，灾荒年死的死，逃的逃，剩了没100人，都饿死了。民国32年下半年没收着粮食，大部分都在下半年下雨之后逃荒。

民国32年有首歌谣这样唱：民国32年，灾荒真可怜，贫苦的百姓个个遭了难。

忘了是哪一年，蝗虫从北往南跑，大约得过了民国32年，都好年景了，但苗都让蝗虫吃了，民国32年并没有蝗虫。

民国32年这儿有炮楼，有日本人，皇协军跟日本人闹矛盾，把炮楼轰了一个，10个皇协军，打了5个日本人。南边炮楼住了5个日本人，后来又来了十来个，在这住着，对老百姓愿打就打，愿骂就骂，叫人给他们打水劈柴。

日本人常下来，那时共产党还没来，后来共产党来了之后，日本人就没再来了，抗战那时不成事，白天不出来，黑天才出来，给人捣蛋，啪啪啪的打机枪。

那时日本人穿军装的多，没见过穿白大褂的，有戴口罩的，日本人戴的不多，不是光戴，戴白色口罩，见过一个人戴，他穿军装，没见过他干啥，是采集上见的，在这里边住得闷得慌，他手里拿线、针等东西。记不清是哪一年了，是出来扫荡的时候。

那时灾荒，村里没吃的，共产党偷偷给我们送粮食，是偷送，因为有日本人，不记得几月份，村里干部给共产党办事，他们知道。

咱这儿有土匪，截路的，有晚上抢粮食的，土匪的头也很厉害，一个叫郭检玉，另一个叫王连贤，不知道是哪的，人家那儿土匪都成了事了，拉杆子儿，说抢人就抢人。

日本人抓老百姓挖沟、修炮楼，问村长要人，沟在炮楼旁边，有一丈多宽，七八尺深，炮楼外边有铁丝网，我家的人大多都被抓去了。

不记得日本人要给咱检查身体。

崔赵庄

采访时间： 2007年5月3日

采访地点： 曲周县槐桥乡崔赵庄

采 访 人： 周燕楠　姚一村　杨兴茹

被采访人： 秦怀志（男　77岁　属羊）

秦怀志

灾荒年逃到山西洪洞县，三月份走的。有霍乱病，秋天，母亲得霍乱死了。淹了，都逃了。水到膝盖深。霍乱毁人不少。

采访时间： 2007年5月3日

采访地点： 曲周县槐桥乡崔赵庄

采 访 人： 周燕楠　姚一村　杨兴茹

被采访人： 徐马氏（女　95岁　属牛）

徐卜氏（女　75岁　属鸡。娘家卜街，离此七八里地，婆媳关系）

民国32年下大雨，淹了，河里再来水。下七天七夜，下的时候枣都红了，不知道哪边来的。

有霍乱，记不清什么时候了，下雨前也有，死得可快了，不知道症状。扎针，不知道管不管事。霍乱病扎针就好，多少不记得，家里没有得的。我也逃荒走了，冷时候，下大雨以后走的。下雨是七月里。没钱。不知道八路军叫他们喝醋。当兵的不管。忘了有没有国民党军队。见过日本人，有鼻子有眼，不高。一来就跑。不知道有没有别的病。不知道时疾，伤寒。

徐马氏、徐卜氏

不懂什么老杂，咱家都是老实人儿。穷，贫农。结婚小，大了就不好了。当时十七八岁结婚。好家有嫁妆，穷家没有。种地，地是自己的。缴税，不知道交给谁。不知道大刀会。

采访时间： 2007 年 5 月 3 日

采访地点： 曲周县槐桥乡崔赵庄

采 访 人： 周燕楠　姚一村　杨兴茹

被采访人： 赵怀堂（男　81 岁　属兔）

没上过学。

民国 32 年日本人在这，解放军在这，那边抢，这边要，还有土匪，活不了。民国 32 年逃的，在外边待了三年，阴历八月份走的，那时候还没有下雨。逃到石家庄那边，1945 年回来，1946 年出去当兵了。下大雨我没在家，听说下了四十多天雨。有霍乱病，听说是吃蚂蚱吃的，好吃。可厉害了，死的人可不少啊。那年没发大水，下的雨小，不大，下了四十多天。

霍乱拉肚子，连饿，连病都死了。逃荒前没有霍乱病。霍乱和跑茅子是两样病。

有八路军，还救济人民。日本人来了都抢走了，还有土匪。有黑团，是日本组织，抢老百姓的。有治安军，是汪精卫组织的。开封是治安军。咱曲周就有黑团，离这七八里地。孙二黑是黑团团长，穿老百姓衣服。日本人在炮楼里住。

抓劳工有（送）到日本国的，有在这里挖壕的。十五六、十七八，被逮去挖壕。滏阳河挖到邱南，沿着河有炮楼，让八路军不好走。八路军在这走不方便。把第六疃围住，抓了不少（人）。徐玉雪是被抓到日本然后回来的。后街打死一个日本人，埋村里了。村长被出卖，被活埋了。都跑了，村里没人。日本人说如果没人，就把村里人全杀了。后来村长回来了。这是民国31年。

这没有放臭炮的。

1946年出去当兵，出去十几年。

东漳头

采访时间： 2007年5月3日

采访地点： 曲周县槐桥乡东漳头

采 访 人： 周燕楠　姚一村　杨兴茹

被采访人： 霍文德（男　83岁　属牛）

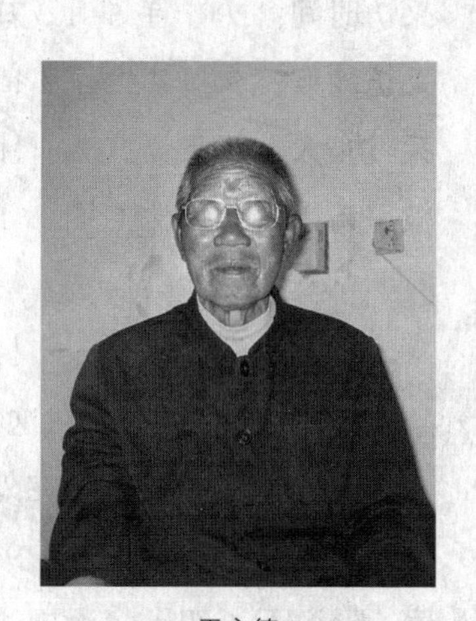

霍文德

民国32年不在家，参加工作了，但经常在这一片。先旱，八九月里才下雨，到收成的时候下霜了。馆陶，曲周，邱县，鸡泽这几个县最严重。地里没有牛，靠天下雨吃饭。

八九月下雨，下了20天，一阵阵的。有霍乱。邱县和馆陶头一次来还挺好，第二次来人都死了。回这来的时候有霍乱，但很少。下雨后闹霍乱。九月后，馆陶，曲周也有。馆陶，卫河西边最厉害。东南边，不知道什么情况。胃里不得劲，呕吐。喝醋，烧醋熏熏，这是预防的一种办法。腹泻治疗的药不够用。时疾和霍乱不大离。

1942年参军，在这西南边三里地就有炮楼，有个副支书，不公开当。把一个比我大的区长安排到八路军中。三个区有一个区政府。那时候打游击，情况不好了，就挪。

炮楼到处修，几里地就一个。根据地在馆陶以西。威县东北角有军司令部行署。

特别大的土匪还早，在民国32年之前。八路军也不起作用。武器上也不行，没人管了。

黑团反正是敌人的组织，那时候还小，闹不清，卖国走狗。皇协军都穿绿军装，治安军咱这没有，邢台以北，石家庄有。治安军是傅作义的手下，不是汪精卫的部队。日本把北京占了，投降后，国民党调司令员消灭八路军时，傅作义到这儿来。

日本人在东北有这组织，七三一，但不知道咱这有。负伤后回来了，有一个战友杨军在济南军区，他也是曲周人。

民国32年我在邯郸，给魏光中（音）当通讯员。没听说卫河决口。1969年滏阳河开过口子，民国32年没开。闹霍乱时，八路军部队里都是弄点醋喝，没记得其他办法。没有好办法。

采访时间：2007年5月3日

采访地点：曲周县槐桥乡东漳头

采　访　人：周燕楠　姚一村　杨兴茹

被采访人：金兰生（男　78岁　属马）

金兰生

一直叫东漳头，新中国成立前属于曲周县，南里岳村，公社之后归槐桥管。上过小学，公家办的小学，上了二三年，不认字。在学校里念四书，千字文。村里的学校，俺村里自己有老师。日子俺家还行，吃得不错。俺家25口人，60亩地。当时（村里有）800口人。那时候俺还被斗了，是中农。俺家有军人，我哥哥当过兵，打过日本。哥哥现在当干部。

民国32年灾荒年，都逃出去了。旱，不收粮食。民国32年旱，七月初三下的雨。下雨下得晚，种下的玉米没收，整个村里都是这样。下了七天七夜。饿死老些人，一家一家都饿死了。我跟爷爷奶奶逃荒逃到河南去了。咱这儿没淹，麦子都种上了，民国33年收的好麦子呢。民国32年十二月走的，过了年二三月回来的。地高，没淹。当时咱这儿没河。民国33年解放了。民国36年滏阳河决口了。民国32年没决口。下雨下得一马平川。

民国32年霍乱病多，人一得上就毁，就那年霍乱多。四月份，五月份，割了麦子，民国33年得霍乱，死的人不少。不知道咋回事，一得病就死了。不知道多少人死。下大雨时没得病。

民国32年有疾病，很多人死。奶奶家死了六七口子人，没法治。不知道什么症状，不记事，没出过门，下雨之后。死得快，以前也有，老多了。上吐下泻就是霍乱，中年人得的多，都有吧。

灾荒以前有土匪，村里有土匪窝。没多少人。围村，抢东西，逮人。他们的头儿很多。大土匪也有，王宝仁手下有老些人，有好几百。俺村小偷偷羊，现在还有，挖窟窿都偷走了。

逃荒的多，不到一半，25口人，逃了七八口。民国32年夏开始了，都饿死了，现在都没回家。

日本人用黑团，是日本人的走狗，和皇协军一样，都是一路人。我哥哥是共产党员，逮土匪。专打黑团，逮这个人。后来打仗走了。

黑团是黑团，土匪是土匪。黑团是日本走狗，到地里抢东西，逮人。当时咱村有村长，村长轮着当。村长是好人，就村长没跑，被日本人活埋了。老百姓自己选的村长。哥哥在八路军的政府，属于曲周县政府，到处跑。日本占城，八路军占农村。日本在城里是叫日本大队部。谁来就听谁的，不听不行。

从前有大刀会，不随日本，就咱农民。闹不清红枪会跟大刀会，闹不清他们干什么。

见过日本飞机，往下扔炸弹。闹不清是不是在井里下毒。带人抢东西。没见过戴口罩。他们不给看病。听说有臭炮，在哪放我不知道。

有抓劳工，抓到日本国的一个，玉雪（音），新中国成立以后回来了。徐玉雪，在袁庄住。当兵哩，逮到日本国去了。他家再往北走，过桥，进去西边路北的。

俺这里有偷羊的，村里都偷遍了。咱家门被别了，没偷走咱的。晚上11点到3点偷。就是现在。

采访时间：2007年5月3日

采访地点：曲周县槐桥乡东漳头

采 访 人：周燕楠　姚一村　杨兴茹

被采访人：李　贤（男　73岁　属猪）

李　贤

我逃到河南南楼县，民国32年冬天走的，住了两个月回来的。我是资本家出身，东西多，种了几亩荞麦，没挨饿。下雨，种完麦子了下雨，下雨后没淹，没有河水。滏阳河没开口。有霍乱，六月底正热着，天旱，肚子疼，地上趴着，都不能走了。不大会儿就死了。下雨前就有。下雨后就没了。时疾掉头发，都没头发了。时疾在民国32年二月，民国32年以前有，但很少。民国32年特别多。皇协军日本人连抢带砸。

采访时间：2007年5月3日

采访地点：曲周县槐桥乡东漳头

采 访 人：周燕楠　姚一村　杨兴茹

被采访人：徐超堂（男　81岁　属兔）

徐超堂

一直从这儿住，新中国成立以前也是属于曲周县。上了两年小学，念过私塾。《百家姓》《小学》《论语》。村里有个老秀才，公家学校。日本一进来，公办学堂就不行了。上过半年学，国民党的。

民国32年一直旱到七月，雨一直下了一个月。七天七夜没（停）住，断断续续又一个月。吃不上，拉肚子，脱水，酸性中毒。死的人不少。不抽筋，拉得水都没了，越喝越拉。死的人多。这会儿叫酸性中毒。以前叫脱水，眼皮都塌了。下了六七天的时候就开始得这病了，下雨前没有这病，人生活不好，吃枣吃的。死的人不少，不知道一天死多少。我大奶奶、叔叔得这病。老人得病多。我姥爷也是得这病死的。村里大夫少，落后，谁也不顾了，都死了。不知道从哪里传过来的。小雨，土暄得鸡都站不住了。

当时喝井水，井30公分。村里高，下雨时水没浸过井。没有河水过来。滏阳河没开口，卫河水过不来，黄河水能过来，漳河也能冲过来。

霍乱得用针放血，死的人不少，也不多。干燥得很哩。酸性中毒和霍乱不一样。霍乱是肚子疼，肚子胀，可能是急性胃炎。上吐下泻，转筋霍乱，热症。酸性中毒不抽筋，是寒症。夏天闹霍乱。民国32年、33年有，血凝固，放出的血都是黑的。朝腿弯儿胳膊弯儿大血管扎针，血喷出来就行了。干燥的时候有霍乱，老人给治，都会。民国32年什么时候得的不晓得，下雨前，干燥的时候有。民国33年也有，不多。干燥得很的时候有霍乱，酸性中毒从记事就一直有。

民国32年逃荒的多得很，都逃到河南，黄河以南。没有收成，收得少。见过日本飞机，往下扔炸弹。在曲周炸过一回，二十九军从卢沟桥撤到曲周，日军从东北角飞到曲周轰炸，老百姓死了不少。在邱城打过一仗，把日本人打死不少。打下邱县后，日本人开始报复老百姓，把老百姓扔到井里，井里都填满了。

县城有黑团，日本组织，给日本人办事。皇协军、黑团都是日本人组织的。黑团都穿一身黑，不是好东西。村里的人不给他们当兵。没听说过治安队，可能是汪精卫的人。八路军、游击队，都在乡下住。八路军没政权，有政府，不公开，地下党。咱村没有大刀会，有六师会（音），保护村里的人。

日本人来扫荡，老百姓牵着牲口就跑了，往别的村里跑。日本人打老百姓，问八路军要粮食。翻译官是日本人，“不用怕，好老百姓。”猛一进中国时有高丽棒子，朝鲜人给日本人当兵。老百姓说老毛子，长胡子，可能是指朝鲜人。

抓劳工多哩，皇协军来抓。日本人扫荡。过灾荒时抓得不少，抓到山海关，下煤窑。有回来的，少。直接逮过来，当工人。说是招工，实际上抓了送到日本。

没见过日本卫生兵。日本人一来，我们都跑了。没见过。跑到地里。国民党不管。

时疾是感冒引起的，头痛，死人。病一个，两个月。冷天是时疾，夏天是瘟病。时疾也传染。

采访时间： 2007 年 5 月 3 日

采访地点： 曲周县槐桥乡东漳头

采 访 人： 周燕楠　姚一村　杨兴茹

被采访人： 徐庆德（男　86 岁　属狗）

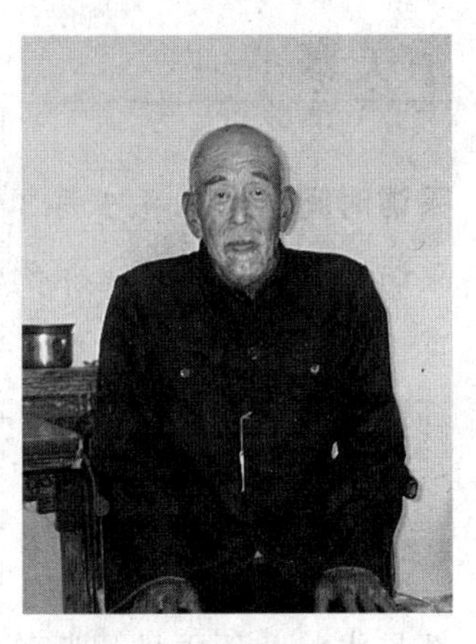
徐庆德

新中国成立前弄不清多少人口。上过三四年小学，都是私塾，念语文，数学，论语。

民国 32 年，邱县曲周最严重。春天没雨，麦子没收。刚种上玉米，刚有穗，不成熟。下了霜，不成籽儿。秋天下雨，一下好几天，咱这淹了。遍地都是水，地势高，房子没水，地里有水。说不清有没有洪水。记不清滏阳河有没有开口子。饿死的多，也有霍乱。民国32年我没在家，逃荒了，过了秋逃的，第二年春天回来的。逃荒前不知道别人家有没有人。霍乱肚子疼，上吐下泻。我父亲，光泻，没钱治病，躺着不动，没钱治。鬼子在这。国民党都跑了。日本人在这不管。

滏阳河以前跟现在一样，河堤也一样，也开口，但不知道32年有没有开口。卫河发水冲不到这里，但漳河能。

家里兄弟三人，有人参军。三兄弟灾荒年参军，到东北参加林彪的队伍。这里的队伍是一二九师。这没有治安军，有伪军，也就是皇协军。有大刀会，会教道门一类的组织，迷信，拿切片刀，枪，红缨子枪。就穿着便衣，土匪来了打土匪。打不了，土匪有钢枪，十个八个的，抢农民，遍地都是。王宝仁是邱县的，当土匪了，后来不干了。不知道范筑先，也不知道齐子修。

大刀会不知道拜啥人。县城里有黑团，日本人组织的，土匪一类的。皇协军穿黄衣服，黑团穿便衣。不清楚，没见过。黑团是抢，砸。皇协军给日本人干事的。不知道黑团给不给日本人干事。

后关寨

采访时间： 2007年5月3日

采访地点： 曲周县槐桥乡后关寨

采 访 人： 范　云　李　娜　郑效全

被采访人： 胡英魁（男　75岁　属鸡）

我从小就住这个村。民国31年七月初几下大雨下到八月，下得遍地都是水，一下雨地里都淹了，那时种高粱。腊月月底开始下大雪，下了

20天，遍地都是雪。俺家有11口人，逃荒走了就剩四口人。我逃荒到陕西。家里三口饿死两口。民国32年春就回来了。民国31年秋后到民国32年春是灾荒年。民国32年闰四月，村附近没啥河，离老远有滏阳河，河水没淹到这里。民国31年秋后下大雨时就得霍乱，拉稀，肚子疼，死了不少的人。医生很少，霍乱重，慢慢的一个月就死了，死了就埋了。先跑茅子，后得痢疾，然后肚子疼，就得霍乱。

民国31年二月前后，日本人围住村子，抓共产党县长郭企之（已死）。有游击队出没，杀过游击队员。日本人和皇协军一起出来，日本飞机炸过曲周。听说过日本放过臭炮，这个村没有。下大雨之前，村有三百六十多口人，年前年后死了很多人，饿死的，逃荒的，得病死的，还剩一百来口人。村现有一百二十口人。我上过小学，顶多是初中。

采访时间： 2007年5月3日
采访地点： 曲周县槐桥乡后关寨
采 访 人： 范 云 李 娜 郑效全
被采访人： 胡玉春（男 85岁 属猪）

我一直住这个村，我上过小学，上了4年初中。民国32年真正大灾荒。下了七天七夜的大雨。前半年吃枣、吃菜，到民国32年秋天麦子熟了，就有吃的了。有霍乱，我村一天死两个人。死得很快，不知道有什么症状。一个村一个钻井，就这一个井是甜井，别的井是苦井。日本人差一点没要我的命。日本人折磨村里人，我们很受罪。日本人对中国人千刀万剐。

采访时间： 2007年5月3日
采访地点： 曲周县槐桥乡后关寨

采 访 人：范 云 李 娜 郑效全

被采访人：吕清美（男 80岁 属龙）

我上过小学，上到三年级。学校都散了，没人敢教了。民国32年，我16岁了。八月初的时候又下大雨，七月初五下雨耩地。八月下了就立秋，立了秋就不能种苗了。下了好些天，死了好些人，一天埋好些人。村里得了病，病传染还不能治，草药没熬出来人就倒了。村里原有240口人，后来就剩十来口人。九月份就都病了，家里几口人不病的少。那一年，俺家伤了好几口子。跑茅子，好人也不行。喝水有钻井，村西头有一井。不是长期病，十天八天就没了，主要是饿的。小孩有，大人有，老人小孩多，青壮年不多。灾荒年跑到外头待了一年。

采访时间：2007年5月3日

采访地点：曲周县槐桥乡后关寨

采 访 人：范 云 李 娜 郑效全

被采访人：张敬堂（男 83岁 属虎）

民国31年就开头了，民国32年就真正是大灾荒了。我组织井冈山和扶救会，家贫，没上过学。七月初二下大雨，是民国31年。下了雨以后是霍乱病。我本人得了霍乱病，在腿弯子里扎出黑紫血。跑茅子、泻、哕，在腿弯子找筋，扎针。有人得霍乱死了，流鼻血，不抽筋。不过下雨，大部分人得病，病好的人多，治不好就死了。吃饭没柴，吃小枣。我家7口人，就剩我自己。逃荒的人多，到河南、西南、邢台。村里原有360口人，剩余百口人。得霍乱的死得快，我家没人得我这个病。主粮是小枣、菜，我是饿病的。日本人打死的人多，也有抓去当劳工出国的，回来的少，都死了。吃过饭9点来钟发起病来，12点钟不太泻、不太哕，就差不多好了。也就三个钟头，身上的劲得几天好。有钻井，吃井水，没有河水淹过来，井没有盖。日本炮楼里有井。参加扶救会，上边来人教唱，先组织农会，后参加扶救会。我是共产党员，干过村长。共产党是地下党，在村子里轮着转。日本人不大拿东西，皇协军是狗腿子，抢东西。

靳　庄

采访时间： 2007 年 5 月 3 日

采访地点： 曲周县槐桥乡靳庄

采 访 人： 孟祥国　左　炀　段文睿

被采访人： 靳新旺（男　81 岁　属兔）

1941 年左右修的炮楼，地里种谷子、高粱、小麦、棉花。日本人来之前，基本吃饱，有少量的逃荒，做长工，大部分没上过学。日本人来之后，经常进村，要东西，抓人去干活，看有没有地下党员、游击队，有十来个党员，与别的村联合，属地方部队，与日本人打过仗，武器是使用土炸药，抓人去炮楼干活，还揍人，都在本地干活、挖河，挖了一条沟。皇协军抢东西，大人，县大队归共产党管，没有土匪。日本人来之前，土匪比较猖獗。

民国 32 年，发生大灾荒，天旱，日军老来捣乱，种的小麦旱死，日本人又来抢，好几个月不下雨，后来又下雨，下了七八天，淹了，向北流，附近有漳河。发大水前后没见过飞机。

饿死了老些人，饿死之前不能站，浮肿。鼠疫死的人上吐下泻，死了很多人，没有医生，大多数活不过来，家里没得这种病的，有使用土方法，放血，上吐下泻，腿弯、手弯下方放血。没有求神，死的人挖了个坑埋了。还有很多逃荒的，至今没动静。逃荒的人向山西、河南逃，我逃到河南，一年后回来的，村里还剩 100 人。回来之后，生活好点了。

日军 1945 年走的，炮楼里的东西全拿走了。

刘郭屯

采访时间： 2007年5月2日

采访地点： 曲周县第四疃乡东流上寨村

采 访 人： 杨向瑞　陈其凤　张　婷

被采访人： 许向玲（女　82岁　属兔）

　　　　　郭怀恩（男　84岁　属鼠）

民国32年时，我15岁，当时粮食收成不好，又发过大水，大约在七八月份，水势很大，可以淹没到胸口，水来自滏阳河，一个是开口，一个是下的大雨，淹没了周围十八里地。在发大水之后，我和我的兄弟都得了霍乱病，肚子很不舒服，呕吐，泻得很厉害，我的兄弟没来得及看病，就死了。我看了一个老医生，他开了一些中药，没有打针，只是用大的针扎痛的地方，直到出血后，就自己掉了，几天后就好了，我是在我娘家刘郭屯得的病。我的邻居也得霍乱，没能治好，也死了。

采访时间： 2007年5月3日

采访地点： 曲周县槐桥乡刘郭屯

采 访 人： 常晓龙　石兴政　刘　颖

被采访人： 闫清礼（男　73岁　属猪）

闫清礼

那年种苗，耩的苗都完了，苗都没长完就完了。村里都没人了，都逃荒去了，去到河南、山西、张家口，现在还有好多人没回来，村里人就剩很少，俺全家也到河南去了，人都饿死了，是下雨之后死的，年前年后都有一些人回来。给日本人打工去的，也有回来。人们都吃树叶，树叶都弄光了，日本人见到人抢东西，下雨之后死的人多，下雨没苗就饿死了。

霍乱是给日本人打工的那地方得的病，打工的人得了霍乱干不了活，日本人就把病人扔到沟里，埋都不埋，不管他，村里的霍乱是个常见病，死的人不少，有很多人得这个病，大人小孩都有，也没人治，村里的医生也少，那时有个土方，扎胳膊肘的筋放血，也好了，那病挺快。听说天气一潮就病了，现在这个霍乱病没有了。

听说是曲周城内，大街上的河向西开了口子，都叫水淹河西，把鸡泽县淹了，鸡泽县地势低啊，河底平的，没往咱这高的地方淹，我没见过，这都是大家说的。我不知道是不是1943年，但肯定是开过河口子的，肯定有日本人开河口子这件事。

我见过日本人，他们还在村里杀了人，有一天我在地里干活，共产党二中队在咱村里，枪一响好多人都跑去看，前边三个人骑着马，向南边走，边上种着麻子，后面有三个伪军骑着自行车，我就跳到麻子沟去了，二中队过来有重机枪和轻机枪，把他们打跑了，那是我亲眼看的，日本的一个小分队在咱村住着，八路军的侦察员说日本人多，来了一看只有几个日本人，他骂侦察员说侦察错了，日本人后来跑了，咱中队追，没有追上，他们有马，中队是人追，没追上，用机枪打了一阵还是没有追上，队长说就这么一点日本人就把咱们给铆住了。

采访时间： 2007年5月3日

采访地点： 曲周县槐桥乡东漳头

采 访 人： 周燕楠　姚一村　杨兴茹

被采访人： 杨宝珍（女　84岁　属虎。娘家刘郭屯，离此四五里地）

民国32年，记得，没的吃。旱灾，日本人抢。七月里才开始下雨，

杨宝珍

下了七天七夜，下得房倒屋塌。当时还在娘家住，收了一点，日本人就抢了。民国32年没河，滏阳河没开口。都是下的雨。

民国32年有霍乱病，都得病死了。下雨以后得的这个病。天还热的时候闹的霍乱。光记得有，不知道症状。别的村不记得。家里没有，光有一个表姑得霍乱死的。

吃井水，这村高，水不咋多。不吃生水，也烧开。不知道（得病的）老人多，还是小孩多。死的那个亲戚挺年轻。

逃荒的多，旱的时候就走的。河南，泰安，哪都有。我没逃。

在俺刘郭屯，土匪头王宝仁还不算孬，不知道有多少人。黑团记不清了，光知道皇协军、土匪、老杂子。皇协军都孬，八路军都藏着，不敢打。

采访时间： 2007年5月3日
采访地点： 曲周县槐桥乡刘郭屯
采 访 人： 常晓龙　石兴政　刘　颖
被采访人： 杨明礼（男　82岁　属虎）

杨明礼

民国32年我18（岁）了，那时饿的，人有死在这，也有死在外面的，人去逃荒有去河南的，也有下关中的，跑去宣化府，光俺村在那里就死了十来人，人到山沟里去，水土不服，死了就扔在沟里。大部分的人都在外面，村里人都是得饿的病，见病就死。阴历七月初七下的雨，后来又下了三场，耩不上地。那会没听说过霍乱，村里人谁也不理谁，下雨也不种地，都在家里睡觉。弄点小米，吃榆皮，还有那带刺的荠荠菜，吃小麦秆，和点榆树皮，用碾子碾。

我见过日本人，隔几天就来几回，俺这来的人不多，但有碉堡，日本人不抢东西，皇（协）军来抢，八路军也抢，他们有个分队。

那时河开口子了，往河西开了，但那年旱了，土匪也来这抢东西。

采访时间：2007 年 5 月 3 日

采访地点：曲周县槐桥乡刘郭屯

采 访 人：常晓龙　石兴政　刘　颖

被采访人：张春琦（男　73 岁　属猪）

张春琦

民国 32 年饿死的人很多，俺有个兄弟也饿死了，下雨下了八天八夜，下雪又八天八夜，人饿得吃谷子皮、吃棒子芯。逃荒的人多了，都去山西、河南，那时候日本人抢东西，小偷还偷东西。日本人来了，还使坏中国人抢。

民国 31 年、32 年下雨，墙"咕咚咕咚"都倒了，那时我还小，我到石家庄时候有"瘟接病"，就是伤寒，那病传染得厉害，那会儿哪有钱治。咱村有霍乱病。连饿带病都死了，也不知道是病还是饿。日本人又来抢，有人反抗，就拿枪一挑就挑死了。1942 年八路军是秘密的，不敢出来，都在下面躲着，俺有个叔叔是共产党员，开会的时候让人给发现了，后来日本人赶上来追他，把他抓住，让他交出共产党员的名单，他宁死不交，他说自己就是共产党员，其他人谁也不是，日本人就枪毙了他，尸体被抬到了姥爷的石磨房，他媳妇那个哭啊。

没怎么听说过水淹河西的事，日本人打邱城的时候，老百姓都躲到地道（里）去了，日本人就放毒和臭气，毒死了所有的人，不知道是什么毒，反正是放了毒，不然不会死得那么快。那会打邱城，虽然离这里只有20里地，但他们在那边打的炮，震得窗户直响。很厉害啊。

那时十个里面就能死五个，得了病就死。没医，没药也没地方去。俺那三兄弟那时小，人都动不了，俺还能找棒子芯吃，他可不行，后来连拉都拉不下，就用棒子掏，俺去石家庄要饭了，那时要饭很好要啊，找着一家就能吃饱。

采访时间：2007年5月3日

采访地点：曲周县槐桥乡刘郭屯

采 访 人：常晓龙　石兴政　刘　颖

被采访人：李洪印（男　75岁　属鸡）

李洪印

灾荒年时，后街都剩不到5户了，现在的人都是土改以后（来）的。那年一直没下雨，干旱。蝗虫来了，天上全是，太阳都看不见了，飞过去以后天都黑了，蚂蚱落下了，谷子、高粱一下子全倒了，两天里地里东西全没了，棒子的根都被啃光了。日本人、皇协军也跟着打蚂蚱，蚂蚱有组织，走得很整齐。

俺村有炮楼，皇协军下来让俺们挖沟挖坑，让我们捉蚂蚱，那年大旱了。后来又下了大雨，我们把根又撒在地里，谷子又长起来了，一亩地才收了100斤。那时吃的水都没有，井里没有一滴水，我们吃棉籽吃树皮，小孩都拉不下，没有抵抗力的老人、小孩都不行，用棍子掏。病的人也有，那会都说是得霍乱死的，人拉肚子上吐下泻的，死了，一天给十块连三块钱都没有，让人穿个麻包就算是穿衣服了，没衣服啊，那时有钱人得病还可以，找先生抓点药，扎个针，治好就好，治不好就算。人一说肚子疼就说得了霍乱，也传染，一天死五六个也是常事，有人说大道的人死炸了，那边都不让去人。我知道有3兄弟到东北逃荒去了，后来死在了外面，再也没有回来。

没有听说过河开口子的事，没有水。

日本人不多，炮楼修了两三个月，都是皇协（军），本地人多，一个地方真正的日本人只有五六个，村里人整天到地里睡觉，日本人来了就牵着牛赶紧往外跑，但他看到怀疑的人一下子就挑死了，看你的手，没茧子就说你是共产党，要把你杀了。他们其实爱吃鸡蛋，俺娘在炕上，日本人进来要吃鸡蛋，俺娘不知道他们在说什么，他们做手势俺娘也不懂。他们一枪就挑破了俺娘的衣服。

他们铁壁合围，将人全围起来，说有可疑的共产党，他们就谁也不让活，谁也不说话，他们打了一机枪，把我吓的，我说怎么没见着死人啊，他们后来又走了。

采访时间： 2007年5月3日

采访地点： 曲周县槐桥乡刘郭屯

采 访 人： 常晓龙　石兴政　刘　颖

被采访人： 姚玉芹（女　76岁　属猴）

姚玉芹

民国32年没啥吃，人都得了腿肿，下了七天七夜的大雨，蚂蚱来了，地里光秃秃的什么都没有，俺们都受罪了，吃槐叶、荠菜、榆叶。有人饿得出去逃荒，都没回来。掏煤窑去了，饿死的人很多。那会没医生，腿胀得皮都裂了。得霍乱的人听说过，但都是给饿的，俺饿的，幸亏吃个地瓜，活下来了。

日本人他们3里地建一个炮楼，来了多少人不知道。后来第七大队第二分队把炮楼打下来了，八路军是英雄。

日本人没挖河，没有这种事，城北郭子（日本人名）是个敌人头儿，他把人抓到树上，用刀一刀一刀割，割肉割耳朵割眼，最后活埋，可惨了。

马庄村

采访时间： 2007年5月3日

采访地点： 曲周县槐桥乡马庄村

采 访 人： 孟祥国　左　炀　段文睿

被采访人： 贾换章（男　72岁　属鼠）

日军来之前，差不多吃饱，以种地为主。种小麦、高粱、谷子，做小买卖的不多。

灾荒前，日军来过，有两个炮楼，不知多少日本人，大约几十个日本人。除了日军，还有皇协军，和日军住在一起，炮楼在一条线上，日本人来村里，找共产党，抢东西，把墙弄出窟窿，还挑死过人，也抓过人，一到黑天，村里就没人。有很多人被抓到外地去干活，直接来家里抓，不管饭，挖河。有地下党被日军抓去。没有土匪。

民国32年大灾荒，先旱后淹。大旱从一月到七月，麦子全旱死了，靠天吃饭，没井没河，到七月下大雨，下了六七天，水从西南往东北流，西南没有河，有滏阳河但流不过来，听说平原县的滏阳河开口，没有飞机在旱灾中飞过，这个村在民国32年死了一半多，主要是饿死，大部分逃荒，逃到西北、山西、榆次、原平县、河南等地，以要饭为生，逃荒死在外面的也很多，在第三年收完麦子后回来了，原来三百来人，只剩12人，后来基本没有人了，死的人都没埋。家里一个兄弟饿死的。

灾荒后大约一两年后日军走的，日军对老百姓很凶残。

采访时间： 2007 年 5 月 3 日

采访地点： 曲周县槐桥乡马庄村

采 访 人： 孟祥国　左　炀　段文睿

被采访人： 马超臣（男　89 岁　属羊）

日本人来之前，村里种谷子、棉花、小麦、玉米、高粱，能基本吃饱，干别的少，有做活，做小买卖，打扁担、编筐。

在灾荒之前，日本人来了，有日本宪兵队、皇协军，抢东西，种地也拿走，在这里没有多少人，两三个人，又被日军带走的，是抗战的共产党。主要是皇协军，本地人很少，经常来村里打人抢东西，抓人去干活，也有带到日本的，有回来的，在还焦村。

日本人女的也有。有土匪，一撮一撮的，有不少地下党员。

民国 32 年，闹灾荒，大旱，说不清多久没下雨，过了麦以后下的雨，饿死了很多人，得病死的人少，有拉肚子的，没有医生。有得霍乱，没有治好，就几个人，没日军来治。

大部分逃荒，向南向西逃荒，逃到开封。

有飞机，但很少，日本人 1945 年走的。

采访时间： 2007 年 5 月 3 日

采访地点： 曲周县槐桥乡马庄村

采 访 人： 孟祥国　左　炀　段文睿

被采访人： 马震宇（男　91 岁　属马）

19 岁时，日本人来的，日本人来过这里，送日本人，给馒头吃。日本人没住这，向南走向东走。日军中没有医生，周围都有碉堡。灾荒年死的人都（是）饿死的，麦子被皇协军抢去。有病死的，有治病先生，日本人也有过来扎针的。

采访时间： 2007年5月3日

采访地点： 曲周县槐桥乡马庄村

采 访 人： 孟祥国　左　炀　段文睿

被采访人： 王金玉（女　88岁　属猴）

日军来之前，吃不好，上学的也不多，我没上过学。

有炮楼，见过日本人。赵爱民、老赵都在家里住着，都是共产党员，白天出去，晚上回来，我给他们做后，他们再走，不定点回来。听说老赵住我家，就来逮，老赵就逃跑，但把枪落下了，我就藏起来了，藏在扫地笤帚下了，他们在里面睡，我在外面站岗。

除了日本人外，还有皇协军，经常来，抢东西、衣服、被子，日本人来不抢东西，主要是皇协军，我们害怕就跑了。在村里没见过日军。家人都秘密入党，秘密开会，不敢公开，马振华、王振声都是老党员，他们都是我的入党介绍人，我也是老党员。

民国32年，先旱，不能浇地。时间很长没有下雨，后来下了大雨，下了七天七夜，房子都淹了，到处都是水，水从南往北，有一条小河沟，下大雨时，没见过飞机，父亲饿死的，兄弟饿死，很多人逃荒，向山西太原，至今还有几个没回来，很多人饿死，村里没有医生。

基本没有土匪。

南　寨

采访时间： 2007年5月3日

采访地点： 曲周县槐桥乡郭庄村

采 访 人： 孔　静　刘婷婷　陈连茂

被采访人： 申芙蓉（女　71岁　属牛）

申芙蓉

娘家在槐桥乡南寨申街东头，没有上过学，不知道血型。

那年割麦子时，那人都死地里了，都说热死了。我记得的就死了两个，是民国 32 年，要不就是 33 年，可能是 33 年。实在是太饿了，逮住粮食使劲吃，就撑死了，都说他俩这样死了。民国 32 年死的人，都没数了，不知道村里有多少人，也不知道死了多少人。

民国 32 年上半年皇协军老钉子成天抢，啥也抢，经常来，天天来，穿着黄衣裳，不知道有白大褂没，也去我家抢过哩，把锅也给藏了，他们打俺妈妈，也打俺姐姐。这是皇协军，跟老毛子一气，他俩一模一样，孬着哩，啥都抢，连被子都抢了。那时日本人已经来了，不记得有戴口罩的。

在那时共产党少，还不敢露头，还没成事哩，俺哥就是八路军，现在俺哥已经去世了。那时还有个人当了皇协军，俺哥认得他，我不认得。

民国 32 年前半年旱，后来八月里淹了，下了七天雨，地里的苗全都没有了，那棒子将成籽，老天就淹了。收成不好，下半年没吃的，都上外走了，我没走，俺家人都没有走。各家吃棒子芯，卖点糠，买点粮，树头叶，槐叶，啥叶都吃了。

那年下了雨，水也不大，地里到脚脖上。到 1963 年上大水，滏阳河开口子。民国 32 年，没听说，俺也不知道，听说曲周那开口子，拿盖的挡水，记不清是哪年了。

民国 32 年生蚂蚱，大约是四月份，不是四月就是五月，在天上飞来的，把太阳都盖住了，是大蚂蚱，后来又有了小蚂蚱，把地都盖住了，那时挖个坑，把小蚂蚱都埋了，都逮蚂蚱吃，一煮一锅。

那时不打针，日本人不给咱打针，不检查身体。他（们随）便开枪打人。

前关寨

采访时间： 2007年5月3日

采访地点： 曲周县槐桥乡前关寨村

采 访 人： 范　云　李　娜　郑效全

被采访人： 樊　吉（男　80岁　属蛇）

我一直住这个村，上学不正式，上过一二年级。下大雨下了七八天，七月里，水不少。霍乱病，肚子疼，没听说过传染，死得快。医生不中用，治不好，有人好了，好的人不多。闹了一个冬天。我姥姥家17口人都死了。下雨之前没这个病，不传染。年轻的人都逃出去了，老人比较多，没听说有人治病。没啥吃的，到地里挖野菜。喝井水。

村里有日本人，没河。

采访时间： 2007年5月3日

采访地点： 曲周县槐桥乡前关寨

采 访 人： 范　云　李　娜　郑效全

被采访人： 吕怀义（男　71岁　属牛）

我上过小学，四年级。我7岁跟着妈妈要饭，弟弟也要饭，肚子饿得很。这一片灾荒很严重，啥也没有了。秋后下雨，只收秕谷。跑了，不跑就被抓了，抓去做劳工。七月初还是八月初下大雨，房子都漏了，不是民国32年下的，头一年下的，下了七八天，屋里拉了个席，又饿，又潮。当时没200口人。人饿，身体没抵抗力，天潮就得病。瘟疫，人身上都没劲了，人都顾不上自己。不知道有啥症状。挖了井，出出水，垒上砖就是井，二丈深，没深井。

民国32年有霍乱，人死就是由于霍乱。一个夫妻，头一天死一个，第二天又死一个，两天就得埋个人。医生不中，都是中医。朝胳膊弯、腿弯扎针，药也没用。得霍乱，扎筋，放血，出黑血，顶事。老人得霍乱多。没啥小孩。

北边赵街有钉子。日本人不管，皇协军抢粮，这一片没河。河北边的河西沿堤宽，水多。灾荒年逃了，第二年又回来了，不知道多久。

这一片没飞机。日军在后关寨挑过人。八路军在这存公粮。日本人找公粮，把辣椒水灌嘴里，灌了4个人，就说了。皇协军和日军的衣服差不多，都带机枪。我当过兵，尽了义务就行了。

采访时间： 2007年5月3日

采访地点： 曲周县槐桥乡前关寨

采 访 人： 范　云　李　娜　郑效全

被采访人： 吕　猛（女　74岁　属狗）

日本进中国时我才4岁。日本人修钉子、炮楼。皇协军有家，抢东西，有家有地，都抢到家里去了。钉子有栅栏，有狼狗，皇协军和日本人都住钉子。

民国32年下了七天七夜的大雨，屋里都漏，下的人都得病，得霍乱，肚子疼。大雨是七月份下的。天潮，潮热，得霍乱，死了好多人，饿死好多人。得病的死得很快，不传染。得病的是大人，饿死的人多。没药，村里有中医，霍乱病，能治过来，扎腿、胳膊上的筋，出黑血，扎得早能治过来。肚子疼疼死了。

井多，口大。日本人也吃井水。村里没河，曲周有滏阳河，发大水淹不到这。

灾荒年前一年春天三月有蚂蚱，吃得苗都没了。

主要是皇协军闹，日本人不要东西，日本人把小孩给劈死了。

我原来不是这个村的。

乔　堡

采访时间： 2007年5月3日
采访地点： 曲周县槐桥乡刘郭屯
采 访 人： 常晓龙　石兴政　刘　颖
被采访人： 刘金凤（女　76岁　属猴）

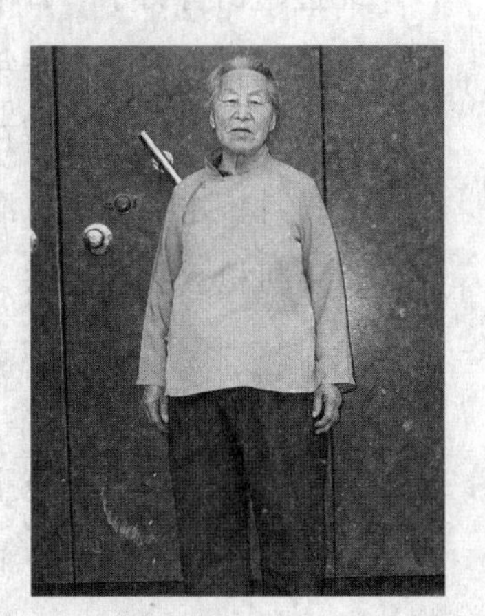
刘金凤

（原住于乔堡，19岁嫁至刘郭屯，来槐桥乡串门。）

那时候老天爷不下雨，我们吃的有刺的荠荠菜，用石磨磨花籽皮，不好吃。那时饿死了好多人，俺奶奶和俺妹妹在家连被子都被抢走了，都是生病饿死了。大雨后来下了七天七夜，人死了很多，人都饿死了，吃的不好的拉肚子死了。有人得霍乱，死的人很多，不知道死了多少人。有人只能给扎扎，扎的有好的人，扎不好的也死了，没有人管，那病没法治，没听说过河开口子的事，不知道谁厉害。我也不记得雨有多大，都这些年了。

日本鬼子来了都跑了。干了什么咱不知道。

采访时间： 2007年5月6日
采访地点： 曲周县槐桥乡乔堡
采 访 人： 李　琳　张　伟　郭存举
被采访人： 刘培元（男　79岁　属蛇）

刘培元

民国32年我15岁，干旱，种不了粮食，皇协军也不让种。不下雨，苗叶不长，六月里下的雨。下了雨才能耩地。地里长些绿豆。雨下得啪哒啪哒的。那年景说不了，说上三天三夜也说不了。人都没不及，日子真不好过。饿、病都很重。我有一个妹妹、父母、爷爷、奶奶。出去也不好过。我和我父亲去太原过了两个月回来的。民国32年出去，民国33年回来的。这个村子逃荒的最多了。家里没有得霍乱的。

日本人来过。西边有个碉堡，外边挖个沟，沟外有铁丝。

蝗虫从东南飞到西北。

采访时间：2007年5月6日
采访地点：曲周县槐桥乡乔堡
采 访 人：李　琳　张　伟　郭存举
被采访人：张　森（男　70岁　属虎）

张　森

民国32年我6岁，刚记事。那年大灾荒，前旱后淹，还有蝗虫，颗粒未收，天灾人祸，日本人在这儿，有吃的也抢走了。原来八百多口，过民国32年剩二百多口，有病死的，霍乱病，上吐下泻，三天就死。后来回忆起这个事儿都说叫霍乱。有治好的，不多。得病的多。这村得病的四五十口人。有逃荒的、病死的、饿死的，剩二三百口人。民国32年秋后出的这个病，按农历是七月二十一。七月二十三接连下了七八天大雨。有人得病吐了，下了雨流到坑里，人吃坑里的水就传染开了。我大伯家有饿死的。张文清一家都得霍乱，死好几个，剩下的都逃荒了。6口人，3个闺女，张文清是户主，有个儿子，儿子逃到山西了，叫张雪林。张文清死了后，孩子娘带着3个女儿和儿子逃荒了。雨连下了七八天，房屋倒塌，街上没人走。秋后，雨后开始逃荒，大部分往山西太原以北，要饭吃。民国33年秋后开始有回的。也有朝东南徐州的，我没逃。饿死的多了，有二三百口人，这一家没埋上另一家又死了，埋不及。得病的大人多，原先叫勺（音）子，新中国成立以后才叫霍乱。得了肚子疼，严重的上吐下泻。传染，下大雨水都冲到坑里，大部分人喝生水，连烧水的柴火都没有。那时候人吃棉花籽。

民国32年外边没来水。主要是下雨。其他年份滏阳河经常决口子。

我前两天看的《邯郸之谜》，说济南这一带霍乱都是日本人撒的，邯郸政府编的。

离这村一公里有炮楼，日本常来。皇协比日本人还孬。在村里杀过人。我大伯父就被打死了。就那一天就打死俩。村里有八路，不敢露面，打游击战。日本人在这儿占主要地位。（劳工）抓到日本国的没有，到炮楼上的多得是，只管饭。

民国31年收成就不好。蝗虫是民国32年秋后，可多了，地上一脚踩死好几个蚂蚱，吃，直接放锅里炒，后来吃得脸都胀了。

日本穿黄军装，像电影上一样，戴的帽子上有两个耳朵。经常把村里人弄到一块训话。没见日本人穿白衣服戴口罩。

我上过小学，高小，上了6年，新中国成立后上的。

水德堡

采访时间： 2007 年 5 月 6 日

采访地点： 曲周县槐桥乡水德堡

采 访 人： 李 琳 张 伟 郭存举

被采访人： 李祥云（男 79 岁 属蛇）

李祥云

一直住这儿。（民国 32 年）那会我 15 岁。日本人和土匪、伪军在这骚扰。天灾主要是旱灾，大旱年。七月初三下的雨，下了一礼拜。后来又补上种，长了七八成熟又让霜冻了。玉米多半熟了，凑合着能吃。都逃出去了，当时村里 1200 口人。地主家都逃了，小孩、女的逃出去都没回来，跟人家住了。村里就剩不能走的老人了。都往山西、河南逃。我们家七户，过了民国 32 年就剩我这一户了，那几户都绝了。我这一户就剩我和我父亲，后来还是共产党救的我。共产党白天不能来，晚上活动。家家都苦，人死了都没人埋，过了多少年才埋。

民国 32 年，曲周遭荒旱，日本鬼在中国胡捣乱，蒋介石不抗战。

1944 年编的，日本人还在这。没有病，都是饿死的。年轻人能出去，老人走不动。逃荒都下雨以后。我哥哥出去逃荒了，嫂子饿死了，两个侄女卖了，一个侄子 5 岁了，跟着我那个大爷，最后也没养活过来，死了。过了 20 多年大侄女回来了一趟家。

土匪有，也不是说大土匪，都是小土匪。

日本人穿黄绿色军装，铁帽子，像电视上那样。没杀过人。村里有个一贯道，日本人也怕他。1947 年、1948 年群众把他打死了。那是个组织，替日本人办事，头头叫沈团长。也没办什么大孬事，就是共产党有什么组织他给日本人汇报，日本人都给他们行礼。他们穿长袍戴礼帽，别着盒子枪，不抢东西。他们在村里见了谁该喊啥喊啥。八路军白天不敢干，夜里活动。共产党地下组织靠地主、靠伪军，他们住到伪军家里。管咱这儿的八路军是三分队，有30人，十几条枪。那会人比枪多，枪比子弹多。枪里装的是木棍，吓唬人的。汉奸管我们叫"三多队"。

"八路军不可干，一天两顿稀米饭。"（汉奸编的）

1956年、1963年平地行船。民国32年没开口子。灾荒过后村里还剩七百来口。伪军头叫肖根山，是大队长。伪军比日本人多。副大队长叫岳国梁，坏得很，比日本人还坏。肖根山在日本被大卸八块，杀他的是个女的，拿着刀把他的眼睛挖了，用刀把他身上的肉一块一块地割的。

见过日本人戴口罩，经常戴，他们讲卫生，怕有毒。有军医。没给咱检查过身体。八路军叫群众挖沟，断公路，日本人白天让群众填。反正是晚上挖，白天填。

闹过蝗灾，在1942年，可厉害了，屋里都是蚂蚱，树上都没叶子了，把树都压折了，地上不能走。民国32年春又生，连生两年。那会我去挑水，挑回来桶里都是蚂蚱。在曲周我还看到蚂蚱过河，滚成团，越滚越大，成个球，从水里，小腿乱蹬，一蹬就过河了，过了河就散了，挺神的。长了翅膀从天上过，见不着太阳了。解放后1947年、1948年、1949年生蛆，吃庄稼，没收成。

采访时间：2007年5月6日

采访地点：曲周县槐桥乡水德堡

采 访 人：李　琳　张　伟　郭存举

被采访人：魏金玺（男　81岁　属兔）

上过两年小学，日本人进中国了就没再上。

那会日本人、皇协在这住着，共产党搞地下工作，还不敢公开。土匪也抢（东西）。死人可多了，死了有一多半，当时村里有一千多口，剩

魏金玺

了三百多口。死得死，逃得逃。旱灾，大灾荒年，日本、皇协军包围这个村子。当时我在槐桥住着，日本人包围槐桥三四十天，那会有抗日组织，三分队。那个村离炮楼很远。日本人把那个村包围以后抢东西，我家三口人逮走俩。逮去不干活，扣起来，两间小屋，住 70 人，各个村里的人都有，在那儿水都不叫喝，各个家里送饭。我在那儿住了 57 天，到年底才回来。亡国奴，不问啥就是要把你逮起来。花了 10 块钱，是日本票，把我赎了回来。我夫人拿着个小镰刀到地里割点野菜吃。在小屋里过了七八天，见天往外抬死人，晚上死了还不叫往外抬，到白天再抬，晚上都和死尸挨着睡。受的罪太多了，太凄惨了。

我哥哥参加八路军二十二团。这一溜村组成一个区，区长叫张志峰，他经常救济咱，打击汉奸走狗，给日本人办事都枪毙。

那年天旱不下雨。民国 32 年七月份下了一场雨，种点荞麦什么的。逃荒的人老些，逃到山东、河南，民国 34 年才回来。当时我家里有我父亲、妻子和我哥，哥哥在外当兵。听说过一贯道，头目叫沈振（音）。我 1943 年冬天才从槐桥乡回来，闹不清有啥病，那会小，不知道。

过了（民国）32 年，村里得了发疟子，不少。地里（收成）不行，靠天吃饭，地再多不顶事。1956 年上过大水。解放前，灾荒年头五六年上过大水，没淹，算好年景。把村里淹了，地没淹。

民国 32 年有蝗虫，蝗虫从东南到西北盖地里来，头不拐弯，一直往西蹦。我听说蚂蚱滚成蛋过河。

曲周县日本头目叫营井司令，皇协军头大队长叫肖根山。1943 年我在白庄碉堡让日本人逮着了，审我，头一回审的姓陈，俺在小屋里蹲着，往外看他打人，拿着棍子、皮带打，把他打完又把我拉出去，好打，我啥也不吭气，他们又用水灌，摁住我的头，拉住胳膊，灌了我三壶水，后来喝不下了，从鼻子里灌，问我家埋着多少公粮，谁家有枪，谁家藏着八路。白庄钉子上的大队长岳国梁说我竟敢在他面前卖关子，架住我就打。我也说不知道，打得血都结成冰了。后来把我拉出去说要枪毙我，我还是说不知道，就又让我回去了，他那是吓唬我呢。后来醒过来，钉子里有个好人，给我送了两个白卷子，我吃一个，我父亲吃一个。宁死我也不能说。第二天我就回来了。在槐桥有个人被杀了，叫胡清河，比我稍大点。他在东里窑他老爷家住着，日本人问他八路在哪，不说，就崩了。

王赵庄

采访时间：2007年5月3日

采访地点：曲周县槐桥乡王赵庄

采 访 人：陈连茂　孔　静　刘婷婷

被采访人：李手德（男　83岁　属牛）

李手德

没有上学。那会，一般上不起学，穷人多。闹不清多少人。现在人多了，也闹不清多少人。那会槐桥乡，要按解放后，就是槐桥乡。那时也是槐桥，以前不是，我记不清了，原来是公社。过灾荒年，有好过的，生活好，地主，富民，按外边人说富农，按农村是地主。头一方面是土匪，给我，不给我拿枪抢你的了。俺北边那个林白庄，有个炮楼，里边住日本人。炮楼不论村大小。曲周往邱县有一条公路，五六里地。有个炮楼，八路军过来，白庄一个炮楼，桥寨张庄一个炮楼，侯村也是个镇的，上后村这个路也有个炮楼，四五里地。

炮楼里边，这边是日本人，这边是中国人，叫皇协军，给日本人当走狗，跟日本人一气，也是抢、砸。日本人孬，强奸美女。在农村老百姓看见谁了，就抢走了，在村子里抓人修马路，挖沟。村头南边广平县、汾阳县。这边挖马路，这边挖沟，八路军在这不好过。八路军惦着老百姓。

那村老百姓不愿意等，日本人叫村长支书，有支书，有村长，给你要多少人，去得不够，去得晚了，也是打。日本人就那个孬性，管饭？修路挖沟，修炮楼，在这抓人给他修。抓十来个人，谁不跑。呈孟有集，那个集，有老毛子，庄稼人说老毛子，不说日本人，吓跑了。抢大车，抢东西。你比如说，小村，日本人问："你见八路军在哪了没有？你家谁是八路军没有？逮住他，就毁了，有，咱不能说有，还能说有？八路军还跟他打，扫荡碰见，打死好多人，有打死老毛子。八路军不多，人也不多，枪也不多，八路军有枪没子，好运，枪也不少。你是八路军，当兵了吧。跟着救中国人，还能不向。不是拥护八路军，不是好，当八路军的就咱一片人，净咱本地人。很远的藏不住，他问你哪里，一说口音不对。

日本人穿黄军装，戴大铁帽，有戴口罩的，有不戴的，皮口罩，像巴掌这么大，有眼，好几个。口罩是皮的，牛皮，羊皮，讲究卫生。没见过给咱百姓扎过针。见了就跑了没人敢，里头有老毛子，见了就跑。民国32年才进了中国。民国35年、36年日本都败了，走了。过灾荒年见过，几月记不清了。见过，到村长这要人，叫你去，你就去，叫人劈柴挑水，咱这挑水，挑到炮楼，喝咱这水，你先喝，你不喝就揍你。消不消毒，咱闹不清，消毒不消毒，不知道，沟有八九尺深，一丈多宽，三四米宽，八路军进不来。在这挖一条大沟，挑水回来过，蹬一块，好几尺，送劈柴送小，里边还挖沟。

灾荒年，俺这村死了不算多，连死加走外边的有一半子，闹不清多少人，饿死的，有得病死了，大多饿死，得了病也没有治。霍乱病有得的，村里有医生用旱针针扎，扎肚子上。有扎好的，不出血，现在还有旱针。到伏天来，老人告诉年轻人，吃生瓜梨枣，少喝凉水，肚子疼，喝了会得肚子疼病，也不散了，得霍乱，肚子疼。肚子疼，有好几种，有是霍乱。肚子疼，找先生，叫霍乱，医生说不是霍乱，不用扎，在背上推推，里边响就好了。都叫发痧子病，不是霍乱，推推就好了。痧子病也是肚子疼，不用吃药，不用扎针，推推就好。霍乱病厉害，是个病。

好有是叫发疟子，发疟子不会肚子疼，光热，我也发过，那时不是灾荒，不灾荒年，烧得混乱。

好年景，民国32年前后都有，民国32年得了病也没人找先生，没先生了，得了病就死了。

旱，不下雨，那边也没发水，咱这没水。一下雨就是好年景了。旱到七月初三，记不清为啥。俺妻子六月底去河南逃荒，推着小红车，去河南了，走了两三天，三四天里，到那老天爷下雨了。下了五六天，不算好年景，向那边走，好年景，在那要饭，在那住。

民国32年走了，在那混了一年。到了民国33年回家。有回来早，有回来晚，现在没回来的。东西该卖就卖，咱家里也卖了，推着小车，在申县。后来没发大水了，叫着小孩要饭，来回推着小车。

卖了莲藕赚的钱，买的衣服，买点家具，推着到河南卖了，买了粮食来这边。现在不收也死了。

曲周滏阳河开口子，那会日本人都走了，八路军在这，胜利了。我还在那挡水了，要些人挡口子去了。下雨下得大（才）开的，雨从水库里冲开了。民国32年没发过水灾，到灾荒年，老一片都旱，生蚂蚱了。下了雨以后，生蚂蚱在民国32年、33年，过了民国32年飞走了。逮了蚂蚱一煮，人就吃蚂蚱，把翅膀一掐。

土匪才多了，北边有个地痞头，叫王宝仁，十五六（里）地，邱县与曲周两界地，咱这个村正北，第四疃东边，愿意去哪抢就去哪抢，不孬，乡里乡亲不抢。明天到哪，哪去干买卖，不能拿一针一线，不能强奸美女。谁要犯了这个规矩回来就枪毙，抢地主，谁是当家人，把当家人抢来，给你要十万块钱，抢了这个人，也不打人，待你好，要钱，不拿就不让人走，要现洋，要多些，要一篓，一个大缸，要那么多，要少了谁干。

采访时间： 2007 年 5 月 3 日

采访地点： 曲周县槐桥乡王赵庄

采 访 人： 陈连茂　孔　静　刘婷婷

被采访人： 李宪法（男　81 岁　属兔）

李宪法

上过学，我 8 岁就上学了。我那会上学，日本没过来。日本过来了，中华民国推翻了，没得上了。

民国 32 年，日本过来七八年了。吃榆树皮，连那个老树割了。榆树都光溜溜的。在石头碾上滚，混着菜。上河南逃荒，小孩都尽路上，这一个那一个，尽咱这人都死那了。民国 32 年没粮食。民国 32 年上半年旱下半年涝，到七月还没耩上地。后来下雨下了七天，谁家不能站，数那全死的人多。下地里尽水，洼地尽水，高地没水。还没得收，还没得吃，不能站。

黄河没崩，滏阳河也没崩，河都没崩。除了浮肿病，其他病咱不知道，主要是浮肿。没药。咱村过去人少，不过一百六十多户，二百多人。这会有一千多口人。村西边一个炮楼。邱县，曲周都日本人占着。日本人不抢，不盗，不偷。日本人的饭，汽车送来的。民国 32 年不捉苦工，除了给村里要跳跳。

西槐桥村

采访地点： 曲周县槐桥乡西槐桥村

采 访 人： 常晓龙　石兴政　刘　颖

被采访人： 张　敬（男　86 岁　属狗）

民国32年，我在我的部队，在南方，河南湖北当兵，抗战八年，1945年日本投降。

西漳头

采访时间：2007年5月3日

采访地点：曲周县槐桥乡西漳头

采 访 人：周燕楠　姚一村　杨兴茹

被采访人：张顺德（男　82岁　属虎）

张顺德

上过4年私塾，学《三字经》《百家姓》《千字文》。

民国32年都要饭出去了，妇女跟人贩子走了。1950年回来了，一个街里剩了300口人，剩得没多少了。日本人闹的，地里不收。正月到七月里没下雨，七月二十下了40天，下雨后逃荒走了，兄弟、姐姐、妹妹跟人贩子走了。我要饭去了，民国33年二月份去逃荒了，一直没回去，直到1950年。

霍乱有，特别多。下雨后经常有。天潮，得霍乱。因为吃不饱。肚子疼，扎针，出黑血。下雨后一二年特别多，老人得的多。40（岁）以上的得病多。见过病人肚子疼，干哕，吐。民国32年以前有霍乱，但是很少。霍乱病民国32年那一年特别多。

逃到黄河南，离这360里，洪庄（音）。在那，日本人在集上招工，小煤窑，管吃管住，要不就饿死了，就跟他走了。走了9个，回来2个。东北日本占了14年，我去黑龙江干活去了，鹤岗矿区，黑龙江鹤岗矿区大卢工会。在济南上车，坐了四天四夜火车，不让下车。没五天就叫下煤窑，里面都是日本人。一天12个钟头，轮班倒。吐个唾沫，擤个鼻涕也是黑的。捞出来的人也是死的。每天死人，受罪着哩。每天派个小车，倒车厢里，每车装七个。病死的拉倒。万人坑，扔进去，狼啃骨头。死人没数了，有本地劳工，山东、河北这里过去的也不少。能吃饱饭，吃穿，不叫你憋屈，不让你白干。听说有个人逃跑，逮回来让狼狗咬死了。1950年我回来发现，跟我一起去的就回来两个。

根据老人回忆，抓到鹤岗的这9名劳工为：

侯村：潘三兴、潘宝群（幸存）

红川：张成建（孙子印）

大名：张远、杨锦荣

临西：王洪志

曲周：张顺德（幸存）

东阿：张庆海

相公庄

采访时间：2007年5月6日

采访地点：曲周县槐桥乡相公庄

被采访人：宋纯景（男　91岁　属蛇）

一直住这个村，村名一直叫相公村，小时候家里有3口，上过小学，在村里办的，不要学费，家里哥哥也上学，家里年景还行。

民国32年40岁，自己干活，有30亩地，地里种小米，收成能顾住吃，也做小买卖卖油。民国32年在开州那里做买卖，卖油，不知道家里的事。家里人多，有哥哥、爷爷、奶奶、父母。死的人多，饿死的人多，顶不住，走着走着就死了。那时得病的人少。那时庄稼没收成，3年没下雨，下了15天，当时淹了，没吃的，当时都逃出去了，五百多口人，就剩下二百多口，有往山西河南逃的，后来回来。

见过日本人，抢东西抓人，抓到外边，后来回来不多，给人干活，不叫吃饭。抓的人不多，十个八个的，有抓到日本的劳工，不是这的。

皇协军和八路军打仗不多。村里有八路军头是县长张小纯，堵在外边，没抓住。八路军和日本人也打过仗，在史寨打的，死的人不多。

老杂在这住了半月，秋天来的。红枪会听说过，这村里没有，大刀会也听到说过，这里有，很少。

这里有炮楼。见过日本人飞机，在飞机上向下打枪，在曲周城扔过炸弹，底下炸个大坑。

采访时间：2007年5月6日

采访地点：曲周县槐桥乡相公庄

被采访人：宋宏财（男 75岁 属鸡）

我就是这个村的，一直就叫相公庄，就是个村名，都这样叫，这个县就这样。那时哪上过学，后来八路军来过，办过小学，日本来了害怕，在小学里学过几天。到民国32年，人吃人的年景，也学，记得有要学费的事。

姊妹四个，有三哥哥，地都被地主占了，有几百亩地的大地主。秋天的时候到地里拾东西，我那时候才七八岁，给地主种地交租子，看活，二八分，人家要八，咱要二。那会旱地，老天不下雨，种点谷子、高粱。这会种棉花的老多，老辈的都纺花，纺粗布。记得村里有五六百人，这会有一千多人。

那时候收割五七六斗，那会下雨晚，春天旱，七月多，下了七天七夜，咱这淹了，遍地都是水，人都死的死，后来下霜了，玉米都一人来高，就下霜了，都还是水泡玉米，用小磨磨，后来吃玉米心，在大磨上推推，玉米丝，磨磨吃，地里野菜都吃光了。

有霍乱病，人埋不及，传染挺厉害，一直肚子疼，拉肚子，村子里也没医生，扎腿弯，胳膊弯，扎好就命好了。死了不少，埋不及，大人死的多，不是没人治，都有得霍乱的，发水前得病的严重的不多，一潮湿就得病，肚子疼，挺难受的，家里没有得霍乱的。鸡泽县的都喝井水，有两个老砖井，打起水来煮。

吃蚂蚱，铺天盖地的，都看不见太阳。民国33年都没得吃，都让蚂蚱咬下来了，后来生蛆，蚂蚱没有吃的就生蛆。到永年里曲周县死的人最多。

有皇协军住在钉子里，天旱皇协军来抢，天旱，都没力气埋人，狗肚子里是棺材。有逃到河南的，有到山西的，逃不动了，做个买卖，弄点路费，逃得早的就走了。卖房子，从前都是卖房，地主房子有瓦。没剩到几口，民国33年有回来的，种上粮食，有玉米露出小苗。那会日本鬼子早来过，日本鬼子不管，逮鸡逮鸭，也不大抓人，要是在这受了伤就杀人放火，一开始没抓，后来才开始抓，抓这些壮年人，抓到日本国，有回来的。

皇协军挺多的，听日本人的，抢东西，抓人。韩清林，原名肖根山，日本皇协军的大队长。

治安军后来抓来百姓当治安军，郭启运，被抓过，花过钱就放出来了。何加逛死了老杂，黑夜里来，白天就走，偷点摸点，谁家有就偷谁家。有红枪会，咱这没有。有个教门是信教的，也不知道是什么教，摆什么神。见过日本飞机，二十九军宋哲元的队伍，被日本人的队伍围住了，往开里跳，都死了，日本人开飞机和二十九军打。

在村里打游击，日本人一来就撤离，日本人在村边修炮楼，民国29年撤到曲周。

杨李庄

采访时间： 2007年5月6日

采访地点： 曲周县槐桥乡杨李庄

采 访 人： 李 琳 张 伟 郭存举

被采访人： 王怀信（男 73岁 属猪）

王怀信

上过一年学。

那年有日本人在这儿。旱，老天不下雨，种不上苗，靠天吃饭。下雨下得晚了，高粱都没成籽。几月下的不记得了，下了多久也不记得了，下得不大。人吃树叶，有的饿死了，有的出去逃荒。不记得当时村里有多少人。有的出去就没回来，逃哪儿的都有。日子很难过，饿死的多。说不清有啥病。

那会家里五六口人，父母、兄弟和哥哥。逃到邢台，讨饭打工，到民国33年就回来了。

日本人常来抢东西。有日本人、皇协军来逮人，扣住你，给你要东西。这里有炮楼。逮年轻人，不逮老人和小孩。发过水，是在后来，1956年和1963年，连下雨加外边来水。日本人穿衣服，戴帽子，没见戴口罩。

那会我小，不记得有没有土匪，光记得民国32年挨饿。

采访时间： 2007年5月6日

采访地点： 曲周县槐桥乡杨李庄

采 访 人： 李 琳 张 伟 郭存举

被采访人： 王怀章（男 78岁 属马）

于凤琴（女 78岁 属羊）

王怀章（右）、于凤琴

王怀章：我们一直住这个村，上了一年学，日本人一来就不上了。那年孬年景，没收成，日本来了又抢又夺，天不下雨，那时没井，地没法浇。七月里下的雨，雨下了好几天，地上水不深。人吃树叶，没东西吃都饿死了，有病也不知道啥病，一个星期不吃就饿死。吃人肉，人都在地里爬。也有得霍乱的，但主要是饿。那会村里三百多口人，饿得剩下一百多口人，有逃荒的。脸都胀了，胀着胀着就死了。逃荒的有，河南、邢台，哪儿也有，人多了去了。有的下了雨就回来了。我父母、姐姐、弟兄仨，六口，去邢台逃荒，在那干了点活就回来了。

于凤琴：我娘家在安寨，姓于。19（岁）到这个村子。那边好点，能做点买卖，那个村大，也有饿死的，会干点买卖的能撑下去。那个病上来不定几天就死。村里一家人有十几口，剩了一两口。连饿带得病死。

王怀章：（夫）日本人又要又抢，民国32年日本人把我抓到“钉子”上去，饿了我四天没给饭吃。他跟你要粮食。那边有鬼子，也有皇协（军）。他弄个大洞，在地上，让你钻里头，上边搭个棚子，好几百口人让你在里头住，那年还下大雪。挖了好几个坑，逮到农民都装里头，给你要粮食。我在里头住了十来天，给我要了10斤米。10斤米换1个人。不拿就让你在里头住着。沟有两丈多宽，一丈深，里边还有水，转周有铁丝网。沟里啥也没有，就睡地上，家里人知道就给送饭，不知道就饿着。没有饿死的，都赎回去了。

于凤琴：在路上见了死人，从身上割点肉带回家煮煮就吃。有一家男的，出去做买卖，妻子带着两个女儿，一个男的去他家抢东西，妻子说她认识他，他就把她三口都杀了。滏阳河开过口子，次数多了，解放前后都开过。朝东开没事，朝西开就惨了。西边洼。民国32年没开。

于凤琴：娘家十来口，姐妹7个，两个兄弟，还有父母亲。我没去逃荒。那边有逃荒的，没这边多。也是旱。俺那边有“钉子”。有八路，不断地打，俺那的钉子大。

王怀章：（夫）日本人在这儿没打过仗。生过蚂蚱。民国32年头里有，过了民国32年也有。说来呼呼就来了。人在地上挖上沟，把蚂蚱都撵到里头去，埋上它。日本人穿黄衣服，戴钢盔。俺这边人啥罪也受过。见过他们戴口罩，白的，也不经常戴，有戴的有不戴的。没见穿白大褂。

南里岳乡

北马店

采访时间： 2007 年 5 月 6 日

采访地点： 曲周县南里岳乡北马店

采 访 人： 周燕楠　姚一村　杨兴茹

被采访人： 晏清兰（男　78 岁　属马）

晏清兰

从小住这，一直归曲周管。没上学，赶上抗日战争。

民国 32 年记得，在家。李贤彬逃荒走了，没回来。我父亲逃荒没回来。民国 32 年，两方面，共产党和日本。昼夜不停大雨整整下了七八天，死人死了一大片。得霍乱，这就有。上来就死，没救头，上来，肚子疼。民国 32 年我 14 岁。得这霍乱是在下雨后，7 天过去了。潮，没得吃，才得霍乱，下雨的时候没有。下雨的时候水是不大，哩哩啦啦，潮劲大。没有河水冲过来，就是下雨下的。这房倒屋塌，我们家有房子倒了。喝井水，烧开。我家没人得霍乱，村里不少，说不上名字，光知道人死了。老人得病多。有医生，顾不过来。这个病不传染，连饿带潮，民国 32 年以前也有，但没事。民国 32 年最多。

日本人，房屋点火，扣人，绑人。曲周城住的是日本人，东南侯村钉子有日本人。乡村小钉子没日本人，有皇协军。日本国土小，中国国土大。德、意、日、高丽、朝鲜，打中国。苏联、美国打日本。国民党也抗日。

黑团是走狗，抢，夺，不管鸡，牛，愣抢。大刀会不是老杂、皇协军。地主富农成立的大刀会，贫农富农都有，保卫乡土。大刀会个别的投降日本了。咱这有五六个，现在没了。

采访时间： 2007年5月6日

采访地点： 曲周县南里岳乡北马店

采 访 人： 周燕楠　姚一村　杨兴茹

被采访人： 晏如昌（男　75岁　属鸡）

晏如昌

（我）从小住这。民国32年在家。知道受罪。吃啥的也有，死的也有。马兰，离这五里地，好几百口子剩五十来口，有逃荒出去的。这个村有水浇地，有井。井水浇地，转井。用轱辘一桶一桶地浇水。

民国32年就有霍乱。离这二十里地，西南方，南营，北营有霍乱。咱这少。秋天下雨了，七八天，八月二十五，阴历。没淹。没河。播种期过去了，到秋天收成时才下雨。不知道下没下霜。霍乱是民国32年，不记得下雨前下雨后得霍乱，老少都有。

日本人来过，杀人放火。离这七里地有个日本人钉子，安寨。八路军根据地就在这一片，没啥名。大部分武装部队地下活动。有黑团，说不清干啥事，混饭的。有宪兵队，少得很。有大刀会，说不清拿啥，打日本人，迷信，具体的不懂。

得霍乱的人很多都死了，有老有少。把胳膊绑起来，扎针，出血。这一片有地道，八路军挖的。村村通。这村里就有，现在没了，填了。老百姓挖的，弯着腰才能下去。

常刘庄

采访时间： 2007 年 5 月 6 日

采访地点： 曲周县南里岳乡常刘庄

采 访 人： 杨向瑞　陈其凤　张　婷

被采访人： 李顺堂（男　79 岁　属鼠）

我母亲饿死了，我爷爷、奶奶也饿死了，该有一个弟弟也死了，我在家里没出去，得的伤寒病，流血鼻子，得霍乱是灾荒年头里，咱村里少，没小连寨死得多。

日本鬼子抓人，都抓日本去了，张浩书（音）、张如、张景朝，还有一个，回来了三个，死家了，另一个不知道死哪了，妇女他也抓。

五月里“扫荡”，里边有汉奸，俺村老百姓都跑了，俺家养一头驴，给抢走了，还抢走两头牛。俺村里 700 口人，过来灾荒，剩 200 口子 300 人。

民国 32 年下雨了，整个不停，下了七八天，屋都塌了，砸死了一个老婆子，一个小孩。

都是自己熬盐，刮点墙土，盐碱地里挖点土熬。高部寨有人吃人的，死了就把人肉吃了。

过来灾荒年，民国 33 年得了浮肿病，吐，不泻，死了二三十口，死的净中年人，三四十岁的，后来就没了。

采访时间： 2007 年 5 月 6 日

采访地点： 曲周县南里岳乡常刘庄

采 访 人： 杨向瑞　陈其凤　张　婷

被采访人： 张沈氏（女　77 岁　属羊）

啥也没有收，皇协军、老毛子也来要，俺就逃到河南，父亲上到河南，老娘也死到河南了。日本鬼子有吃的，不分给你。黄河没水，旱，八月下了雨，饿死的人不少。有那个肚子疼，没医院，得病就死了。

采访时间： 2007年5月6日

采访地点： 曲周县南里岳乡常刘庄

采 访 人： 杨向瑞　陈其凤　张　婷

被采访人： 张　新（男　94岁　属虎）

张王氏（女　81岁　属兔）

张于氏（女　75岁　属鸡）

民国32年八月下雨，那雨大着哩，下了七天七夜的雨。到河南要饭去了，啥也没吃的，饿死的人不少。日本鬼子有吃的，不分给你，日本鬼子进村光抓八路军。得病的就死了，没医院。有那个肚子疼，霍乱病的，吃点草药，没医生，用针挑了才放血，推这个骨头，肚子疼得不得了。

大连寨

采访时间： 2007年5月6日

采访地点： 曲周县南里岳乡小连寨

采 访 人： 杨向瑞　陈其凤　张　婷

被采访人： 薛娄氏（女　75岁　属鸡）

薛春花（男　82岁　属兔）

“民国32年，灾荒真可怜”。民国32年下了七天七夜，房子都倒了，民国32年没发水，那会光下的。民国32年的霍乱，死了老些人，都没有医生，啥都没有，用三棱子针挑，放血，大连寨那边死了一百多口子人，那是俺娘家，那个村大，一百口就能死三十口，不是饿死就是得霍乱，俺家十几口，没有得病的，得病没有几天就死了，下雨之后就得了。下雨是七月里。

日本人扫荡，把东西都拿走了，把人都带走了，带走了就没回来，也抓妇女，那时候有人贩子，来带小孩。

史　寨

采访时间： 2007 年 5 月 6 日

采访地点： 曲周县南里岳乡史寨

被采访人： 刘常叔（男　74 岁　属狗）

刘常叔

从小就住这个村，村名一直叫史寨。小时候兄妹五个，我是老大，现在光剩一个妹妹，一个弟弟。上过小学，没毕业，后来没老师。那时候家里穷，姊妹几个属我大，十五岁能干活了。小时候家里十六七亩地，咱这个村里地多人少，一个人就划十来亩，俺家划五亩，有父亲母亲七口人，一共十六七亩地，连个井都打不起，挖割土井。那时种谷子、高粱、豆子，不能浇地，光能靠天，也种小麦，一亩地二三斗，一斗三十斤，现在打千把斤，从前打七八十斤，那时靠天吃饭，不收。那时村里没地主，大部分都差不多。

民国 32 年，咱这八路军在毛主席领导着，跟皇协军打仗。皇协军是日本人的狗腿子，害咱老百姓。那时啥也没有，现在有了病就叫救护车。

民国 32 年没吃的，都没吃的，不打粮食打仗，皇协军来了又抢又闹，抢被子光要表，不要套，表值钱。逃荒的人不少，都不在家，都往山西逃，那时逃荒没吃的，把人煮了吃了。我没去逃荒，我还小着哩，出去也干不了，眼也不得劲，三岁眼就不好。家里父亲和叔伯哥都逃出去了，过了民国32年后就回来了。饿死的人多了，都没人埋，各顾各的。

民国32年大旱，闹饥荒，不记得下过大雨，村里都长草了，一人多高，野兔子满街跑，啥病都有。

见过日本鬼子，和咱说话不一样，戴钢盔，有真日本，有假日本，假日本是装的。日本鬼子都有枪，有骑马的恶。来村里的日本鬼子不多，日本人不多，皇协军多，都是这片的人，皇协军干的坏事多了。不记得日本鬼子来杀人，没记得杀老百姓。记得八路军在村外打死了一个日本鬼子的官，老太君。村里有村长，有拿辣椒水灌管事的，当个村长也难当。

那时小，不记得有红枪会，光知道有土匪，土匪来了就跑，抢东西，晚上来。

没当过兵，眼不好，有残疾证，有中央发的，有下头发的。政府没给救济，头两年有，这两年没了。

采访时间：2007年5月6日

采访地点：曲周县南里岳乡史寨

被采访人：刘孟星（男　78岁　属马）

刘孟星

小时家里穷，家里十来亩地，没上过学。小时家里有四五口人，弟兄一个。

记不太清民国32年的事，那时灾荒年，没收，天旱，又淹了。天旱的时候，一亩地收不了30斤，种谷子，快收的时候淹了，天上下的雨，淹了七八天。得霍乱，不发烧，拉肚子，没人治，村里的人没得吃，看见过得霍乱的。

天一直旱，逃荒的多，有上河南的，去山西，有回来的，没回来的都死了，咱家里人少，都有吃的，那时还小。喝井水，喝凉水。

见过日本鬼子抓人逮人，扣你里边不让你出来，在里面住着，要钱去赎。日本和皇协军干的，杀人不少，普通老百姓。他人少咱人多，管不过来，记得杀过八路军，这么多年数说不清了。有土匪老杂，从外边来的。红枪会老百姓组织的，家家户户都有红枪会，有村里有，有的没有。没有国民党，没有过八路军游击队，没记得打仗。

见过日本人的飞机，没记得扔东西，在曲周扔过炸弹，在这没扔。

宋　庄

采访时间： 2007 年 5 月 6 日

采访地点： 曲周县南里岳乡宋庄

采 访 人： 周燕楠　姚一村　杨兴茹

被采访人： 张文选（男　81 岁　属兔）

张张氏

张文选

安寨有个钉子，离这两里地的乔寨也有钉子。从小在这住，上过两年小学，念过四册书，语文，算术。还没解放，中华民国时，国民党的学校。念五册书时，日本人进中国了，就不上了。

民国 32 年，日本人在这修钉子，有皇协军，也有八路军。白天修钉子，晚上八路军叫老百姓挖日本人的马路。老百姓哪头也怕。皇协军是中国人，受日本人领导。

民国 32 年，井水五六尺深抽不出来。旱灾，忍饥挨饿。民国 32 年在家，我没出去，在家好挨饿。爹娘都在家里，一屋子孩子，我 18（岁），数我大，姊妹好几个。家里有七八口人。爹娘，有妹妹，兄弟，都没逃。

开始下的雨小，将（刚）湿地皮。二伏的最后一天下大雨，连下七八天，地上没种上苗，眼看着两周种不上苗。那年收荞麦了。后来下霜了，不能长了。先旱，后面下大雨了。到膝盖，房倒屋塌。那时没河，只是下的雨。下雨，高地没水，坑上有水。下雨时，牛在地里都出不来了。

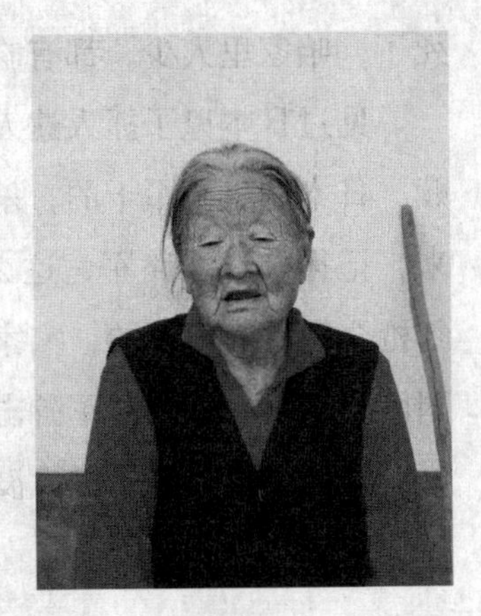
张张氏

得霍乱病的多，难受死了。胳膊都拿针扎，放血就好了。拿板子夹住，拍拍，扎针。有治好的有治不好的。这个奶奶（老伴，张张氏，83岁，属牛）得过霍乱，恶心，肚子疼，哕（吐）。喝葱根，偏方。下大雨后得的病。潮了，凉了。房倒屋塌了。扎过针，就是村里给我喝偏方的（人）扎的。记不清还有没有得的。天干燥，吃的又孬。没下雨就有霍乱。奶奶病了一个月。

（张张氏：有下的，有来的水。看见水一会儿就得病了。不知道哪来的水，下雨下得多。水到膝盖。1963年水大着哩。）

水一下，得霍乱的多着哩。不知道谁得。小孩，老人都得，天潮。喝个偏方。没钱。

采访时间：2007年5月6日
采访地点：曲周县南里岳乡宋庄
采 访 人：周燕楠 姚一村 杨兴茹
被采访人：张学尧（男 84岁 属鼠）

张学尧

念过国民党的小学，上了二三年。民国26年日本人来了，小学就不上了。

民国32年，没收成，逃荒去山西。我

没走，俺两口子没走。兄弟四个走了仨，一个妹妹也走了，去了邢台。七月初五下的头一场雨，阳历8月25日。八月二十下的霜，粮食没见籽儿。七月初五下了七天八夜，村里没淹。光收点荞麦，除了荞麦没收。1963年大水，民国32年没有。

下雨霍乱多，肚子疼，没记得有旁的。下雨时在家，我就得病了，民国32年人都到山西了，就剩我自己了，我得伤寒，鼻子流血，流得头昏眼花，没钱治。病了40天，烧、晕、说胡话。

没见过霍乱，得霍乱的不少，不记得谁得霍乱，不知道得病死了多少人，估计不出来。民国32年蚂蚱回来当饭。有病死的，有逃荒死的。我是过年正月里走的，到河南要饭去了，割麦子时回来的，民国33年走的。当时喝井水，说不准喝生水热水。

日本人1945年走的。八路军民国33年才过来了。在这，日本人跟八路军打了两次。有皇协军，抢东西。民国32年日本人来了抢，八路军也要。

采访时间： 2007年5月6日
采访地点： 曲周县南里岳乡宋庄
采 访 人： 周燕楠　姚一村　杨兴茹
被采访人： 张要生（男　83岁　属牛）

张要生

民国32年，孬年景，一阵在家，一阵不在家，在南feng，一个县，在那过。从那边当兵走的。升成排长回来了。当乡长、村干部、村支书、村主任。当兵远着哩，在山东。民国32年在胶东县，民国33年回来的。

民国32年逃荒。死人多。

小连寨

采访时间： 2007年5月6日

采访地点： 曲周县南里岳乡小连寨

采 访 人： 杨向瑞　陈其凤　张　婷

被采访人： 张玉氏（女　94岁　属虎）

饿死人啊！那会儿，不下雨，旱，饿死一半人。没逃荒，没霍乱病，得浮肿病，浑身胀，胀，胀，他就胀死了，三天死了两口子，苦是苦着哩。日本人来的时候，一点东西也提走。

采访时间： 2007年5月6日

采访地点： 曲周县南里岳乡小连寨

采 访 人： 杨向瑞　陈其凤　张　婷

被采访人： 张振业（男　83岁　属虎）

700口子人，死了500多口子，剩200口子人，在家里没出门都死了，那会儿吃草根，吃树叶，吃荠菜根哩。老天不下雨，啥也不收。

那会儿有霍乱病，还不少哩，吃了就噎，不大会就死，死得多着哩。医生还没叫来，人就死了。这500口子，有饿死的，有霍乱病死的，大多数是霍乱死的，没有好的。民国33年有，民国34年还有。

皇协军来抢东西，有吃的也吃不上，土匪也来抢。受皇协军气，受土匪气，受日本鬼子气，我就走了，我参加七分队，就当兵了。我在七分队是个队长，就在这打仗。白天我就藏起来，藏在地道里，黑夜里再出来。当两年兵。

张西头

采访时间： 2007 年 5 月 6 日

采访地点： 曲周县南里岳乡张西头

采 访 人： 周燕楠　姚一村　杨兴茹

被采访人： 张恩善（男　84 岁　属鼠）

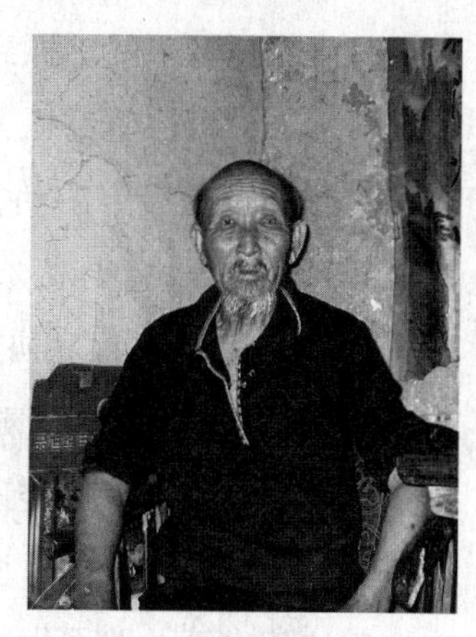
张恩善

（我）一直在这住，没上过学。民国 32 年是个灾荒年，没下雨，没收。种上苗了，老天爷又来了霜了。霜（冻）死的。可受了罪了。日本人抢，夺，皇协军抢。

民国 32 年后边下雨才大哩，下雨是七月，六七天。这个村没淹。这里地势高，民国 32 年没淹。没有河水。滏阳河水过不来。1963 年淹了。

民国 32 年在家，没逃荒。有逃荒的。家里还有父亲，母亲，就我自个儿。不出去，糠，菜，啥都吃。得病的多着哩。浑身胀，脸胀，吃得孬。死的人多着哩。霍乱病听说有，没听说咋死的。霍乱病年儿多了。小时候有霍乱病，上来就死了。那会儿十二三（岁）。民国 32 年光听说浮肿病，腿胀，脸胀。树叶子吃完了。

逃荒的没一半。到马兰，牛河死的人多。往山西、河南逃，有的出去就不回来了。

民国 32 年八路军有，八路军也要，上公粮。皇协军、日本人来抢你的，只要看见就要走了。八路军也要，没有就算了。共产党到这一步不容易，艰苦得不轻。那会儿国民党走了。没老杂，大刀会这村没有。黑团有，跟土匪一代人，抢，逮人要钱。在曲周城市住，和皇协军不一样，出来了抢。日本人的走狗，黑团是老百姓起的名，忘了他们本来叫啥。咱家没啥，抢也是抢富户。地主有两户，人家没饿死。没有做小买卖，做买卖的少。有治安军，没来咱这，在邢台，和国民党走的不是一条路，是汉奸，汪精卫那一派人。

有抗日英雄，都死了不少，有死在战场上的，有死在镇上的，有回家的。日本有抓劳工的。抓到大同掏煤窑。有伤（在）那（里）的，有回来的。日本人、皇协军都抓，上村里来抓，逮着你就把你逮走了。八路军常在我这住。全在后方游动，喊大爷大娘，好着哩。宣传抗日，"参加八路军，打日本"。没有唱戏。不叫唱，不敢唱。南边离这6里地安寨有炮楼，日本人一个大炮楼，皇协一个小炮楼。每天给他们干活去。修城门，挖沟，泥泥，整整，挖河，建马路。不干还不中。有单管这个事的，村里人不来，就把你崩了。炮楼三四层，大炮楼。沟围起来，外面是树帽子，里面是铁丝网，毁不少树。里头有狗。

咱这片也算八路军根据地，敌不过日本。日本人晚上不敢出来，出来叫扫荡，不打老百姓。有村长，派来的，给八路军办事。给日本人办事要通过八路军。县里是八路军的政府，游动的。到这一步可不容易。

没听说日本人下毒。这一片没有放臭炮的。这里没啥大战事。

采访时间： 2007年5月6日

采访地点： 曲周县南里岳乡张西头

采 访 人： 周燕楠　姚一村　杨兴茹

被采访人： 张金善（男　82岁　属虎）

（我）一直住这。念过几天书。民国32年旱灾，秋天到七月下大雨。这净逃荒的。我没逃，家有吃的。有父亲、母亲、两个哥、两个嫂子。有个侄子，都没走，没有病。淹是1963年，1963年下大雨。

采访时间： 2007年5月6日

采访地点： 曲周县南里岳乡张西头

采 访 人：周燕楠　姚一村　杨兴茹

被采访人：张宪真（男　83 岁　属牛）

张宪真

从小在这住。民国 32 年不在家，当兵了，在分队上。在俺这一片上。民国 31 年当的兵。先旱，后下雨。不记得什么时候下的雨。还没人得病吗？民国 32 年上过大水。下的水，雨水。没有河水。这里离河远。不知道有没霍乱。俺是本县里一个分队。我是八路军。有大刀会，穿一身白的人。跟他们打过，他不打日本人，搅乱治安。

曲　周　镇

北关村

采访时间： 2007 年 5 月 4 日

采访地点： 曲周县曲周镇北关村

采 访 人： 常晓龙　石兴政　刘　颖

被采访人： 王秀兰（女　78 岁　属马）

王秀兰

那年下了七天七夜的雨，房也倒了，屋也塌了。那年河开了口子，往东去了。在河东北也开了，离这里不远。但河东地高所以淹的地方很少，“民国 32 年曲周遭蝗旱，接接连连昼夜不停下了七八天”。人卖儿卖女，现在俺的婆家里的老大出去逃荒去了，现在一点消息都没有，再也没回来。

咱这淹了，地里连个草籽都没有，人贩子给孩子给个窝窝头，就把孩子领走了，这样的事情多了。那会得病治不起，也就死了，霍乱伤寒是很常见的病，我得了伤寒很快就好了。霍乱上来了，可以用针扎舌头，胳膊腕可以扎出黑血来。

日本人我见过，来了住在城里，他们侵占中国，到地里抢东西，强奸妇女。民国 32 年他们还在，到乡里抓人，不在城里抓，那年我 9 岁。日本人给俺糖，说：小孩小孩给糖米西米西。他给的糖特别好吃。我在城里见过日本人，你给他点头他就让你过去。

北　街

采访时间： 2007 年 5 月 4 日

采访地点： 曲周县曲周镇北街

采 访 人： 崔海伟　张国杰　袁海霞

被采访人： 万新平（男　83 岁　属牛）

万新平

一直住曲周北街。小时候家里 4 口人，有母亲、父亲、哥哥。家里没地，靠卖烧饼赚钱。家里没好吃的，也不够吃的。我上了两年小学。

我 20 岁的时候日本人来了，当时我还没结婚。日本人从邢台来的，有好几汽车，他们住在圣人殿。鬼子修过钉子，有十几个，不过本村没有。钉子 10 里地一个。我没去修过钉子，有人去过，记不清是谁了。是公安局来要的人。我见过八路，有不少人。八路和日本人经常打，在村里打。我见过皇协军，他们抢东西，见啥抢啥，粮食，穿的，用的。八路也打皇协军。当时有土匪，头是王兰先（音），在城里住着，他们有 1000 多人。土匪也打日本人，也和八路打。日本人来了，土匪就走了，没回来。

民国 32 年，天旱，两三年没好好下雨，五月份闹虫灾，没收，很多饿死的，也有很多逃荒的，逃到山西去，我们家没去。家长是工人，一年赚 30 块钱。逃荒的人有死在外面的，有在当地下户的，也有不少回来的。当时有吃人的事情发生，我听说过胡近口村有人吃过小孩。民国 32 年能饿死一半人，当时谁也不顾谁，连蝗虫都吃。

当年秋天下了七天七夜大雨，不过没发洪水。滏阳河在南桥口开了口子，是朝北开的。我的家被淹了，来回的住。当时喝的是井水，见水就喝，村里有两三口井。下过雨之后，村里没有出现大量生病，没有传染病。当时村里也没有医生。下了雨之后没见过上吐下泻，浑身抽搐的病人。但是，民国32年霍乱很多，没医生，也没给治病的。霍乱病肚子疼，得病很快就死了，也就三五天。我家没人得霍乱。下雨之前得病的人多，下过雨之后就没多少了。年景好了之后病就没了。当年还有很多的浮肿病，是因为饿的。日本人不给吃的。

我见过戴防毒面罩的日本人，不记得是哪一年了，也不知道他们是干什么的。我不知道当时有没有牲口得病。

日本人在村里有屠杀现象，在我们村一杀就是十几个。村里有被抓到日本去做劳工的，都死在外面了，回来的很少。有被抓到大同去挖煤的，都死在那儿了。

北王庄

采访时间： 2007年5月3日
采访地点： 曲周县曲周镇北王庄
采 访 人： 崔海伟　张国杰　袁海霞
被采访人： 宋保连（男　78岁　属马）

宋保连

北王庄最早叫北关东铺，日本撤退后叫王庄。上过三四年小学，念了四本书。日本人还没来时上的学，来了后又上了二三年，以后没上过学。

小时候家里有曾祖父母，祖父母，父母，哥哥和妹妹，父亲宋镜堂。家里有二十来亩地，种高粱、小麦、玉米等，够吃了。村里有地主，吴老双，不过不缴地租，不给地主干活就不缴。

鬼子从邢台到了曲周，穿黄衣服，带着枪炮，有飞机。日本人没来时，飞机就炸过曲周。鬼子来后住圣人殿。鬼子来了之后建了很多钉子，后村、二寨、大连寨、朝寨、张庄等等都有。我去修过钉子，村长要我去的，自己带着饭，干到夜里。有时扣住不让回去。钉子里有的住鬼子，有的不住。后村的钉子里住的大部分都是皇协军。鬼子和皇协军在城关不抢东西，出了城关就抢。八路军第一次来时，鬼子还没来，在我家里住过，有宣传队等，八路人不少。日本人来后八路就走了。我也见过八路和鬼子打过，而且经常。鬼子来之前遍地是土匪（许铁英等），抢东西，不过没抢过我家，他们只抢大地主。许铁英跟八路打过，也跟日本打过。

民国 32 年，我 11 岁，天旱，啥也没收，饿死的人很多，不能走 8 里地看不到死人。甚至出现了人吃人的现象。胡近口有人吃过小孩，骨头藏在床底下，最后被查出来了。

村里有人被抓去做劳工，孟弟（音）等，日本投降后就回来了，他们在那儿挖煤窑。日本投降后，劳工在日本自由 7 天，就都回来了。不过死在日本的人很多。也有被抓到东北去做劳工的，宋民修等，新中国成立后回来了。

我家没逃荒，逃荒没回来的很多，死在外地了。

民国 32 年，下了七天七夜大雨，发过洪水，淹了，不过没有河决堤。记不清有没有得病的。那一年夏天六七月份，普遍霍乱。霍乱在下雨之后流行，症状是肚子疼。霍乱传染，有的活过来，有的死了，小孩得的多。没有求神拜佛的。霍乱肚子疼，要是扎针没用，三天就死了。得病时，没有逃走的。霍乱几个月就没有了。死去的人，各埋各的地里，没有集中埋葬。我也得过霍乱，但是扎针扎好了。得霍乱时人们喝的都是井水。得霍乱后一冷一热，发烧，不知道是咋得的。日本人不管。日本人没给我们发过食品，离开后也没留下过什么东西。得病时鬼子没来过村里。那时村里也没牲口。得霍乱时也没飞机过来。

民国 32 年左右，我在村里见过戴防毒面罩的鬼子。

武有明

采访时间： 2007 年 5 月 4 日
采访地点： 曲周县曲周镇北王庄
采 访 人： 常晓龙　石兴政　刘　颖
被采访人： 武有明（男　79 岁　属蛇）

民国 31 年过去了蚂蚱，蝗虫过去了跟云彩一样，三天后连草根都吃掉了，耩不上地，后来下了点雨，总算种上了，可是雨连下了七八天，人就连高粱都吃不上了，连糠都吃不上。上了霍乱，肚子疼，治不好的就死了，扎胳膊上的大筋，要流血。有的人也好了，大人小孩都有，大家都知道这是霍乱。

人都饿得跑到山西逃难，饿得心慌。一闷就死了，死的多了去了。

日本人在村里待了八年，他们要打八路军。老百姓就连花籽都吃不上，那会县城才三十来个日本人，皇协军连日本人都不如，那些人是饿得吃不上饭，就去当了皇协军。

没听说过（日本人把）河开口子，他们把老百姓淹了，他吃啥？

张俊德

采访时间： 2007 年 5 月 3 日
采访地点： 曲周县曲周镇北王庄
采 访 人： 崔海伟　张国杰　袁海霞
被采访人： 张俊德（男　82 岁　属兔）

我上过一年小学。从小住曲周县城北王庄。鬼子来之前，家里有 7 口人，爷爷、奶奶、爸爸、妈妈、两个兄弟、一个妹妹。家里没地，做买卖推小车，卖韭菜什么的，还能吃饱。当时村里没有地主。

我10岁的时候第一次见日本人，他们是从邯郸过来的，穿黄军装，有飞机。民国26年，12架飞机炸了河东。鬼子来后住圣人殿（现县委）。鬼子刚来时不抢东西，后来下乡扫荡，有啥抢啥。七里开外的火桥村建炮楼，炮楼都是鬼子，后来成了皇协军。当时村里有八路，住农村里，晚上靠近城边打枪。不知道八路有多少，邓小平在我们村里住过。村里有土匪，不知道土匪头是谁。

民国32年，贱年，灾荒，没收成，饿死的人多。村里人能有一半逃荒逃走的，去山西。我们家没逃荒。去逃荒的人有的回来了，有的没回来。民国32年后半年淹了，滏阳河发水。民国32年滏阳河没开口。村里有三口井，井浅，发水时生病的不多，没有听说有霍乱。当时我去邢台做买卖了。霍乱病哪个村也有，有时村里东边不能去西边，可能一边有人得病。霍乱不能治。本村有过，但不多，个别的，哪一家记不清。春子是地下工作中的护士，被抓去当劳工，挖煤，解放后回来。不知道有多少人被抓去，没听说有人被抓到东北去。

民谣：民国32年，灾荒真可怜，八月二三日，老天阴了天，接接连连，昼夜不停，下了七八天。

民国32年有虫灾，蝗虫遮天，声音很大。

采访时间： 2007年5月4日

采访地点： 曲周县曲周镇北王庄

采 访 人： 常晓龙　石兴政　刘　颖

被采访人： 张自才（男　70岁　属虎）

张自才

那年人都受了大苦了，死的人很多，一个村里面出去逃荒的人有大半，大多数人都快要饿死了。那时的病有羊毛疔，疥疮，霍乱。村里得忽冷忽热的人很多，那病传染，说上来就上来了。那时活五六十六七十的人很少，民国32年老下雨，人都种不上玉米，只种高粱怕被淹，滏阳河水经常改道，常常溢出来。井里水很高，人弯腰就能打着水。那年村东头发过大水。村边滏阳河开过口子，是水冲开的。

我是1938年出生的，我见过日本人，他们是来侵略中国的。一个县来几个日本人，净利用我们中国人，那时共产党穿便衣，还没成气候。后来才发展起来。我见过日本人穿白大衣戴口罩。

褚　庄

采访时间：2007年5月2日

采访地点：曲周县曲周镇褚庄

采 访 人：崔海伟　张国杰　袁海霞

被采访人：楚金镶（男　84岁　属鼠）

我上过三年小学，从小就住在褚庄。鬼子没来时，家里有7口人：父亲楚君，母亲楚宋氏，妻子楚王氏，长子楚梦龙，次子楚梦海。鬼子来时我20岁，家里30来亩地，种谷子、玉米、豆子，生活不好，不够吃就再向亲戚借点。

鬼子是从邢台来的，飞机多，有枪有炮。皇协军来了，又跑了，跑到东南。游击队在村里，夜里来。日本人抓人去干活，还打人。中央军没来。

民国32年，大旱，庄稼不收，逃荒到河南，当年回来。抗战时没传染病。

采访时间：2007年5月2日

采访地点：曲周县曲周镇褚庄

采 访 人： 崔海伟　张国杰　袁海霞

被采访人： 赵振华（男　75 岁　属鸡）

赵振华

从小家住曲周县楚庄。鬼子来之前，家里有爷爷、奶奶、父亲、母亲、两个姐姐、两个妹妹。爷爷赵老霍，奶奶赵张氏，父亲赵鹏举，母亲赵胡氏，大姐赵桂竹，二姐赵氏，大妹赵玉祥，二妹赵玉芳。家里有 60 亩地，种小麦（不多）、玉米等。

抗战时，鬼子从东北来的，住在县城，本村无炮楼，张庄有。日本人抓人去修炮楼。八路比鬼子多，共产党不明显，暗地组织。村里没土匪，有小偷小摸。鬼子啥都抢，皇协军比日本人多。

1942 年、1943 年天不下雨，河里没水，共产党打井，村里人喝井水。逃荒的人多，但我们家没逃。当时村里有三百来人，有饿得走不动的。爷爷懂医术，给人扎针（针灸）。见过霍乱，肚子疼，上吐下泻，只知道上吐下泻。爷爷可能给别人治过霍乱，不知道霍乱能传染，我们村没霍乱，见爷爷治过霍乱。

天上有飞机，日本人没给村里人发过东西吃。日本人在本村不杀人，县城周围 5 里地为保护村。

东　街

采访时间： 2007 年 5 月 3 日

采访地点： 曲周县曲周镇东街

采 访 人： 崔海伟　张国杰　袁海霞

被采访人： 王秉玉（男　81 岁　属兔）

王秉玉

从小住城关东街。我上过小学，7岁上的学，七七事变后退学。没有好好上学，后来给人家做工，勉强维持生活。鬼子没来时，家里有母亲和5个姊妹，母亲王鲁氏。家里没有地，母亲做针线活赚点钱。城关有个穷地主，不知道名字。

我10岁的时候鬼子来了，从邢台来。鬼子穿黄色衣服，戴头盔，1000多人，司令上山，住县委里面。我18岁的时候鬼子走了。鬼子在各个市区都修炮楼，龙台、朝寨、河东、后村、二寨等都有。日本人抓人去修炮楼，当时自己小没去过。当时有八路，郭企之是当时曲周抗日政府县长，不过没有正式的军队。没见过日本人和八路打。国民党退后，八路未到之前，遍地是贼。肖根山是土匪头，后来投降日本。

见过日本人抓人做苦力，不知道抓多少，也不知道去哪儿干活，可能是开煤矿。伪军抢人，抢牲口、粮食，抓年轻人当劳工，杀人，扰乱8年。那时抗日政府力量不行，敌来我退，敌走我打。这儿没有中央军，蒋介石跑了。

民国32年，不下雨。旧历七月下雨，下雨下不大。逃荒，我们没有逃荒，母亲勉强维持生计。记得滏阳河发过水，决过口，决口的地方在南桥口。现在河道都改了。当时淹了好几个县，平乡、鸡泽等。口子是冲开的。洪水过后不知道有没有人得病。

民国32年，没有听说过霍乱，没有得传染病的。民国32年春天闹虫灾——蝗灾，天都遮住了。没听说过上吐下泻，两三天就死去的病人。没见飞机扔过食品，也没分发过食品。那一年，生疥疮的很多，传染，死人，持续了好几年。

鬼子败退后，在毛店村报复杀人。

东牛屯

采访时间： 2007 年 5 月 5 日

采访地点： 曲周县曲周镇东牛屯

采 访 人： 张文艳　王占奎　王春玲

被采访人： 李启元（男　73 岁　属猪）

这个村就叫东牛屯，没变，霍桥乡。民国 32 年灾荒年。咱这住的日本人，老天不下雨，也没井。不下雨，庄稼长不了了。地里也没啥种，荒草一地，雨也不下，再种也晚了。五谷不收，庄稼啥也不收，吃麦叶，卖衣裳，卖孩子，卖了孩子喝两碗糊涂。有逃山西的，有逃东北的，十家走了八家。（在）大路上、大堤上走不动了，这儿躺一个，那儿躺一个。有钱有势力的，nie 有病能治。吃的东西不好，脸都肿了。没人管。人吃人。

这个也是偷，那个也是摸，地里也没庄稼，好几方面呢！小偷拿点，皇协军抢点。（日本人）住城里不大来。皇协军抢，看见谁就抓谁，讹你的钱。在桥那儿修个堡，还保护咱这个村嘞。挡住，怕八路军过来。（民国）32 年，南逃北逃，都逃到东三省了。街上都没人了。民国 32 年那个世道都不能算个世道。那见个小孩，扑扑啦啦打，太小，干不了活，就打。民国 32 年，下了八天的雨，都没啥住哩。有能的多种点儿，少交点。有家底的能种点。那个雨呀，没多深，滏阳河（水）上了河坡了。

采访时间： 2007 年 5 月 5 日

采访地点： 曲周县曲周镇东牛屯

采 访 人： 张文艳　王占奎　王春玲

被采访人： 刘　镇（男　84 岁　属鼠）

刘 镇

天旱，没什么雨，到民国32年秋后才有点雨，不收粮食，地里草一尺高，七八天大雨，就在民国32年过了麦以后，连下七八天，把人都下毁了。人就卖点破衣裳。平地上水有80公分，洼地方都到我胸口这儿。滏阳河都开口子啦。南边一个口子，这水冲得都没办法，把活人冲走。在民国27年那一会儿，大水。那一会儿还没咋开口子，水平漕。

民国32年春天最严重。春天到秋边死的人最多。街上死人抬也抬不及。饿的，又有病。那会儿没医生，得个病就死。都认为这是霍乱病，死的人最多一天有十几个。快得很，上来三四个小时，半晌时间就不行了。传染，越带越多，越带越多，村里三百多人，大部分得了那病就死了。俺家也有，俺这个亲侄子一天就伤了俩。我家三四个人还好一点，没有死。有的很年轻就死了。后半年至民国33年春，那个病正严重呐。人有病时也下雨，老一点都顶不住，年轻还好。老百姓也不知道啥病就死了。没有医生。（日本人）在县里，不管。敌人光在这儿抢你东西。

那个霍乱，民国32年冬民国33年夏最厉害。

刘镇武

采访时间： 2007年5月5日
采访地点： 曲周县曲周镇东牛屯
采 访 人： 张文艳 王占奎 王春玲
被采访人： 刘镇武（男 73岁 属猪）

民国32年前半年下雨，下几天雨咱不知道。在河东在曲周边上，往东北淹了，滏阳河满了，自己开了。霍乱病经常有，扎，叫医生扎，有紧哩有慢哩，紧了要命哩，那是拉稀，拉得不厉害，没啥吃。民国32年过了秋吧，前边下了，下了好几天，肚里不好受，不抽筋，有十几天。得霍乱病的，咱这个村上不少，多着哩。

采访时间： 2007年5月5日

采访地点： 曲周县曲周镇东牛屯

采 访 人： 张文艳　王占奎　王春玲

被采访人： 牛建堂（男　90岁　属马）

牛建堂

我上过小学。民国32年灾荒年。民国32年、33年、34年，三年不收。老天爷不下雨，全靠老天爷。没雨，地里啥都不长。草都不长了。闹蝗虫，苗都吃了。草也吃光了。吃啥，我们这儿种菜，吃菜帮，麻糁，油干。民国32年，有的衣服啥的，都卖了，换点儿麻糁饼。日本人见了啥都抢，房子也烧了。民国32年，那下雨下得很大。逃荒的才多哩。村里剩不了几个人啦。去山西做劳工的，逃到山西光叫干活，不叫吃饭。去十个回不来一个。都死那儿啦！山西也闹荒灾，谁出去谁死。逃东北有的是，当劳工，都死了。

对靠着河，这河常开口子。民国26年王庄开口子，民国32年那会儿没有。得病，多哩很，饿的。光我家死了4口，没啥吃，没个人样了。霍乱抽筋，没听说过这个事。

一亩地（收）30斤，20斤，打一亩地连半个月吃不了就没啦。老百姓全靠地啦。没收哩吃啥？家家饿死人，饿死人也没法埋，走不动。

日本人就在我们县城住。日本人来过，他们穿黄军衣，看见哪家养个小鸡就逮走了。有啥看见就拿走了。有皇协军。土匪呀，远村哩到这个村抢净是晚上来，他不管谁，钻到家里见啥就拿，（土匪）多了二三十个，少了十几个，都晚上来，他们那个名字叫老杂。红枪会、白枪会都是旧社会的事，是在民国32年以前。

采访时间：2007年5月3日
采访地点：曲周县曲周镇东牛屯
采 访 人：崔海伟　张国杰　袁海霞
被采访人：孙洪昌（男　71岁　属牛）

孙洪昌

住曲周县东牛屯。鬼子没来时，家里有父母，两个姐姐，两个妹妹和一个弟弟，父亲孙润山。那时家里有4亩地，种蔬菜，不种粮食，够吃的，能维持生活。鬼子来之前上过几天私塾。1947年开始上学，1958、1959年上过大专。我父亲是中共曲周县第一任县委书记。

日本人在1938年农历三月二十从邱县过来，鬼子扫荡、杀人、抢东西。日本人捕捉过我父亲。1938年唐泽东专员住本村，还有邓政委。当时有土匪，抢东西，叫黑团。土匪不跟八路打，跑了。

村东有一炮楼。那时炮楼不少，每隔几里地一个。曲周的炮楼鬼子多，其余的伪军多。炮楼都是百姓修的，村里分批去人，自己带饭，鬼子还杀人，修炮楼时我们村没有死过人。

村里有人被日本抓去做劳工修路挖煤。有个叫孙守信的被抓到日本，新中国成立后回来。也有去东北的。

民国32年，秋天下过七八天雨，房子漏，没发洪水，庄稼颗粒无收。冬天有人逃过荒，我没有逃荒，因为父亲有才干。外婆、祖母都饿死了。那一年滏阳河没有决堤。大雨过后生病的不多，没听说过疾病流行。听说过霍乱，但是我们村没有流行过，没人得。新中国成立前后流行过黑热病。民国32年没听说过传染病。

听说那时日本的飞机经常来轰炸。日本人没有发过东西吃。

那时河井多得是。旱井我们村东有一口，水质很好，下雨后也是喝的这井里的水。1941 年、1943 年发生过蝗灾。

后河东

采访时间：2007 年 5 月 5 日

采访地点：曲周县曲周镇后河东

采 访 人：崔海伟　张国杰　袁海霞

被采访人：刘日升（男　89 岁　属羊）

刘日升

一直住曲周县河东。小时候有母亲，弟兄四个，母亲刘李氏。家里没地，母亲卖油条，哥哥做工，不够吃的，干活赚吃的。村里有地主，叫刘守光，有给他干活的，我们没有给他干过活，不缴地租。村里有 5 口井，都是吃这井水的。我上过二三年小学，以后就没上过学。

我第一次见日本鬼子时 19 岁，不知道他们从哪儿来的。穿黄衣服有枪有炮，还有汽车飞机。民国 26 年、27 年飞机轰炸过曲周。日本还没来时就把这儿好炸！滏阳河桥上有钉子，我去修过钉子。村里让去修的，啥时叫去啥时就得去，自己带饭。我见过八路，但是在城外，不是在这里，不过没见过八路和日本人打仗。村里没土匪，日本人抓人逼着当皇协军。

民国 32 年，旱灾，灾荒年。我们五六月份逃荒到山西，从曲周坐车到邯郸，再从邯郸坐车到山西。在山西做工赚钱。民国 33 年回来的。听说下过七天七夜的大雨，七八月里下的。听说发过洪水，决过口。没听说有得病的，当时我没在家。有很多饿死的。听说过霍乱，没见过，当时不在家。

村里有被抓到日本去做劳工的，挖煤窑，受罪。

采访时间： 2007 年 5 月 5 日

采访地点： 曲周县曲周镇后河东

采 访 人： 崔海伟　张国杰　袁海霞

被采访人： 王天河（男　87 岁　属鸡）

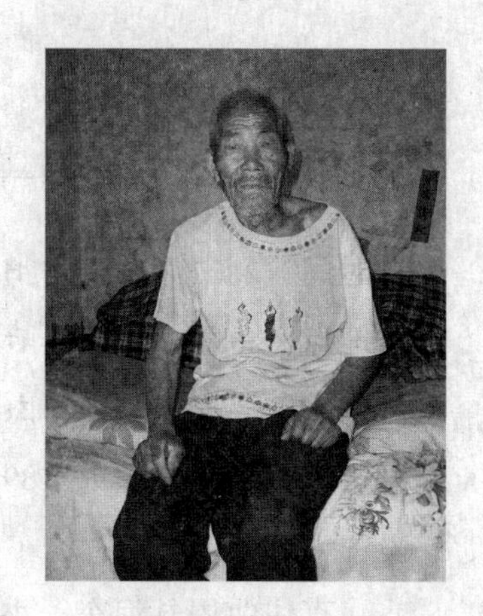

小时候家里有父亲、母亲、弟兄四个，我是老四，一个姐姐，还有叔叔。父亲叫王明堂，母亲王王氏，家里有三四亩地，种麦子，够吃的。当时有地主，后河东和前河东是一个村，那时候叫河东，曲周县河东。我上过两年小学，日本鬼子来了之后就不上了，后来就出去做买卖。十七八岁的时候出去的，新中国成立时就回来了。

我见过日本鬼子，是从邢台来的，穿黄呢子衣服，有枪炮，没有特别大的炮，有飞机。日本人不抢东西，皇协军抢。开始没有八路军，后来就有了。晚上来了，白天又走了。八路有时候跟日本人打仗。有土匪，但不成气候。

民国 32 年是灾荒年，开始有蝗虫灾，蚂蚱，庄稼苗都毁了。有很多人饿死了。河开了口子，淹了好几个村。有霍乱病，都是饿的。没有浑身抽搐的病人。村里有井，喝井水。不知道有死得快的病。有逃荒的，我没逃过荒，他们都逃到山西了。后来有回来的

日本人修过钉子，我们村也有。钉子里有日本人，也有皇协军。在城关十几里就有一个，城里的钉子里都是日本人，城外的都是中国人。

不知道有没有被抓到日本当劳工的。

黄　庄

采访时间：2007 年 5 月 5 日

采访地点：曲周县曲周镇黄庄

采 访 人：范　云　李　娜　郑效全

被采访人：黄国祥（男　73 岁　属猪）

我打小在这住。

民国 32 年一连下了七八天大雨，滏阳河开口子，玉米都淹了，才长籽来，高粱没收，死得太多了。人吃人，一片片没人。大人不顾孩子，浮肿。有得病的，伤寒，不出汗，憋死了。60 天就没了。得伤寒的人多了。第二年蝗虫。吃蚂蚱救人。

原有百多口人，逃荒到河南（黄河以南）、山西、东北，就剩两三人。

日本人，皇协军，打八路军的，有点东西都抢走。日本人见小孩亲，离了城远了就不行了。日本人不抢城边的人。没杀过人。日本人在城里住，炮楼里住皇协军，住三四十人。日本人住了 8 年，日本人到下面扫荡找八路军，只要怀疑就枪毙。

没见戴口罩的日本人。坏的是本地人。日本人给小孩点花，种麻疹。麻疹长麻子，能长死。日本人不得麻疹。

霍乱是传染病，痧子霍乱，肚子疼。拿针扎，扎针出黑血就好了。不少，下大雨也有。拉肚子、上吐下泻，那都有，快，一天两天的事。霍乱大人多，先吃凉的后吃热饭，就犯上来了。痧子霍乱厉害，不是都得。日本人不管。

井水，钻井，一个村一个井，离俺家两里地，没听说有人往里扔东西。

滏阳河在俺村三里地，在塔寺桥村开过口子，水往东流，淹鸡泽平乡镇，“南桥口开了口”首先淹鸡泽，平乡地。天下的雨大，水就冲开了。日本人没炸过河堤，下雨，滏阳河开口子也淹。

采访时间： 2007年5月5日

采访地点： 曲周县曲周镇黄庄

采 访 人： 范 云 李 娜 郑效全

被采访人： 黄 全（男 82岁 属虎）

民国32年，我17岁了。塔寺桥离这里8里地，塔寺桥村东边开了口子。八月二十一开了。老天下雨，七月初五阴了天，十二才下，耩地。七月十二才耩地，八月二十一开了口子，下了八天，没停过，愣下。八月二十左右有蚂蚱，高地方吃了，低地方淹了。塔寺桥开了口子淹了这边，没人管，有了病都没人管。连饿带病，屙屎，都屙坏了。吃不好。村不大，每家都有饿死的人，年轻人都逃出去了。上年纪的人都死了。原有150到160人，剩48人。

日本人抓人当兵，在曲周当伪军，离这里三里地。有的送到太平洋。我膀子长疮，脚上有毒瘤子。我不干，给多少钱也不给日本人当兵。

日本人炸曲周。腊月二十四，日本人进的曲周城。曲周边有河，塔寺桥有皇协军占着，日本人在那扎着。一冲，没人挡，日本人、皇协军不管，没人挡就开了口子。村转周都是水，日本人没炸过塔寺桥。

日本人有飞机。在村里飞，比房顶稍高点。愣大，飞机有机关枪，愣打人，这里没打死人。八路军有游击队，人少。皇协军抢东西。我不是党员，上过一阵学，上过一个春天。

采访地点： 曲周县曲周镇黄庄

采 访 人： 李 娜

被采访人： 田宝庆（男 71岁 属鼠）

1943年，灾荒真可怜，下了七天七夜。屋漏，到处漏。那时大概有一百六七十人，在荒年连死带逃，剩下不到100人。灾荒年有霍乱病，传染。肚子疼，拉肚子。上呕下泻。扎针扎大腿胳膊，放血。得这个病，死了没人埋，死得快。一半天就不行了。得病了之后不能吃不能喝。下雨之前也有霍乱，不过很少。下雨之后就多了。

当时日本人穿黄衣服，有戴口罩的，也有不戴的。在村东南，有河口。民国32年滏阳河开过口的，自己开的。

民国32年来过飞机，大家见了就跑，日本飞机炸过曲周。

采访时间： 2007年5月5日

采访地点： 曲周县曲周镇黄庄

采 访 人： 范 云 李 娜 郑效全

被采访人： 王秀芹（女 72岁 属鼠）

我原来住曲周县城。民国32年下了七八夜，下得房倒屋塌。秋天下的，淹的淹，旱的旱，饿死多少人，年轻人跑得动的到山西了，去山西当劳工，挖沟，下煤窑。

民国32年，老天真可怜，接连下了七八天。曲周县城也淹了。得病，伤寒病、霍乱病，上来就死了。伤寒是出不来汗就死了。霍乱是肚子疼，扎针，扎胳膊弯的筋，扎针出血。得病的人多着哩。痔，手上长脓包。啥病都传染。吃井水，有水，没粮食吃。日本人不给治病。没见戴口罩。没有医生，不知道有没有人往井水里扔东西。伤寒，扎筋霍乱就那几年，以前小没听说过，后来就没了。得霍乱时间不长。

冀 庄

采访时间： 2007年5月2日

采访地点： 曲周县曲周镇冀庄

采 访 人： 崔海伟 张国杰 袁海霞

被采访人： 胡庆元（男 83岁 属牛）

胡庆元

鬼子来之前家里有爷爷、奶奶、父母、兄弟4人、叔叔、婶子，我是老大。爷爷胡均，奶奶胡王氏，曾祖父胡老王，父亲胡春华，母亲胡汪氏，叔叔胡振华，婶子胡孙氏，二弟胡庆荣，三弟胡庆云，四弟胡庆祥，叔叔有两个女儿，一个儿子，分别叫胡秀月、胡家月和胡庆林。家里有30亩地，种菜，有黄洋（白菜）、葱、茄子、辣椒、韭菜，也种庄稼，有玉米、麦子等，一家人够吃的。

我从小就住在曲周县第一区冀庄村。那时村里有地主，要交租子，交多少不知道。我的曾祖父给地主种地交7%的租子。我上过学，中学，日本投降后上的，鬼子来之前上过私人小学。

我与鬼子打过仗，杀过鬼子，我爷爷被伪军杀了。听说鬼子从邢台来，1942年我第一次见日本人，他们带着武器，有三八大盖、重机枪、炮。村里有土匪，鬼子来了土匪就少了，被八路消灭了，土匪势力小，敌不过。八路和鬼子经常打。鬼子修了很多炮楼，炮楼里大多是皇协军，也有鬼子。

1943年荒年，家里人逃荒，父亲去河南，叔叔去东南，没吃的，1944年回家，就能种庄稼了。逃荒时不下雨，旱。

冀考德（音）1942年春天被抓到日本做劳工，日本投降后回来了。冀书倍（音，小名）被抓去做治安军，跟皇协军差不多，不过后来又跑回来了。河东有人被抓到东北做苦力。很多人做苦力，日本人经常抓人。当时我们这儿没有国民党，南宫县有国民党，被八路赶走了。国民党有区长，不知道叫什么名字。

1940年左右，玉米、高粱熟了的时候发过洪水。发洪水的时候村里人喝的都是井水。村里就一口井，发洪水时没淹，井水很干净。发洪水后有生病的，听说过浑身发冷、抽搐的病人，有拉肚子的，而且很普遍，洪水过后有的，之前没有。那时村里没医生，家里人有病也到邻村找医生，都是中医。得病后死的人很多。我家里人有没有得病记不清了。发病时，不知道是哪条河发的水。发洪水时，日本还没有进中国。不知道鬼子决堤卫河。抗日时有虫灾，但是记不清了。

听说过村里有得霍乱的，而且有不少人，可不知道是谁得的。不知道霍乱的症状。大水前后发霍乱，听说扎针（针灸）治霍乱能治好。老霍扎的针。得霍乱的时间是秋后，八月以后，但什么时候停的记不清了。

采访时间：2007年5月5日

采访地点：曲周县曲周镇西牛屯

被采访人：纪芙蓉（女　80岁　属龙）

没上过学，娘家在冀庄地，民国32年我在冀庄咧。16（岁）来到这里，民国32年有四五亩地，5亩地卖给人家换了白高粱。房子卖给人家换了两斗面。民国32年俺哥也饿死了，俺爹也饿死了。

南　街

采访时间：2007年5月4日

采访地点：曲周县曲周镇南街

采 访 人：崔海伟　张国杰　袁海霞

被采访人：苗　英（男　82岁　属虎）

苗　英

住曲周县南街，村名没变过。上过两年小学，日本鬼子来了就不上了。

小时候家里没地，靠卖布赚钱。家里有母亲、两个哥哥、妹妹，母亲苗任氏。

我十二三（岁）时第一次见鬼子，他们是从西南来的，我当时很害怕。鬼子穿黄色衣服，有枪，有刺刀。飞机先炸了城，后来日本（鬼子）才来了。鬼子来了后住圣人殿。那会儿钉子很多，两里地就有一个。我去修过钉子，皇协军让去的，待了两年。没见过日本人在城里抢东西。钉子里日本人和皇协军都不多，也就十几个，出来抢东西。当时有八路，但是很少。八路和日本打过，而且经常打。有土匪，土匪啥也抢，我不知道土匪头是谁。

民国32年，灾荒年，旱，有虫灾。要饭吃，有逃荒的，自己没去。没记得那一年下过大雨，也没淹。民国32年，我住在姨家，在朝寨，有传染病，小孩死的多。没听说过霍乱。有上吐下泻、浑身抽筋的病人，听说的，自己没见过。那时村里没医生。村里有被抓到日本去做劳工的。有屠杀现象，但不多。

采访时间： 2007年5月4日
采访地点： 曲周县曲周镇南街
采 访 人： 崔海伟　张国杰　袁海霞
被采访人： 徐　茂（男　80岁　属龙）

徐　茂

上了二三年小学。一直住南街，没有变过。小时兄弟三人，母亲徐任氏。家里没地，母亲干针线活赚点钱，吃不饱。当时村里有地主，不过不交租。

记不清什么时候第一次见到日本人，只记得他们穿黄色衣服，有枪有炮，住在东街。当时鬼子修了不少炮楼，我没去修过炮楼，因为日本人跟城关要人不多。日本鬼子来了之后疯狂地抢东西。我见过皇协军，他们也抢东西。我见过八路，不知道有多少。八路和日本人打仗，不过我没见过。当时有土匪，土匪头肖根山后来做了皇协军，新中国成立后被杀了。

民国32年，灾荒年，不下雨，没收成，有逃荒的，不过我家没逃过。记得下过七天七夜的大雨，记不清是那一年了。民国32年饿死的人很多，不知道有没有得传染病的。当时大人小孩死的都很多，谁也顾不得谁了。听说有过霍乱，而且有很多，记不清是哪一年了。当时是用土法治病。不知道霍乱啥症状，没见过得霍乱的。村里有井，吃的都是井水。

当时有虫灾，记不清具体是什么时候。

不记得村里有人被抓去做劳工。听说过日本人杀人。

南辛庄

采访时间： 2006年5月2日

采访地点： 曲周县曲周镇南辛庄

采 访 人： 穆 静 王 浩 靳爱冬

被采访人： 苗玉让（男 83岁 属牛）

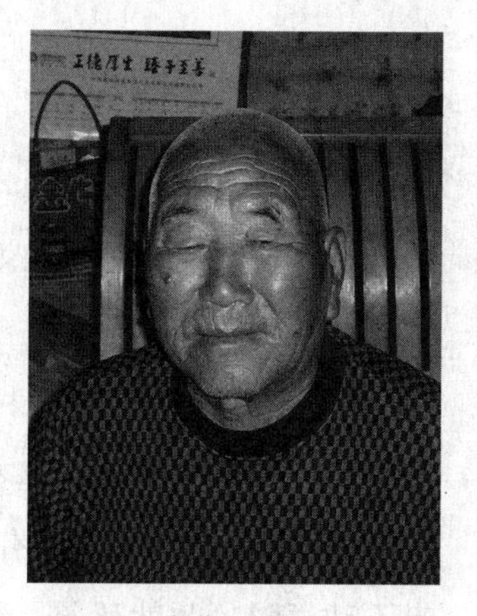

苗玉让

民国32年七月初六逃难走，那年闹灾荒，因为干旱逃到山西，走时没下雨，走到半路上下过雨。在外待过3到4年，走之后没听说过这里发过大水。知道1963年、1956年发过大水。逃难回来后没有听说过得霍乱死的。逃到山西这几年靠打工生活，母亲饿死了。

民国32年时有日本人，住在城里。皇协军离这四五里地有炮楼，东北角也有炮楼。日本人没来抢过东西，皇协军来抢过东西。八路军游击队也来村里。饥荒时，八路军、日本人都没来发过东西吃。

日本人刚进中国时，见过日本飞机，炸曲周城，当时有国民党政府，没有在村里扔过炸弹。

国民党刚走，日本人没来时，土匪很多。这个村没听说过有当土匪的。土匪白天来，明着向村里要东西，没有杀过人。皇协军来以后土匪就没有了。当时村长八路军、皇协军两方面都照顾。村长收粮食给八路军、皇协军。当时愿意给八路军粮食，因为知道八路军好。

皇协军每次都来一大伙人，他们一来（村民）都跑了，满地里跑。皇协军带着枪来，打过人，不杀人。村里经常有村民被皇协军抓去修炮楼，不给饭、不给钱，不打人就是好事。没有累死的，都回来了。

有抓劳工的，抓到东北掏煤。有的也抓到日本，有回来的，也有没回来的，没回来的好像是累死的。没当过兵。

上过小学，新中国成立前后都上过。

牛　庄

采访地点：曲周县曲周镇牛庄

被采访人：牛凌才（男　86岁　属猪）

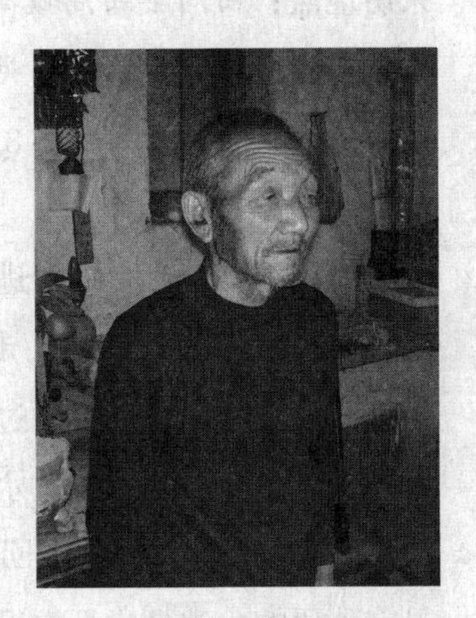

牛凌才

民国32年，日军来村里，都把东西抢光了。村里都逃荒了，基本没人了。逃荒的（人）很多都出去了。没有回来。死到外面，走不动，眼一蒙就死了。天灾，旱灾，差不多一年没下雨了，地上都没庄稼。后来七八月阴了三天，下了七天七夜的雨。下雨之后就没发大水。从这儿到永年开了小河，用船载了麦种。都饿死了。没有病死的。我们这儿倒是没有霍乱。其他村有没有长病的就不清楚了。好多户都是病死的。

民国33年，日本人都在曲周城上住，都是来抓共产党的。皇协军都到村里来抢东西。有钱没钱的都抢。过来都排着队扛着枪，都喊着要东西。日本人穿的是黄衣服白褂。家家都没有病，都饿死了。年轻的见了就抓，我被抓了一回。顺着滏阳河押走了，去干活，叫人做就做。都是做奴隶的。抗日的时候有土匪，他抢东西，后来就被共产党毙了。日本飞机见过，在下大雨的时候。用机枪呼呼地打，接着整个村都被淹了，还把桥都炸断了。光步枪、机关枪哐当哐当地响。

民国29年有蝗灾，遍地都是蚂蚱。从南边过来的，日本人来的8年，河都没干过。滏阳河都没干过水。滏阳河1964年发过大水，决过口，后来就没发过水。没决过口。1954年就是有一次。

那时候，有当皇协军的，也有当八路军的，八路军都在农村里，日本人住在离曲周七八里。

彭　庄

采访时间： 2007年5月2日

采访地点： 曲周县曲周镇彭庄

采 访 人： 穆　静　靳爱冬　王　浩

被采访人： 胡玉祥（男　79岁　属蛇）

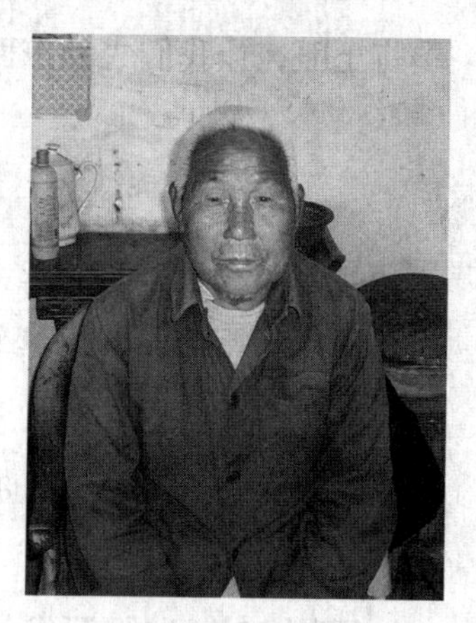

胡玉祥

民国32年正月逃到北京石景山，逃荒，两个兄弟都饿死了。二月又回来了，在邢台附近碰见了老乡，一起回来了。回来之后，撤到牛庄。

民国32年，发过大水。七八月份发的大水，雨下得很大，下了七八天，水没过河堤，曲周城开过口子，（河堤）自己大水之后开的口子。没有来救的，平地有胸口深。发的大水之前一百多口人，饿死的人很多，人穷的饿的，逃荒死在路上的。人本来少。村上的人都逃到别的庄了。

民国32年发大水死的人可多了。我家我娘、俩兄弟都死了。听说有人得了霍乱，于八操（音）得霍乱病，得这病的没几个，都治好了。扎完针，出黑血就好了。发大水之前，就有过这种病，没有得了这种病死的。我岳母得过霍乱。

10个日本鬼子领一群皇协军。有人好有人坏，后来都崩了。见过日本鬼子，穿着大军衣，皮靴，跑得不如中国人利索。是皇协军抢（粮食）。日本人来运煤炭，见过汽车运过煤炭，八路军不敢露头，八路军不抢东西，老百姓都欢迎。

大水后，日军用船来运东西，煤、铜。运到曲周造子弹。民国32年前，日本发给每个人五角钱来救济。八路军来救人，发东西。没有见过八路军与皇协军打仗。

曲周县城的人当皇协军，给日本人干活，多少发点钱，管饭。八路军来得不少，学点东西很快就忘了。

民国32年土匪多了，来了专门抢东西。当土匪的多是外庄的。八路军打土匪，让我们去领东西了。

采访时间：2007年5月2日

采访地点：曲周县曲周镇彭庄

采 访 人：穆　静　靳爱冬　王　浩

被采访人：王玉鹿（男　80岁　属龙）

王玉鹿

民国32年滏阳河发过大水。曲周县城开过口子，黄河下的水（漳河的水），西南过来。农历七月份，下了七天七夜，没住。逃到山西、河南等地。死了很多人，原来一百多人，逃亡的有四五十人，死亡的有三四十人，剩下30人。多是饿死人，不去区分饿死还是病死。原来吃饱了，病好了，发大水以后，得了这种病，只在民国32年有，以后就没有了。当时就叫霍乱。村里有五六个人得了此病，胳膊放点血。我自己也得过霍乱，血发黑色，传不传染不确定，只是肚子痛，吐痰，得了此病，自己有 17 岁。没死的都好了。

弟兄俩得了此病没求神，发病是水灾之后。日军没有救济，喝水要靠井水喝。村口都是土匪，他们都是村周围的人。土匪头目张沙林。

发大水和日本人没有关系，（河堤）是发大水自己冲开的。

白天八路军不敢来救的。日本人在离这里 4 里地有日军碉堡。皇协军和汉奸来抢东西，日军住在曲周城。日军没杀人，抓去修碉堡，不给钱，不管饭，都出来回来了。

田　庄

采访时间： 2007 年 5 月 5 日

采访地点： 曲周县曲周镇田庄

采 访 人： 范　云　李　娜　郑效全

被采访人： 田容茂（男　73 岁　属猪）

上过小学两年。

民国 32 年，大灾年，草籽没见。民国 32 年七月下了七天七夜大雨，没停过。村里没淹。村里人逃荒，到山西，平阳府。原来七八十口人。死的人数不上来。我没出去。没走的饿死家里，有点病也没人治，啥子没有，谁也不顾谁了。浮肿病，胳膊腿粗。村里有一个土医生，霍乱有，肚子疼，扎扎就好，扎腿，扎了就能顶住。扎针一般不出血，挑的话是黑紫色的血，基本上不传染。痧子霍乱就是霍乱。村里得霍乱的人不多，大人多一点。

西南就那一个大井，水苦，没盖，来回三里地。

日本人穿黄衣服，不戴口罩，在村西头来抢粮，没给小孩打麻疹。在曲周镇，有日本飞机，飞得不高。民国 32 年在滏阳河上边飞过。民国 31

年滏阳河决口是自然性的，滏阳河开口子淹的面积不小。日本人在这，没人管事，有了窟窿，水大就塌了。

日本人在城里住，日本人来这修马路。村东有炮楼，一个县里没几个日本人，本地皇协军，国民党和皇协军一回事。村里有地下共产党。黑天才露头，一个叫田广仁，田有贵、田有发、田右龙、田荣庆、田耕耘，现在都不在了。有一个在一九五几年得过伤寒，我是1952年入党的，一直在村里干，当民兵队长，大队长，村里队长。

民国33年麦就收了，四月里蝗灾，秋后从南边过来又一批。

采访时间：2007年5月5日

采访地点：曲周县曲周镇黄庄村

采 访 人：范　云　李　娜　郑效全

被采访人：王秋兰（女　76岁　属猴）

王秋兰

民国32年下了七八天大雨，八月下的。下得大着哩。人都饿死了。田庄是俺老娘家，饿死的多。

见过日本人，穿黄衣服，戴钢盔，不记得戴口罩。日本人没杀过人。

滏阳河开口子，不记得什么地方开的口子，曲周县城转圈有护城河，淹不到曲周县城。伤寒没听过，住的地方没人得，痧子霍乱听说过，抽筋，拉肚子，扎针出血就好了。

采访时间：2007年5月5日

采访地点：曲周县曲周镇田庄

采 访 人：范　云　李　娜　郑效全

被采访人：岳　群（女　81 岁　属兔）

民国 32 年七月份下了七昼夜的大雨，在一公里外有井，到那来回打水吃，丈夫不在时，拿盒、罐和孩子去抬水。民国 32 年不到 100 人，连死带逃荒有 70%。不能动，躺在床上，饿死了。浮肿病，霍乱病，传染，肚子疼，拉屎，扎针放点血，上哕下泻，多半天就没了。中了凉，饿，生活条件低，没抵抗力。下了雨之前有霍乱，少，下了雨霍乱多了。

滏阳河，村东南一公里处有口，经常开口子，水从东边向北边，将村子淹了，一直有人护黄口的堤。日本人来之前就开过口子。

村头有炮楼，住的皇协军，老人抓俘，青年抓工。见过日本人从村里过，到家里拿东西。穿黄衣服。

日本飞机炸过曲周。曲周城边有护城河。一听飞机响就躲到防空洞。日本人抓劳工。抓劳工到东三省，山西大同挖煤，死那就是埋到万人坑了。

我丈夫灾荒年当兵了，当过曲周县的县长，供销社的科长，几个孩子都有工作，现在生活都好了。

西刘庄

采访时间：2007 年 5 月 6 日

采访地点：曲周县曲周镇西刘庄

采 访 人：靳爱冬　穆　静　王　浩

被采访人：常光荣（男　78 岁　属马）

常光荣

小的时候，家里有 12 口人，包括两个妹妹、三个弟弟、一个哥哥、父母、大伯、大娘。其中一个兄弟饿死了。小时基本都住在这里，靠种地（约 30 亩）为生，主要种高粱、谷子、玉米、豆子之类，但也有时不够吃，要过饭，但没给别人种过地。当时这个地方是个芦苇坑，为了过活，冬季就用芦苇编东西卖，夏季就卖菜。村里都吃小盐，在曲周县城里买的，油是菜籽油。

鬼子来时，自己才八九岁，日本人都在曲周县城。张庄东南有日军的炮楼，住的是皇协军。皇协军经常来村里抢东西，要面要油。鬼子来的时候不多，也没干过什么特别的坏事。但村里来过两个鬼子，被八路打伤了一个，并将他拉过来弄死了，但后来也遭到了一群鬼子的报复。

1943年是灾荒年，无水浇地，春旱，下雨晚，庄稼种不上，大部分人家没吃的，后来种上了秋苗，但是刚长出芽来就上冻了。没办法，很多人就逃荒走了，自己是雨后走的，不太清楚雨下了多长时间，但雨下得不小，村里、地里都淹了，到处都是水，曲周滏阳河开了口，不知道御河有没有来水。

灾荒那年，雨后井水与地面齐平，下雨时房子漏，屋里、院里都是水。那时有时喝生水，有时喝开水。家里人雨后没有得病的，其他家的情况不清楚，很多人都饿死了。以前有得大肚子病的（主要是小孩），不知怎么治好，也有得"发白子"病的，一会儿热，一会儿冷；听说过霍乱，一上来肚子疼，大都是中年人。

采访时间： 2007年5月6日
采访地点： 曲周县曲周镇西刘庄
采 访 人： 靳爱冬　穆　静　王　浩
被采访人： 陈记周（男　81岁　属兔）

陈记周

民国32年，有个小歌谣：民国32年，灾荒真可怜。男女老少计算起来，死了一多半。

当时自家只有五六亩地，一直给地主种

地，收成有时是三七分，有时是四六分。自己纺过线，织过布，拿到集市上去卖，然后买回东西来吃。民国 32 年也做过鞋子去卖，鬼子来收税。村里吃小盐，后来盐侯不让吃小盐，但大盐贵，买不起。

民国 32 年，雨下得晚，种苗后，下霜又早，苗都冻死了。大约是八月二十一开始下的雨，下了七八天。昼夜都下，有时紧，有时慢。雨后发了大水，挺深，曲周滏阳河的桥附近堤坝决了口，是自己冲开的。一下雨，八路、鬼子就都让去堵口，我也去了，但没堵住。决口发大水淹死了不少人。三天内水就完全退了，房子有的倒了，有的没有。

村里有肚子疼得霍乱的，母亲得过，死了。村子里得霍乱的很多，死过很多人，有逃荒的。但有些人扎出黑血来就好了，但是治好的少。得过这种病的，雨前雨后都有，灾荒年有很多人靠野菜过活。北部胡金口有卖子食人的，见过两个女人割一个死人身上的肉吃，区长见了也不管，装作没看见。

民国 32 年闹过蝗灾。

附近有碉堡，炮楼，宪兵队比皇协军级别高。周围还有土匪，有红枪会等。村子里有八路军，组织村民挖河，破坏日军的交通。村长和农民是一伙的。1956 年发过大水，之后得霍乱的少，1963 年也发过。

采访时间： 2007 年 5 月 6 日

采访地点： 曲周县曲周镇西刘庄

采 访 人： 靳爱冬　穆　静　王　浩

被采访人： 刘春林（男　80 岁　属兔）

刘春林

党员，没上过学，家穷上不起，刘庄就是老家，属曲周县。小时家里有 8 口人，父母、姊妹 6 个。当时家里有地，很少，17 亩，主要种玉米，不够吃，就到集市上卖饭

（馒头、烧饼、包子等）获点利。再不够吃就向邻居借点粮，一般都是春借秋还，每次借30斤，还33斤。家里吃小盐，是自家刮土用水淋的，村里的大部分人都吃这种盐。小盐公家不让买卖，村里有卖大盐的，小时吃的油是棉花籽油。

鬼子来时，我正好13岁。曲周县城里有鬼子，东南方的张庄有钉子，东北的龙滩也有。鬼子经常到村里来抢东西，那时把村子圈起来称为“爱护村”，遇见小孩，就把兜里的糖分给他们。鬼子大都骑马，开车的少，见了大人就让遛马。

但1943年开始就烧杀，随便找个理由说你私通八路，就让你去挖沟，不挖，就用刺刀豁了你。我也给他们挖过沟，一明就去，一黑就回来。5亩地要去一个劳动力，不去就得雇人去，去了一天6个锅饼子，够不够就这些。

日本军下设宪兵队和皇协军，宪兵队属日军的直系部队，皇协听宪兵队的，宪兵队有些是从东北带来的人。虽然八路说皇协（军）是坏蛋，但我认为他们只不过是混饭吃，皇协里也有孬种，经常抢百姓的东西。当时有土匪，头目有“大头”、王兰贤、“巴掌钳”、李二虎等。

1941年老天就不下雨，1942年也是不行，天大旱。1943年一开始是春旱，后来是秋淹，也没了收成；没吃的只能到地里挖野菜，刮树皮过活，后来实在没办法了，就逃荒了。我家是秋后逃的荒，村里320多口人，逃了300多口；一般都逃到了河南、山西。

灾荒年八月份下了八天八夜的雨，那时，枣还是青的、顶大，不甜，就煮煮吃，但那个也吃不长，就逮蚂蚱吃，下雨时也有，把它抓来，放进锅里炒炒吃。雨后房子都不像样了，房倒屋塌，已经没有好东西了；街上的水有齐腿根深，滏阳河、下游的紫阳河、南边的御河也来水了，村里人有去堵的。一马平川，没处找井，就不挑水了，直接把墙根下的水烧开了喝，年轻的就直接喝生水。

当时有不少得病的，说是霍乱，很多人都死了，没人抬，也没人埋，家人没得的，不清楚啥症状，得了也没处找医生，没吃没喝的谁还去找医生？说不准有没有扎针的，当时鬼子没到村里来。

我见过鬼子，穿黄衣服，没见过戴口罩的。1942（？）年我参了军，就在本县，看守被关押的土匪和皇协军，地方不固定，人数也不定。部队里没得怪病的，部队吃小米饭，是上级刘邓发的。

说书的说灾荒年的情况：针穿黑豆上街卖，河里长草上秤称；二十多的小寡妇，倒贴光棍两烧饼；十七八的大姑娘，只值两吊钱；四五十岁的老妈妈，娄巴娄巴填粪坑。

采访时间： 2007 年 5 月 4 日

采访地点： 曲周县曲周镇西卢王庄

采 访 人： 周燕楠　姚一村　杨兴茹

被采访人： 牛刘氏（牛奇山配偶）

（女　77 岁　属羊）

牛刘氏（右）

娘家西刘庄。民国 32 年滏阳河开口子，南边南牛庄开口子，河堤崩了，水淹到这里了。挡了，没挡住。我去了，村里都去。拿布袋，木门挡，挡不住。口子宽着哩。过道这么长（10 米左右），冲的。不是挖开的。

下雨前后都有这病。肚子疼，疼得直不起腰来了，躺地上一伸腿就死了。身上跟着了火似的。村里有十几个人都死了，哪个村也有。

见过日本人，逢人就打。问你要钱，要东西。小，围住了，不能出门了。

西卢王庄

采访时间： 2007年5月4日

采访地点： 曲周县曲周镇西卢王庄

采 访 人： 周燕楠　姚一村　杨兴茹

被采访人： 牛敬奎（男　72岁　属鼠）

牛敬奎

一直在这住。人多，都走了。我老四，在家。民国32年六七岁，记个差不多。民国32年四月走的，逃荒了，在曲周住了一年，近。民国32年过蚂蚱，秀了穗，把穗都咬了。下雨七八天，念成歌了。没河水，没决口，都是下的。民国32年以后，在曲周北边，挨着曲周开的。南牛庄开口子，有这回事，是民国32年以后，那时候20多（岁）了。都看河堤，开了，人回来了。

霍乱，听说有，没见过。一上来肚子疼，死得快。不知道咋治。拿针扎，扎肚子，挑舌头，管事。不多，这一片没咋，槐桥那有。

见过日本人，来过村里，逮鸡。西边牛屯，住着皇协（军），来村里。

有黑团，随便拿百姓东西，不敢惹。听说袁庄有大刀会。黑团也不算土匪，他白天来。土匪夜里来。（黑团）和皇协（军）不一样，穿黑衣服，皇协（军）穿黄衣服。共产党穿一身灰，老土布。庄稼人都穿黑衣服，黑团和老百姓一样。有村长，不顶事。自己选的，有口才，能说，就叫你当干部。有事就敲锣。听说放臭炮，没见过。

四哥当八路军，死外边了。八路军有自己的政府，东边二三十里地，不明。八路军不拿一针一线，不要吃的。八路是暗的，不敢惹日本。炮楼有，皇协军。曲周住皇协（军），日本人。

抓劳工是叫人干活，自己拿饭去，不挨打就好事，没有去东北，日本的。来跟村长要。

采访时间：2007年5月4日
采访地点：曲周县曲周镇西卢王庄
采 访 人：周燕楠　姚一村　杨兴茹
被采访人：牛奇山（男　83岁　属牛）

牛奇山

一直住这村，民国32年逃荒出去了，不在家。民国32年过了麦回来的。头年走的。民国31年走的，过了一个年。灾荒年下雨，淹了。下雨后走的逃的不少。下了七八天，淅淅沥沥的下。当时400口人，逃的有十五六户。

家里有七八口人。父母、嫂子、我都出去了。逃到太原，给人家种地。有霍乱病，不在这，说不上来。听说是烧得慌，肚子疼。

采访时间：2007年5月4日
采访地点：曲周县曲周镇西卢王庄
采 访 人：周燕楠　姚一村　杨兴茹
被采访人：牛书林（男　81岁　属兔）

牛书林

一直在这住，没上过学。

民国32年没逃荒，饿够呛。旱灾，一年没下雨。净小雨，不顶事。民国32年淹了，八月份上旬，下雨七天七夜，房子都下倒了。有河水来，滏阳河水。开口子了，在曲周河东。没人挡。南牛庄开过，是九月开的。南桥口开了，晚，不是民国32年，解放后开的，1952年、1953年。当兵回来了，记得。曲周河东是8月底，（两次开口）隔一个月。不是挖开的。

霍乱病，还早。民国几年，两三岁。浑身烧，烧死了。死人多。我家没有，村里有。死得快，12个钟头就死了。听说的，没见过。民国32年黑色病，不能吃，光能喝口水，喝了就吐。这个病没死的，发烧拉肚子，上吐下泻。下雨以后得，壮年人得病多。

日本人来，抓八路，要农工。我去过，去县城，盖房子，啥也干。有黑团，日本人狗腿子，为敌人服务。不是穿黑衣服叫黑团，跟皇协（军）一样，不一个单位。问老百姓要东西。皇协（军）也要东西。有大土匪，还早。八路军来，晚上来。白天日本人，皇协（军）。八路打日本，不做宣传。治安军这没有。日本修炮楼是一条线一条线的，隔四五里地。西边离这二里地有。挨着楼挖河。

采访时间：2007年5月4日

采访地点：曲周县曲周镇西卢王庄

采 访 人：周燕楠　姚一村　杨兴茹

被采访人：牛伟学（男　79岁　属蛇）

牛伟学（左）

一直住这。民国32年逃不出去，没走。旱，还淹。八月底有河水，滏阳河开好几道口子，河东北边开一个，南牛庄开个口，南桥口开一个口，都在河东开。下雨大了，开了，猛一开一点。人都没劲了，不能挡。不是挖开的。我去挡了。有霍乱病，闹霍乱忘了。

采访时间： 2007 年 5 月 4 日

采访地点： 曲周县曲周镇西卢王庄

采 访 人： 周燕楠　姚一村　杨兴茹

被采访人： 牛耀林（男　77 岁　属羊）

牛耀林

下雨后得霍乱。有浮肿。民国 32 年蚂蚱。五月份没翅，秋天有翅。哪个村也有几十口（人染上）霍乱。没劲。水有腰深。

采访时间： 2007 年 5 月 4 日

采访地点： 曲周县曲周镇西卢王庄

采 访 人： 周燕楠　姚一村　杨兴茹

被采访人： 王　斌（男　92 岁　属龙）

王　斌（王雅斋）

中日事变后改的雅斋。七七后考的军校，那时改的。18 岁离开家，民国 32 年不在，在郑州当警长。参加中条山会战，当排长，连长。受降日本人时我在石家庄，少校营长。

（注：王雅斋老人的资料可在黄埔军校网站上找到）

西　疃

采访时间： 2007 年 5 月 4 日

采访地点： 曲周县曲周镇西疃

采　访　人： 崔海伟　张国杰　袁海霞

被采访人： 王孟元（男　81 岁　属龙）

王孟元

我上过私人小学，上了好几年。住曲周西坦，家里有七八口人，父母亲、奶奶、三个弟弟和一个姐姐，父亲王连生，母亲王张氏。家里没地，靠做买卖赚钱，在曲周河东，不够吃就捡点。记不清当时有没有地主。

日本鬼子是从邱县过来的，有不少，穿绿衣服，戴钢盔，有枪有炮，是坐车来的。他们抢东西，我去当过营服，当天回来。那时有炮楼，我去修过炮楼。见过八路，不过人不多。八路与皇协军打，与日本人也打。村里没土匪，不过皇（协）军多。

民国 32 年，天旱，闹蝗灾，很多人逃荒，我没有去逃过荒。我的兄弟去了，我有个哥哥现在在河南还没回来。我没记得秋天下过雨，也没听说过。我没听说过霍乱，没见过上吐下泻的病。

哥哥被抓到宣化干活，是铁矿厂，没回来，还有别人被抓去的，回来了，我也不知道哥哥的下落。不知道有被抓到日本和东北去的劳工。

袁 庄

采访时间： 2007 年 5 月 5 日

采访地点： 曲周县曲周镇袁庄

采 访 人： 崔海伟　张国杰　袁海霞

被采访人： 刘　伸（男　79 岁　属蛇）

刘 伸

住曲周袁庄，没有变过。我上了一年小学。

小时候家里有父母，一个姐姐，一个妹妹，一个弟弟。家里有四五亩地，种高粱、谷子、旱稻，不够吃的，吃糠。当时有地主，在本村算地主，在别村就不算了，叫杨分。我家没有给地主种过地，父亲在曲周卖菜。当时有土匪，老师杨某被土匪绑走了，后来又回来了。土匪头王兰贤（音），抢东西，要钱。

我第一次见日本鬼子时十几岁，是从东边过来的。头一年，中央军撤走了，接着鬼子就来了。鬼子穿着黄衣服，有枪炮和飞机。日本没来之前，头年九月里日本飞机轰炸县城，人死得很多。第二年正月初几来的，来的人不少，住圣人殿。日本人修钉子，我去修过。皇军来要人去修炮楼，很多人去，当天去当天回来，自己带饭吃。我们村没有钉子。

土匪和鬼子不打，鬼子来了，他们就走了。我也见过八路，八路和鬼子打。阎锡山也跟鬼子打过。

民国 32 年，没有吃的，人都饿死了。腊月二十八下雪不大，大年初二立春，当年很旱，种上庄稼都旱死了。我和妹妹被送给了山西临汾的人，不过我又跑回来了。我和妹妹是跟着人贩子走的。父母都饿死了。妹妹到现在还没回来。弟弟已经去世了。

民国 32 年六月下了一点雨。旧历九月二十滏阳河开了口子，在北铺与河东之间开的口子。那场雨一连下了七八天。我家里没人得过病。发了水之后，说不清有没有霍乱。当时谁得病也不知道，也没医生。有个土医生叫杨老正。因为潮湿，有浑身抽搐的病人，上吐下泻。这种病好的多，死的少。我也不太清楚了，好像叫食积病（音），浑身抽搐，很快就死了。有一种病叫羊毛疔病，汗毛长得跟羊毛似的。当时的人都长疖子，吃龙黄，就吃好了。

日本人没有发过东西吃，本村属于保护村。

民国33年，春天有蚂蚱，闹虫灾，割麦子的时候，麦子都被咬断了。一亩地能打五斗（150斤）。那会井很多，都吃井水，吃了之后没有得病的。

村里有被抓到日本去做劳工的，不知道干啥，有回来的，也有没回来的。鬼子没有屠杀我们村的老百姓。

采访时间： 2007年5月5日

采访地点： 曲周县曲周镇袁庄

采 访 人： 崔海伟　张国杰　袁海霞

被采访人： 牛振家（男　94岁　属虎）

牛振家

一直住袁庄。小时候家里有三口人，有一个兄弟，还有父亲，父亲牛俊义。家里有三亩地，种谷子、玉米、麦子、够吃了。村里有地主，杨老自，我们没有给地主种地，有人给地主干活。杨分也算地主，杨老德。我上过五六年小学，后来没上过。

第一次见日本鬼子时二十多岁，记不清是哪一年。鬼子是从邯郸来的，一直跑到村东。我们村属于保护村。日本人穿黄呢子衣服，有枪有炮。新四军在湾子东边，日本人在西边，打仗。日本还没来时，就用飞机轰炸过。鬼子住县城里面，但不住圣人殿。当时有很多炮楼，在河东村头，袁庄没有。我们村没有人去修炮楼。我见过皇协军，他们不抢老百姓的东西，日本鬼子也不抢。

八路军有一个卧底叫二管柱，学名王连海，打入日军内部。后来八路让他做联保主任。在袁庄跟鬼子打过。八路来之前有土匪，来之后就把他们收编了。肖根山是皇协军的头，是西边啥村的。

记得民国32年冬天下大雪，人都没得吃。地里不收，天旱，种的晚，该收的时候不熟，都吃糠。当时有逃荒的，逃到山西。后来都回来了，不知道是什么时候回来的。不记得几月下的雨，下得不大。也不记得一场七天七夜的大雨。滏阳河开过口子。有种病，症状上来的急，没有浑身抽搐的，死得快，我没见过。没有跑茅子的。村里没有传染病，听说过食积病，没见过，得的人不多。

村里有两口井，村里人都吃井水吃了之后没有得病的。

不记得闹过虫灾，生过蚂蚱，一布袋一布袋地装。

不知道有被抓到日本当劳工的人，没有被抓到东北去的。

采访时间：2007年5月6日

采访地点：曲周县曲周镇袁庄

采 访 人：崔海伟　张国杰　袁海霞

被采访人：王新章（男　77岁　属羊）

王新章

我没上过学，上不起，那时候上过小学的都不多。小时候家里有父亲、母亲、三个兄弟和一个姐姐，父亲王叔堂，母亲王张氏。有八九亩地，一亩地打三四十斤粮食，种高粱、麦子。没吃的时候就吃野菜，地里还种点菜，白菜、蘑菇等等。当时有地主，但是不行，不缴地租。

民国32年，人吃人的年景，胡进口人死了埋了，然后又挖出来吃了。当年先旱后淹，有很多逃荒的。还有很多人把孩子卖了，连十四五的女孩子都卖了，卖到山西去了。当时卖小孩，小孩头发长满才能卖，一个窝头就能换一个孩子。我家没去逃过荒。有个皇协军对我挺好，吃了剩下的给我吃，所以我没饿死。皇协军里也有好人。灾荒年日本人有得吃，不知道从哪儿弄的。

民国32年有蝗灾，蝗虫过河成团。后来下了大雨，一连下了七八天。我们村有个小男孩和一个小女孩饿死了，被推到河里漂走了，这是我亲眼所见的。

民国32年，南桥口开了口子，口子很大。发水之后记不清有没有得病的。

采访时间： 2007年5月6日
采访地点： 曲周县曲周镇袁庄
采 访 人： 崔海伟　张国杰　袁海霞
被采访人： 杨　易（男　71岁　属牛）

杨　易

我上过两年小学。小时候家里有母亲、姐姐、妹妹，母亲杨刘氏。家里有十几亩地，收成少，不能浇，种谷子、高粱、麦子、豆子，见不着啥东西，吃不饱。当时村里有地主，记不清名字了。

民国29年，日本飞机炸了曲周，日本人是从北京方向过来的，不知道有多少人。穿绿衣服，有枪有炮。日本人修过炮楼，我们村没有，修了就让八路给拆了。我没去修过炮楼，村里去的不多。都是抓人去，抓到谁谁就得去，当天回来。皇协军百天来村里，讹诈老百姓的钱。

村里有八路，走了之后就再也没回来。八路不少，在我们村没有打过仗。八路打仗都在东边的村里，这儿离城近，不敢打。村里没土匪。

民国 32 年，天旱不能浇地。闹过虫灾，蚂蚱，没有收成。许多人逃荒，逃到山西。我们家没逃。我们把树砍成木头去卖，然后换粮食吃。逃荒的有回来的，有没回来的。见麦子就回来了。民国 32 年下雨之后就种上麦子了，当时一连下了七八天，这儿淹了。记不清有没有生病的。有得霍乱的，不知道怎么得的肚子疼。听说过，有上吐下泻的，没听说过有死的。没听说过食积病，民国 32 年死的，大部分都是饿死的。

当时村里有五六百口子人，没有被抓到日本和东北去做劳工的。

采访时间：2007 年 5 月 6 日

采访地点：曲周县曲周镇袁庄

采 访 人：崔海伟　张国杰　袁海霞

被采访人：袁井玉（男　76 岁　属猴）

袁林革（男　78 岁　属马）

袁井玉

那年就是蝗虫，遍地都是蚂蚱，人没啥吃，我逃荒到山西太原去了。

以后下了大雨，下了七天七夜，水有 30 公分这么深。7 月下的，有七八寸的，房子没事，没倒，有会儿大，有会儿小，人都饿死的，啥也没有，那会儿有病没人着想，有病有死，没病也死。

袁林革

俺村死了三分之二，没逃走的待家里也少，三口子剩一口人，那会儿有五百多人，几乎没人了，都是荒草，地里都没路，草就和半人深，村里都没人了，袁井玉在家，村里没几户人没逃。

那会儿都吃糠咽菜，那会儿的病都是上吐下泻，跑茅子那种病，吃不中的都是那个病，人都走不动，家里都没人了，谁也不知道谁。

小孩都卖了，所有小孩都卖了，袁林革就是卖到山西太原的，俺娘在玉石卖了我40块银圆，一家人又把我卖到太原120块（银圆）。

采访时间： 2007年5月6日

采访地点： 曲周县曲周镇袁庄

采 访 人： 崔海伟　张国杰　袁海霞

被采访人： 袁克成（男　78岁　属马）

高美荣（女　75岁　属鸡）

袁克成

那年村里原本九百多人，到了民国34年，只剩了六十多人，人都给饿死了，皇协军抢，都饿死了，又霍乱病，跑茅子（茅房）。

民国32年曲周遭蝗旱，男男女女，老老少少十八口，十七口都死亡，剩个我自己。老天爷，狠心了，下雨下了七八天。没啥吃，人都拿大蚂蚱当饭吃，蚂蚱铺天盖地都过来。那时七八岁了。一边是日本人，一边是八路军。

高美荣

那年有老杂，抢，人多了，他们不抢吃啥？不给就打，满地是挖坑，外面有沟，他就把不给的人送到沟里，不给你吃。还有皇协军。

那年不下雨，后来下了七天七夜，都有霍乱病死了不少，没人埋，都叫霍乱。最后连死带逃只剩不到70个人，那病就是下雨那几天死了不少，老人好多都死了。后来逃出去的小孩有的还让共产党送回来，鬼子来的时候我8岁，要不是共产党，穷人什么也没有。俺家没有得病。俺哥哥出去，没东西去抢别人的东西，叫人家给打死了。发霍乱那时候我还小，年轻，那时候俺娘到地里挖野草，回来之后还要烤干（衣服）没干呢，没柴火，跑到别人家把别人家里的门窗都烧了，到了年底我待不住，把我也卖了，卖到山西太原，我在那儿待了两年，他那户人家是皇协军，他有个闺女，我在那净挨打，我受不了，就卖到了太原县，在那儿给一个老头看苹果，待了没有七八个月。有一个住在邱城的共产党员来到了山里，他们在山里有个根据地，他们对我说，你回家去吧，我说可我不认识路啊，他给了我三块银圆，共产党对我不赖，我给看苹果的老头看银圆，他说这是你偷来的，他让我搭一站路在石家庄下，结果我上了一个日本鬼子的车，我过站的时候，给了卖票的鬼子就跑了。然后我问人路，他说往东南走。我走了两天半就到了南河，那里有个卖馍的。住店也没店，我说就住你这儿吧，还有个老娘，那婆婆给我吃馍馍，第二天早上我正在睡觉，她把我叫起来，说你还是赶紧赶路吧，这真是人不死就有人救啊。我又刚好碰上了我叔伯哥哥，刚好打走日本鬼子，我一看是他，他说这里正在运动，他正在给别人看工，干活，日本人的武器都给他收了，收了地主的枪，把他们的土地田产都分了，这是土改，邱县死的人多，在那里有很多人让日本人打死，二十九军的一个营在邱城打了一仗，大炮都打到邱县城门北了，在那边挖了地道，在我们这儿也挖了地道。路上没有人，人们都在地道底走，是八路军叫俺们挖的，俺姥娘、俺大舅、舅舅的闺女都是犯霍乱死的。那病就是拉肚子（娘家时老头寨），俺回家捋了一捧枣给姥姥那妹妹吃，她吃了没一两天就死了，俺一回去就死一个人，连死了三个亲人。俺那时没吃的，下地回来喝两碗凉水就又下地了。俺姥爷吸大烟，那时出来高粱籽，出来了煮煮就那么吃了。俺那村里日本人盖过炮楼，日本人就在里面，曲周地是挨着邱县的地方，死的人多，霍乱是小孩、老人都死，年轻人少。

采访时间： 2007年5月6日

采访地点： 曲周县曲周镇袁村

采 访 人： 崔海伟　张国杰　袁海霞

被采访人： 袁林井（男　77岁　属羊）

李信乡（男　76岁　属猴）

袁林井

李信乡

那一年，受灾很厉害，人都受苦了。

那年雨大，立秋才下的雨，下得太晚了，又连下了七天七夜，咱要吃没吃，要喝没喝，地里啥都没有了，种得晚了，种得早的，还有一点。出来还有蚂蚱吃。人拿布袋逮一袋子蚂蚱，往锅里一倒，人就拿来煮着吃。

下了雨后，到冬天就更没吃的了。就更厉害了。那会儿有人得病，但没听说上吐下泻的病。俺家也没死人，槐树叶子，啥都吃过。那会儿，人死了也没人埋。

老毛子在撵八路军，有9辆汽车，他们没有追到八路军，跑了。日本人住在后边，还把人抓去修炮楼，都是日本人，皇协军，日本人一来，人都跑了，谁敢不跑，就打你。日本人来了一个就会吓跑人。

岳　庄

采访时间： 2007年5月2日

采访地点： 曲周县曲周镇岳庄

采 访 人： 崔海伟　张国杰　袁海霞

被采访人： 卜书神（男　82岁　属虎）

卜书神

去过山西逃荒，给日本人打过工。日本人很少到村子里了，不了解曲周县城日本人的活动情况，日本人轰炸过二十九军宋哲元的部队。

1943 年发过大水，日本人用船运煤向北，曲周附近开过一个大口子。有许多逃荒的，我妹妹就逃过荒。那个大口子没有人说是日本人弄开的。

得病的都死了，有许多得霍乱的，用针放血就好了，大部分都能治好，死的不是很多。村子里没有正规医生。发大水以后，没有人来管，霍乱头疼，发烧，不了解得的病到底是什么病。

日本人没有到村子里杀过人，日本人到村子里放过电影，皇协军经常到村子里抢东西。地下党员晚上经常在村子，老百姓和八路军打成一片，关系很好。

1963 年发过大水。

采访时间：2007 年 5 月 2 日
采访地点：曲周县曲周镇岳庄
采 访 人：崔海伟　张国杰　袁海霞
被采访人：于红昌（男　86 岁　属蛇）

于红昌

民国 32 年我 12 岁，春天一直没下雨，直到七八月份才下的，雨水非常大，下了七八天。把这都淹了，曲周附近开了一个大口子。曲周县城冲开的那个口子，是自己冲开的，没有人去堵。发大水的时候，见过日本飞机。

没有粮食吃，原来四五百人口，逃走了一大半，逃到山西榆次，第二年割麦子才回来的。饿死的人也很多，有许多卖小孩。

洪水之后有得霍乱的，症状就是肚子疼，没有吃的，没有柴烧。这个村庄得霍乱的不少，面黄肌瘦的，得病的多是大人。我的嫂子得了霍乱，没有治疗好，肚子疼死了。不知道为什么叫霍乱，当时人就这么叫，是在洪水之后。没有人来帮助治疗，喝的是井水。

日本人住在曲周县城东北角，汉奸皇协军来村子里抓八路，并且抢东西，村长被杀了，村长带领村民破坏公路，是八路军指使破坏的，使日本车不能通行。

民国32年发大水以后皇协军来村子里抢东西，日本人出来扫荡。土匪不算多，多偷窃，抢夺夜晚进行，皇协军光天化日之下抢夺。

日本人抓过苦力，死在外面的很多，抓到东三省的，没到过日本本土。

日本人走了之后，皇协军头目肖根山（音译），张方炮楼头目都被枪毙了。

依庄乡

北寺头

采访时间： 2007 年 5 月 4 日

采访地点： 邱县邱城镇郭桃寨小学

采 访 人： 王　凯　张　慧　于婷婷

被采访人： 张振中（男　85 岁　属鼠）

徐巧莲（女　75 岁　属鸡）

张振中（右）、徐巧莲

（张振中）原先这也叫郭桃寨，给分开了。灾荒年时家里有 4 口人，俺爹娘都饿死了，妹妹卖了现在也没个信，剩下我当兵去了。灾荒年上半年大旱，不下雨，没收庄稼，收的也很少，有点皇协军都抢走了，抓人要粮食还打人，一亩地要 100 斤粮食。那时候收几十斤麦子。后来下雨，得霍乱病。

（徐巧莲，张振中妻子，娘家曲周北寺头）那时俺得霍乱病叫人给扎，扎好了。得病时正下大雨，下了七天七夜，没吃的也没喝的。“民国 32 年，灾荒真可怜，接二连三下了七八天。”我得病时还小，人受潮湿了，下的雨大，难受，都扎，放血，扎腿窝里放血，脸不肿，干呕下泻，没啥吃的，肚子难受，不让人扎肚子，从腿窝里扎（两个都扎），放血，都找不来医生，俺村里一个不正宗的郎中，没有先生，放的是老黑血，我趴在那里，扎了也没死，就好了。俺爹娘一个姐姐一个兄弟都没得，俺爹得盲肠炎，没钱也没先生看，疼死了。我清起来（一大早）得这病叫二麻子给扎的，那时还没吃饭，也没记得喝水，当天就叫人给扎。那时候得病的不少，一个劲儿下雨，受潮湿了。那时候从井里打水，挑水吃，用木头烧。下大雨时柴火淋湿了，屋子又漏，一天就吃一顿饭，整点花生吃，喝的凉水多，一般不生火。当时得病的不少，俺村又大，死了不少，就往外抬，那时我小，没见过抬的。以前（灾荒年以前）也有得这病的，听说过，少，后来没听说过。

（张振中）这里没听说过有得霍乱的。邱县离这里5里地住着日本人，皇协军见啥都拿，啥都拿走，家里啥也没有，饿得人面黄肌瘦，走都走不动。（离）邱县10里地有钉子，下雨时日本人没走，记不住啥时候走的，祸害了老多人。俺四嫂年轻不敢跑，三个人跳红薯窖里，日本人来了看见就点火烧死了。日本人不大来，扫荡时来。

（徐巧莲）四头有集，他们抢集，抢东西，抢姑娘。那时候有穷有富，皇协军抢集，分不清是皇协军还是日本人，都穿黄衣裳。

（张振中）日本人有狗，俺村里被挑死好几个（人），有砍死的也有挑死的。我见过日本飞机在上边飞，好几个，有飞机来，飞得不高，有时高有时低，看不见里边的东西，也没见过扔东西。日本人抓苦力时，先摸手，有茧子就不要，抓苦力，抓了他国里（指日本）扒煤去，不叫回来。

（徐巧莲）俺家一个叔叔，被抓走了，（被）日本人抓走了（现在已死），待了好几年，新中国成立后又放回来了，待了好几年，听说在那里扒煤窑，回来又瘦又黑，又吃不好，饿不死就是好的。霍乱这个病老多人得了，但不下大雨就好点了，下雨大了就严重。

军营村

采访时间：2007 年 5 月 4 日

采访地点：曲周县依庄乡军营村

采 访 人：李 琳 张 伟 郭存举

被采访人：刘 福（男 80 岁 属龙）

刘 福

民国 32 年我 17 岁，那年旱，苗子种不上。1942 年没种上苗，1943 年都逃荒走了。1943 年麦后就下雨了，差不多在六月份吧。二月逃的，还没下雨就走了，当年就回来了。那年死的人不少。有没回来的，死外头了。当时村里有 400 来口人。逃荒的有 100 多人。逃荒主要是往河南南乐县。一个人合 6 亩地。400 多口人 2400 多亩地。我家 6 口人，父母，我兄弟，我和我妻子、我祖母。

有霍乱，有饿死的。病重，没条件没医生，得了病自个死那。得了那病肚子疼，哪个村子都有。在地里干活，干着干着就死了。村里得病的不太多，逃荒的多。逃荒的有一个到营口了。霍乱往王卜那儿严重。得病的半大孩子多。

日本人控制周围五六里地。你交粮食就不用跑。他扫荡时牵牛，打人，烧东西。一个“钉子”上没有几个日本人，皇协军多，皇协军净中国人，不一定是本地人。日本人抓着你就打，咱这是个边，往西王卜、七寨、马村、邱村，比较艰苦，严重一些。有抓到炮楼当劳工的。咱这儿没有抓到日本去的。

八路军在咱这打游击，给咱扫院子，挑水。有土匪，很少。日本一安炮楼，八路军一打，土匪就没有了。寺头村有银团，黄沙会，用红缨枪，兴了一两年。

采访时间：2007 年 5 月 4 日

采访地点：曲周县依庄乡军营

采 访 人：李　琳　张　伟　郭存举

被采访人：张秀芝（女　86 岁　属狗）

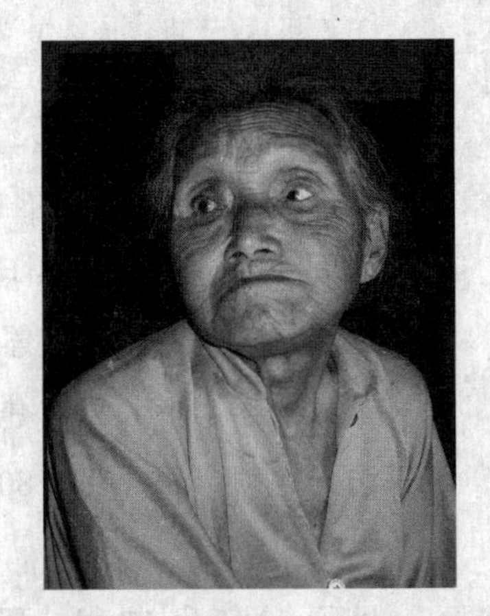

张秀芝

民国 32 年我二十二三左右。我来这儿时十六岁。当年家里好几口人。

民国 32 年那年庄稼没见子，都让蚂蚱吃了。八月下的雨，从十几号一直下到二十几号，一直下了七八天，房子都塌了。炕都漏塌了。秋天里割了麦子生蝗虫，下雨前生的。人们都去要饭了，我没去。连糠菜都没有，吃蝗虫，吃得脸都胀了。逃荒逃到河南，春天里走的，过了秋回来的。八路军组织的妇女会教唱的歌谣。

得霍乱吐，拉肚子。治不起，得病也快。肚子疼都疼死了。霍乱主要是因为潮，再加上饿，不传染。在胳膊上扎扎针、放放血就好了。咱这得霍乱的少，北边多。咱这卖孩子的不少，穷，没饭吃，怕饿着孩子，倒不是为了换钱。

我十六（岁）那年日本人来的这儿，在侯村安炮楼。民国 32 年有日本人来过咱村，他们逮鸡烧了吃。那会我光听子弹在耳边“呜呜”的，掉地上一个坑，吓得不敢走。俺那个小妹子吓死了。日本人逮住一个人就推到井里，害怕淹不死，又扔砖，为什么淹死他？因为他见了日本人跑来，被赶上了。

日本进中国那年，土匪抢过这个村。日本人少，皇协军多，咱村没人当皇协，都是东三省的人。1963 年上过大水。

西来村

采访时间： 2007 年 5 月 6 日

采访地点： 曲周县依庄乡西来村

采 访 人： 孟祥国　左　炀　段文睿

被采访人： 王化容（男　89 岁　属羊）

民国 26 年，日本人来的，民国 34 年，走的，咱这里是共产党根据地，日本人没来住。民国 32 年，来过扫荡，死了十几个人。赵家爷仨都在那一天让日本人杀死了，是正月十七，在这个村，老毛子把人毁了十几个，把村子围起来了，要东西、打人。看见日本人来了，就跑了，一年来几次扫荡，有专门来的，也有经过扫荡的，越困难，日本人越来。逮走一部分人，又跑回来一些人，从东来村抓走八九个人，西来村没大有，东来村的皇协军多，西来村日本人人多。日本人来了，俺跑到李村四五里地的坑里藏起来，日本人走后再出来。被逮走的八九人回来三个，俺妻子的大爷死在外面，村里抓走的人都抓去挖煤窑，把他们弄日本去了，新中国成立后才回来的。抓了回来的三个人，小名叫五子，姓王，有一个叫小柱，姓王，一个叫六儿，现在都死了。还有一个活着，叫五子的，在太原。

日本人来之前，家里有弟兄俩，母亲、父亲、妹妹五口人，家里有十五六亩地，七八岁就在外做雇工，家里不够吃的。十七八岁在赵县住了七八年，地在村里算少了，地主有五六百亩地，给人干活，一年给三块大洋，平时管饭。当时一亩好了，收六七十斤，孬时不够二三十斤，不够吃的，需要出去打工。地里除种小麦，还有稻子、高粱，那时有很多土匪，劫道抢东西。做小买卖没本钱，要饭的多，也种棉花，二三十斤，收得少就不种了，那时不交公粮，交钱，每年不一定，交给国民党。共产党要公粮，不一定，共产党不强要，要的也不多，光要谷子。蒸馍馍，掺糠，吃高粱，没菜吃，买不起菜，家里拿小鸡换韭菜吃，大户人家买酒。

民国32年大灾荒，老天六七个月没下雨，很少有地有苗，都旱死了，到了七月才下雨，立秋以后，种油菜时，七月初七初八才下雨，下了大雨，下了七天七夜，那年饿死了很多人，伤了很多人，出现了瘟疫，哕，呕吐，家里没得这种病的，有老中医，也有治好的，扎针，有霍乱，抽筋，给扎针，活过来的，有逃荒的，向南逃，向山东曹州、湖南、湖北，俺向巨野逃的，在那又打了一年的工，又回来了，年景好了。逃荒也有伤在外面的。

采访时间： 2007年5月6日

采访地点： 曲周县依庄乡西来村

采 访 人： 孟祥国　左　炀　段文睿

被采访人： 王兴堂（男　79岁　属蛇）

上了几年学。

8岁时，日本人来了，在这住了8年，16岁时，日本人才走，走后红军才来了，走后才伸开腿，曲周、邯郸都给日本人炸了，走哪，哪不行，日军在侯村有个高射炮，能打到这里来，能射12里地，差点都打死了。老打炮。邱村在西北，邱村的日本人过来了，就向南跑，侯村的日军又过来了，向东跑，跑到东头，馆陶的日本人又来了，饿得跑不动了。吃的不是人吃的，吃的有剩下的饼渣。没过几天，日本人走了，后方基地被炸了，过不来了，不顾你了。日本走了，红军来了。

光旱不下雨，没淹，南北200里没下雨，光靠浇，但没法浇。别的地方收得好，咱这个地方不行，曹州府收得好。八路收公粮，八路把粮食推走，剩一点给咱。

日本人没来时，家里有爹、娘、一个弟弟、妹妹。爹、娘都是民国32年饿死的，那时家里总共十几亩地，地里种小麦、玉米，一亩地收一斗，不够吃，再要饭，到顺德府去过，脱了衣服给人家换粮食吃，自己回来了。种了两三亩地谷子，地里旱不死苗，贱苗三分收，没籽，吃糠。把妹妹卖到西北元氏县，啥也不给，给了一个亲戚。第二年收入好点了。

民国32年，死了不少人，也不见很多，邱县死了很多人，死了连埋也没有人埋，村里当时闹不清有多少人都饿死了，东倒西歪的，没人埋。卖儿卖女的多得很，有回来的。父亲跑茅子，抽筋，拉稀屎死的，还能埋。用一个布卷了卷给埋。没医生，南边有个扎针的，没扎好的。得这种病的不少，一天死了7个，哪天都有死的。没医生看，得这种病的都是老少，主要是老人。这时日本人来了，来过村子，来时戴着口罩，他走后就好了。

采访时间： 2007年5月6日

采访地点： 曲周县依庄乡西来村

采 访 人： 孟祥国　左　炀　段文睿

被采访人： 杨书司（男　80岁　属蛇）

三六八旅旅长王树声，还有萧政委，萧华。1939年到村里来，住在俺家里。萧政委是山东人。日本人把钉子安在侯村，这个村子是共产党的。

1943年，民国32年，日本人打死很多人，叫王兴林、何兴泰，打死几个人，杀死二三十人，把村子围起来，还有皇协军，和日本人一起来，大扫荡五六回，一般扫荡来四五百的日本人。十三个县日本人抓住一个日本人叫桥本，打人，还抢东西，抓人去干活，抓走六七个人，小名叫梦东，还有王兴方，没见过日本人。俺们那时跟共产党藏洞里，现在也没什么补助。

日本人没来之前，家里有十几口人，家里有30多亩，一亩地能产110斤。

民国32年，一天死七八人，一年死好几百，吃棉花籽的皮，交公粮剩下的给农民，剩下都归公粮，得霍乱，一下就死好几个。死的人都埋不得，每天死十几个。千百死的剩三四百。一个村一个老医生，主要开点中药，没吃药就死了，得这种病的半个钟头就死，三四五十的得病多，女的得这种病，跑肚子，身上发冷，打颤，还没来得及找医生就死了。用偏方，得病轻的有治好的，家里七天死了三四口，妈妈、奶奶、爷爷都得这种病就死了，死时不在身边。最早得的是何兴义家，基本没治好的，医生少。

民国32年灾荒真可怜，八月三十一日老天爷阴了天，接接连连下了七八天，水大受了潮得霍乱。民国32年得霍乱，又有大雨，又有蚂蚱，水大潮湿，人人得了霍乱，男女老少死了一半，老乡们真是可怜。

扫荡后就有霍乱了。民国32年，正月十七扫荡，1942年五月二十五，十一月初三扫荡。出现蚂蚱，大约六月份，持续不到一个月。蚂蚱满天，从北向南，又从东向西飞，一个高粱秆上有十来对。吃蚂蚱。后下大雨，阳历八月三十一下大雨，霍乱是在九月份。

下大雨时，日本人没来。

有出去逃荒，全家没信的，向河南逃，有回来的，有没回来的，好几年才回来的。俺向巨野逃荒，俺在外一个多月就回来了，要饭，主要种地，上的抗日高小，上了一年半，全区有个学校，这个学校是第四抗小，没有固定地，流动学校，有四五个老师。

依 庄

采访时间：2007年5月4日

采访地点：曲周县依庄乡依庄

采 访 人：李 琳 张 伟 郭存举

被采访人：高守本（男 73岁 属猪）

高守本

那年（民国32年）我8岁，记事了。天很旱，到七月份一个劲地下了七天八夜，七七四十九天不见太阳光。后来就得了霍乱，（得病的）多，一天就死了六七个，那时村上有九百多口人，死了二百多口，得了都死。

得霍乱时日本人在这住，经常过来扫荡。得了以后来得更勤，把房子都烧了。人都逃荒走了，到河南、洪洞。800多户有100户逃了。有20户没回来的。

我没得霍乱，我父亲得过。全村就治好两个。吃草药治的。我父亲治好了。那时老天连阴带下，就得了霍乱。上吐下泻。没发水，没见过穿白大褂的日本人。没给检查身体。那时候哪个村也得霍乱，下完雨一晴就得。主要因为天潮。我们吃井水，日本人没动过井。民国32年那年一天卖好几个人，都害怕，不出来。霍乱病不传染，我家就我父亲自己得。家里6口，死了1口。我父亲1968年去世。父母、两个弟弟、一个妹妹和我。妹妹8岁时饿死了。霍乱病一得就死，没治。村里年轻人埋的，用布卷了就埋了。

（日本人）抢东西、杀人。皇协军在前边开路，日本人在后边。皇协军多，日本人少。没有土匪。民国32年以前净土匪，民国32年以后就没了，八路军来了。日本人不给咱东西吃。

日本人抓劳工修路，修炮楼，远一些地方没有，都上侯村。日本人把村里人弄死好几个。

采访时间：2007年5月4日

采访地点：曲周县依庄乡依庄

采 访 人：李 琳 张 伟 郭存举

被采访人：任振方（男 71岁 属牛）

任振方

那年旱，一直没下雨。到七月二十四下了七天七夜雨，后来就得了伤寒，抽筋，上吐下泻，一天能死8个。那会我都记事了，听大人说叫伤寒。医生跑不过来（治不完），扎扎针放放血就好。那时候村里多少人不记得，得这病没好的。

（得病时）村里有两三个医生，跑不过来。扎针放血就好了，没吃药。霍乱就是伤寒。

我一直住这个村，当时家里五口人，父母、一个兄弟、一个小妹妹，（妹妹）饿死了，死时三四岁。我家没得的，邻居有，没治好的。大人得的多。吃井水。民国32年饿死的人多。有逃荒的，村里就剩下老人了，都往山西北面栾城（音）跑。村里有八路军，不是经常有。地里种麦子、玉米，一亩地打二三斗粮，一个人三亩地。

没发大水，天晴以后就得病，地上没存水。下雨之前逃荒的人多，下雨之后就没人逃了。

日本人不大来，来也来不了几个人。不抢东西，牵牛，拿鸡蛋，开始不打人，后来就打人了。有伪军，有日本人，皇协军也打人。日本人穿黄衣服，没见穿白大褂。有被日本人抓去当劳工的，少。我大姑被抓到东北去，东北吉林，在那做工，在那让干啥干啥。新中国成立后回来过。我大姑的婆家姓张，不知道什么时候去世的。我不记得她被抓走时我有多大了。

日本人把村里人赶到一块开会，打人。日本人1944年走的。

我10岁上的学，上了两年。

其 他

采访时间： 2007 年 5 月 4 日

采访地点： 曲周县安寨镇敬老院

采 访 人： 张文艳　王占奎　王春玲

被采访人： 李忠义（男　83 岁　属牛）

李忠义

也算上过学，在旧社会那会儿上不起，后来在部队上住认了几个字。1943 年在太行山，一二九师，刘伯承师长，邓小平政委。

民国 32 年是个灾荒年。我那时候在部队上，部队支援灾区，一开始一人一天一斤米，后来八两，还是不行，再后来六两。

我 1937 年参军，也就是卢沟桥事变后，那时 13 岁，参加部队后在卫生院当护士，伺候病人。待了一年多，上军校走啦，上的随营学校，那时在河北涉县，那会儿涉县属于山西。在学校学测绘，我在学校没学多少东西，上了两年，然后到前方去了，三八六旅。

逃荒的多，特别是武安的。俺这儿老百姓逃到太原，石家庄的多。这一带老百姓从太原坐火车逃到山西以西的地方。武安都是日本人的，鲁城都是日本人占着。不知道民国 32 年有没有下雨。我当兵在部队上，通信不能通，一天五两粮食够干啥。吃椴叶，配野菜，粮食在各村保存，都是村民给的，粮食藏在山洞里，部队没粮食就找村干部。

部队没有卫生设备，那会儿医生都是土医生，白求恩来了以后才受了训，有了白求恩学校。一般伤寒霍乱不多，都是发哕子，身上长疥疮，这病多。感冒了就出出汗，吃辣椒。弄点药很不容易，能不吃药就不吃药。

日本他们打细菌炮弹，听说咱河北就有，在部队上听说的。什么细菌不知道。

采访时间： 2007年5月4日

采访地点： 曲周县大河道乡

采 访 人： 杨向瑞　陈其凤　张　婷

被采访人： 黄　廷

王　尽（男　81岁　属兔）

民国32年下大雨，下得大着哩，说都这么深（手比画着到膝盖），我家里4口人，这村东北里有炮楼，日本人来这扫荡，来这不住，不打人。日本鬼子在曲周住，离这25里地，来这好几回哩，找八路军。日本鬼子来了他也给看病，日本人有医生，他给点药，吃了就好了，小孩得病的，吃了就好了，我叔的孙子，就吃过。

我记得民国28年，有人灾，都死净了，我才12（岁）哩，不知道是啥病，上来就死。我父亲是清朝的一个秀才，医生来了，看也不知道是啥病，西边那个村也不少。没这里死得多。我父亲的病六七天就死了，不吐，哪也没事，说死就死了，叫外人都不敢来。

那时候就是吃粗粮。

采访时间： 2007年5月4日

采访地点： 曲周县大河道乡

采 访 人：杨向瑞　陈其凤　张　婷
被采访人：贾可明（男　85 岁　属猪）

下大雨时，我二十四五岁。灾荒年，没有的病的，饿死的多。都死在外面了，俺哥就死了。人灾时，人又蹦又跳，不大会儿就死了。别人都不敢打这村过，都到村外头走了，死人净壮人，谁有劲谁就死，大夫都不知道这是啥，得病不过三天就死了。霍乱病肚子疼，很少。

采访时间：2007 年 5 月 2 日
采访地点：曲周县河南疃镇
采 访 人：张文艳　王占奎　王春玲
被采访人：马秦堂（男　80 岁　属龙）

马秦堂

一直住这村，没上过学。

民国 32 年开始不下雨，天旱，耩了麦子就不下雨，后来又下雨了，不小，好几天了，下雨是刚过了秋，下透了，水有两尺深，房子都倒了，河水没有开口，下雨没听说生病，得霍乱转筋也是那一年过了秋，下了雨之后人就得霍乱转筋，人得病几天就死，人死了可多了，都查不清了，人刚死了，又有人死了，人得病腿肚子转筋，没听说拉肚子。

民国 32 年下了大雨，没啥吃了，把草籽都吃了，都逃难走了，后来一两个月就回来的，逃到北京、太原，有死在外面的。逃出去没听说过得病的。民国 32 年以前没有这样的病，民国 32 年以后没这样的病。那个时候吃树皮、杂草、蚂蚱，那还不够吃的。先生说是霍乱，先生给治，治不住，上了邪快，一上来就死。没听说过扎针，先生说传染，埋了这个，那个就死了，高处没水的地方埋人。得病的是大人多，小孩没那样的。哪儿都有，还是不少。人得了霍乱转筋就等死，不知道谁家先得的，得了病就没法治，没有好的。乍一得病还不知道是霍乱转筋，死了后才知道。

喝井水，在高地方，水淹不了。

没有日本人，徐滩有，马兰头有，徐滩离这5里地。日本人到这边来，来打人抢东西，皇协军抢，日本人也抢，他们穿黄军装，不戴口罩，鸡架火燎燎吃了。日本人不给检查身体，日本人没得霍乱转筋，吃得好。

日本人没有发东西，都给抢走了，不养鸡等。逃难日本人不管，这一带没土匪。

采访时间：2007年5月2日

采访地点：曲周县河南疃镇

采 访 人：张文艳　王占奎　王春玲

被采访人：邵春金（男　74岁　属狗）

邵春金

传染病说不准，听说5里一炮楼。我一直住在这个地方。民国32年下大雨，雨很大，平地有水，不能走，快到秋收时下雨，下了七天，谷穗可以吃了，都不能割。地里没收的，种早的能收点，后来淹了。

前半年记不清了。发水后传染病没听说，霍乱转筋听说过，说不准，只知道挺厉害的，没听说村里有得霍乱死的。没见过病人。河水没有出来，滏阳河没听说过开口，卫河离这远。

民国32年下雨后逃荒，逃到太原，有的逃到北燕（音），是河北的，离这有几百里，没有到河南的，有到陕西的，有到北边的。

逃荒时日本人也在。

挖个沟，沟里都能满蚂蚱。民国32年，收完绿豆，吃蚂蚱。

采访时间： 2007 年 5 月 2 日

采访地点： 曲周县河南疃镇

采 访 人： 常晓龙　石兴政　刘　颖

被采访人： 王进展（男　75 岁　属鸡）

王进展

那年连下了七天八夜的雨，房子都漏了。那年逃到太原去了，村里多数人都要挨饿，饿死了好多人，下了雨的 7 天里就死了 4 个人，后来又死了一些，是霍乱转筋，吃不上又拉肚子。

日本人没破坏河，没听说。那时小孩大人都得病，老人小孩不分年纪都得了霍乱，那霍乱抽筋，都是吐泻，不大时间就死了，连亲人都不敢接近，是传染来的，这个病，一得就死。

从挨饿开始，谷子、高粱都没熟，都叫蚂蚱咬了穗头。我往天上一看，全是蚂蚱，八月二十二才发的水，蚂蚱只要一落地，只要是地，全部毁了。都是那红的大蚂蚱，一下就把高粱给毁了，不管是水不管是河都能过去。

日本人在康街西头修了炮楼，他怕正规军，有黄伪军是让日本人利用的，他们把人锁在炮楼里头，把人冻死，再埋在雪里。有一天我正在割草，看见日本人走了，共产党都在外面藏着，也不敢出来。日本人在长阿战扔过炸弹。

采访时间： 2007 年 5 月 2 日

采访地点： 曲周县河南疃镇

采 访 人： 张文艳　王占奎　王春玲

被采访人： 银春希（男　74 岁　属狗）

银春希

一直住这儿，上过完小，不知道血型，没化过验。

民国32年（我）9岁。民国32年以前，村里有大坑，很多水，几年都不干。下大雨，下了七天八黑夜，房都漏了。七月份阴历，一股劲，有三尺深，平地有很深水。滏阳河没去过，估计不小，房都倒了，墙都倒了，很少很少房不倒，有不倒的一住好几家。龙王庙以前也这么小，刚改的，台子有床高，一米多，那时候十来岁。没有人生病，闹灾荒。

民国32年以前死的人可多，听老人说是霍乱，拉肚子，拉的什么东西不知道，从老人讲故事知道的。民国32年以前闹到霍乱那时候日本人在不在说不清楚。民国32年以后没有那个病。

有人逃荒，这地都不能浇，人都跑到河南、新骆县、石家庄东。发水以前没有逃荒的，人都没有东西吃了，天旱从民国31年，到民国32年又淹了。我弟弟也给人了。俺家都逃荒去了，村里剩人少，老的走不动，饿死了好多，面黄肌瘦，光是饿，走不动。原来也是住在这个镇。我逃到新骆，过一年又回来了。地都不用浇就好种。那时候日本人也在，皇协军要东西，日本人不要。日本人带着枪，穿着大皮鞋，不戴口罩。

采访时间： 2007年5月2日

采访地点： 曲周县河南疃镇

采 访 人： 张文艳　王占奎　王春玲

被采访人： 银淑兰（男　75岁　属鸡）

一直在这个村，不能上学，穷。

银淑兰

民国32年下了七天七夜，不停点地下，房倒屋塌，农历七八月间，种苗不能种，都完了，民国32年那一会，下雨下完地上水不太多，还下，不晴天，土平房，下就塌，有不塌。北边挨着村龙王庙有人住，庙前一个坑，都垫了，都不是原来的。村里那会有人得病，是霍乱转筋，传说，症状是啥也不知道，疼，受不了，条件不好，没法治，碰着等死。没听说过拉肚子。没见过霍乱转筋。人死了（刚）埋了回来了，回来又有人死了，传染不传染就不知道了。下雨就死人，这是民国32年的事，也说不清啥病，下完雨之后都这样。人都饿得走不动。霍乱转筋都知道，民国32年有这样的病，民国32年以前记不准了。

没河，滏阳河离这十多里，不是哗哗，是下了还下，雨是连续不停地下，有水，出村蹚水，下完雨以后逃荒走的。有点吃的，日本人就给抢走了，有逃河南的，那儿年景不好，逃荒是因为年景不好，种不上苗，不收粮食，饿得走不动。人有逃走的，有在家的。我民国32年逃难到槐树县，民国32年回来以后，种地。

日本人戴口罩，大部分都戴口罩，日本人都戴，白的，日本人也到村里来，日本人不像皇协军抢东西，日本人对八路军。日本人少，楼里三五个日本人，民国32年头里修的墙。他们好吃好喝的，没听说过穿军装带枪。咱村有共产党，日本人来了就走，他们说你是共产党就杀，打炮，崩死人。房倒屋塌人都死了。

日本人下雨时不来，没听说过日本人给老百姓检查身体，放炮。没听说过周围的村。

民国32年以后浮肿病，浑身都肿。民国32年以后又生了蚂蚱。

采访时间：2007年5月2日
采访地点：曲周县河南疃镇
采 访 人：常晓龙　石兴政　刘　颖
被采访人：张杜氏（女　84岁　属鼠）

张杜氏

1964年了，那年发了大水，屋里都是水，屋都倒了，没有霍乱病，去逃荒了。待了半年我回来了，那会儿不能吃安生饭，人都是饿死的，没啥吃，拌糊涂（当地一种食物）吃，没有病死的。但人都有虚肿的。

被采访人：郭如明
记 录 人：王学亮
记录时间：2010年1月26日

民国32年有得浮肿病的。有得霍乱病的，拉肚子。前半年旱，后半年淹，下大雨下了七八天。滏阳河涨水，开过口子，把这淹了（民国32年）。日本鬼子进村了。当时得霍乱病的不多，大部分都饿死了。记不清多少人得过。没医生，就死了。有扎针放血的，找会扎的人扎。村里没医生。得病后有扎好的，好的少。当时吃井水，也喝河水。喝滏阳河的水，没听过喝水生病的。我父亲得了霍乱病。得病的有治好的，也有死的，不知道传不传染。下大雨之后得的。下大雨之后滏阳河没开过口子。

逃荒的多，主要逃到山西，还有河南，逃出去了一百多个，还剩下二百多。日本人穿黄衣服，有戴口罩的。日本人来村里打人，抓丁。在东边有炮楼，住着皇协军。刚修时有日本人，炮楼修好后就走了。当时村里有土匪，抢东西抢人，不知道叫什么了。土匪头叫王来亚（音译）。

当时见过日本飞机，没给村里扔过东西。

被采访人：郭章元（属羊）

记 录 人：王学亮

记录时间：2010 年 1 月 26 日

民国 32 年村里都没人了，逃荒逃出去了。那时候很艰难，三年没下雨，那年下了三天三夜。那年没在这，滏阳河发没发水不知道。当时人死得很多，有霍乱病，当时得霍乱病用针扎。得病的多，死人不是愣多。俺母亲也得了病，鼓病，浑身胀。

滏阳河民国 32 年没开过口子。灾荒时喝井水，没人喝滏阳河的水。

那时候饿死的人很多，俺爹饿死在外面了。民国 32 年逃出去的，逃到了山西。当时饿得人吃人。那时候只剩下俺奶奶了。有十来户在家，其余都逃出去了，去山东、河南、山西。

在山西时刚开始放羊，后来当八路了。

见过日本人。村里有皇协军住在炮楼，抓过苦丁。日本人有戴口罩的。当时有土匪，经常来村里抢东西。土匪就几个人。日本人在城里住着。有日本飞机炸过曲周。当时有八路军，住在百姓家里。

采访时间：2007 年 5 月 4 日

采 访 人：杨向瑞　陈其凤　张　婷

被采访人：黄春贤（男　81 岁　属兔）

记 录 人：王学亮

记录时间：2010 年 1 月 26 日

上过学。民国 32 年下大雨，房子都漏了。民国 32 年十六七（岁）了，下完雨后没有病，也没饿死的。

被采访人：王贞月（男　属羊）

记 录 人：张　准

民国32年是灾荒年，日本皇协军、土匪来抢粮。那个时候河里旱，前面旱，七月初下的雨，雨下了七天八夜，有生病的，那个时候有霍乱，人很多，有二十多个，不知道因为什么得这个病，不知道传不传染。得这病没管的，死的人多了，夏天得的，到冬天就完了。民国32年滏阳河有破口子的。

那个时候就喝井水，吃糠吃菜，没麦子。

日本兵来村里，没穿白大褂，没见戴口罩的。村里有土匪，头头叫土老大。见过日本飞机，没扔过什么东西。

被采访人：席金海（男　79岁　属蛇）

记 录 人：王学亮

记录时间：2010年1月26日

民国32年灾荒，不下雨，吃糠咽菜，很多人都饿死了。吃糠连糠都没有。过了灾荒年浑身长疮，用针扎，几年都不好。当时有一个哥哥。

席金海

被采访人：徐德昌、白振山、谢青山（86岁　属狗）

记 录 人：王学亮

记录时间：2010年1月26日

民国32年村里有灾荒，民国32年旱，整个一年半没下雨，民国32

年后半年才下雨，下很大，下多久记不清。没发大水。灾荒年有得霍乱的。大部分都得霍乱死的，死得不少。大部分得的都是年龄大的，小的得的少。当时父亲在家得的病，七八月份得的，症状，吐，治好了。得病后土大夫给扎针，有治过来的，也有死的。当时有瘟病，高烧，拉肚子，死了几十个，大约三四天就死了，当时没大夫。有放血的，有治好的，老人小孩得的多，当时村里和邻村都有得的。老百姓不知道霍乱传不传染。霍乱传染，日本人说的。俺家没有得霍乱的，其他家有。有得浮肿病的。不下雨时得的霍乱病，得了半年就没了。当时吃的是井水。

民国32年逃荒的比较多一点，占三分之二，出去了一百多人，年轻的都逃荒去了，三百多只剩二百多，主要去河南、山西。

当时有日本兵在这，村西北角，离这儿三里地。日军都穿黄衣服，有戴口罩的，也有不戴的，大部分戴，小部分不戴。当时日本炸过后村。当时有土匪，有大土匪，有小土匪。住的地方不定点。咱村没有土匪，其他村有。当时八路军地下党住老百姓家里。

咱村有炮楼，皇协军住炮楼，日本人有抓壮丁的，俺村抓的不多，其他村抓得多。有抓苦力干活，挖沟，修炮楼。没见过咱村飞机扔过东西。其他镇扔过，给皇军吃的。没见过日本兵在这杀过人，听说在东阳谷杀过。

日军（是）1945年走的，日本人走后没留下什么东西。

被采访人：杨　氏

记 录 人：王学亮

记录时间：2010年1月26日

民国32年闹灾荒时发过大水，下雨下的，下了七天七夜，滏阳河开没开过口子不知道。旱的时候有生病的。有霍乱病，得的人多。很多人都饿死了。当时吃糠吃菜。不知道霍乱怎么得的。当时村里没大夫，没有人管。没听说过日本人扔过吃的。不知道霍乱传不传染。当时日本人进村时穿黄衣服，不戴口罩。

当时有土匪。

被采访人：袁初学
记 录 人：张 准

民国32年旱得庄稼没收，一直旱到七月初几下雨，下了七八天，下得不急，那个时候没淹，有塌房子的，没水。有得霍乱的，多少咱不知道。没见过得霍乱的人，光听说，肚子疼，扎针，传染病。庄稼没收成，吃得孬，糠，喝井水，生的，有烧开的。

村里逃荒的人多，往东北黑龙江逃，都是一家一家地去。

村里东南有炮楼，日本人、皇协军。见过日本人进村，要东西，大部分都是皇协军要。日本人来打八路军，那时候八路军人少，都住老百姓家。

俺村里没打过仗，没有国民党的部队，没有土匪。日本人跟老百姓要东西吃，皇协军抢，进村穿军装，没见过穿白大褂戴口罩的。

被采访人：张梁君（男 77岁 属羊）
记 录 人：王学亮
记录时间：2010年1月26日

民国32年，闹灾荒，前面旱，后面涝。饿死了不少。日本在这修过炮楼，在旁边挖了条沟，放满了水。当时有土匪，老厉害。

采访时间：2007 年 5 月 2 日

采访地点：曲周县敬老院

采 访 人：崔海伟　张国杰　袁海霞

被采访人：郭自正（男　89 岁　属羊）

郭自正

曾祖父是军人，祖父是秀才。上过村里学校，鬼子来了就不上了。

鬼子没来时，家里有 22 口人：爷爷郭大孝，奶奶郭刘氏，父亲郭余庆，母亲郭蓝氏，大哥郭自修，二哥郭自新，三哥郭自德，妹妹郭修梅，还有 6 个侄子，7 个侄女。鬼子来时自己 17 岁，当时家里有 60 亩地，种菜，种庄稼，有玉米、谷子、甜瓜，不种高粱，菜有韭菜、葱、茄子、甜椒，刚够吃的。当时大哥二哥一起去天津干活，拉锯，去的时候三十来岁，一起去的，年底回家，三哥在家里。爷爷奶奶在我八九岁时去世。父亲民国 32 年去世，没拉肚子、呕吐，也没发烧。我们家没逃过荒，但婶子带着孩子逃荒，逃到无极县，在外边待了一年，民国 32 年回来。逃荒的人很多，去无极、河南。民国 32 年生病的很多，谁也不顾谁。当时榆树皮都揭光了，棒子芯都吃完了。大部分病都是饿出来的。听说有得霍乱的，哪个村都有。我们邻村就有，不知道什么症状。不知道村里有没有医生。

鬼子是从东北来的，他们有机关枪、大炮、重机枪、卡车。日本人不抢东西，皇协军抢，抢粮食牲口。鬼子修炮楼，二里地一个炮楼，马兰头有鬼子炮楼，也有皇协军炮楼。鬼子有一个中队部。皇协军和鬼子分开住，皇协军是鬼子的走狗。鬼子修炮楼跟村里要人，我去修过炮楼。那时我 16 岁，鬼子不管饭，自己带饭。干一天就回来。天上飞机很多，没扔过吃的东西。

当时有土匪，各个村都有，但他们不敢跟八路、鬼子打仗，只抢老百姓的东西，抢人要钱。

我17（岁）参军，是八路军领导，我当护兵，我的首长是张自京，黄县人，我们在李洞谷跟鬼子打了四天仗，打完后住百姓家里。我当了四年护兵，自己到了司令部，三分区，一直干到高级社的时候。

采访时间：2007年5月2日

采访地点：曲周县敬老院

采 访 人：崔海伟　张国杰　袁海霞

被采访人：石朝荣（男　81岁　属兔）

石朝荣

鬼子来之前，家里有奶奶、父母、弟兄4人和两个妹妹。父亲叫石喜尧，母亲石陈氏，大哥叫石朝庭，三弟石朝祥，四弟石朝庆，大妹妹记不清叫什么名字，小妹石莲凤（音）。那时家里有一亩八分地，不清楚怎么测量亩数。地里种烟、麦子、棒子、高粱、谷子等庄稼。粮食不够吃，经常挨饿，因为地少，所以打不到粮食。也没地方找粮食吃，拿钱才能买到粮食，因为没钱，所以没法买。

鬼子来之前住槐交乡（音）、苦水埠村，弄不清楚村里有多少人，大约有三四百人。家里没上学的，自己一直没上过学，没钱上不起学。饭都吃不上。当时家里人都很健康，奶奶都七八十岁了。

鬼子来了之后，跟鬼子打过架，鬼子是从东北过来的，来的人数不清楚。鬼子穿绿衣服，有大炮、机枪、汽车，没马车，有飞机，有高的、有低的。鬼子住曲周县城，待了好几年，建了炮楼。自己给鬼子修过炮楼，鬼子向村里管事的要人，管事的就是村长，每天去，当天回来。修炮楼鬼子不管饭，自己带饭，带高粱窝窝和玉米窝窝。但是孤儿去了给钱，不定给多少。修炮楼时鬼子还杀人，问你要东西，不给就杀，要鸡蛋、香油、芝麻油。那时自己十五六岁。修炮楼不定时去。

老毛子就是日本人。鬼子来了之后逐渐发展范围。村东南角三里地修炮楼，有很多炮楼，炮楼里有时有鬼子，但是鬼子少，皇协军多。皇协军都是中国人，他们抢东西，不定时间出来，什么都抢，粮食、牲口。

那时有土匪，是强盗，抢东西。抓人去问家里要钱，不给钱就杀人。他们住土匪窝里，不知道土匪窝在哪里。

当时有八路，但是人少，弄不清楚是谁领导的。鬼子跟八路打过仗。八路和土匪也打，经常打，土匪抢百姓，八路见了就打。土匪不打鬼子，没力量。

民国 32 年荒年时，粮食不够吃，很多逃荒的，特别是曲周。我就出去逃过荒，奶奶、大哥、妹妹在家里，其余人都出去逃荒了。奶奶是饿死的。民国 32 年，生病的很多，吃东西很乱就吃坏了。不知道有啥症状，家里没患病的，生病没治的。自己都顾不了自己，当然顾不了别人。

听说过霍乱，不知道有没有人得过，村里有得过的，不知道是谁。村里有四五口井，吃水井，水一直很好，喝了水没啥问题。

民国 32 年有飞机过，但没扔过什么东西。

家里人一起逃的，逃到河南，推着小红车，推着铺盖，破破烂烂的没好东西，路上要饭吃。枣没熟就吃完了，吃完了才逃荒的。不知道逃到河南什么地方了，在那儿要了好几年，要多要少都在那，要多吃多，要少吃少。开始要窝头给一溜，后来冬天就给几个小指头大小的红萝卜。冬天也住在外面，幸好没冻坏。

自己从河南到了东北，在河南待了一年，日本人招工自己就去了，母亲还不愿意自己去。去了东北修铁路。父母跟兄弟还留在河南。有人跟自己一起去了东北，但不认识，坐火车去的。在济宁站坐的火车，到了黑龙江。修铁路管饭，睡席里，给多了就多吃点，给少了就少吃点。吃玉米面的大饼。干活累，但没累死的，鬼子打人。在东北待了一年就回来了。开始不让回来，因为工人少。工人们找日本机关（满铁机关），他们不允许回来，就愣找他们，讲道理，后来才回来。鬼子说话慢了还懂，说快了就不懂了，有翻译。回来还是在济宁下车，回家了。但是父母兄弟还没回来，他们在外面待了二三年才回来。自己回来后当了八路，1945年当的兵。回来时，日本已经投降了。逃荒记不清哪一年。

1963年发洪水，鬼子来时没洪水。

国民党有中央军二十九军，中央军与八路见面就打，土匪不跟中央军打。

在敬老院住了12年。

采访时间：2007年10月2日
采访地点：鸡泽县小寨镇马贯庄
采 访 人：王 凯 周 俊 于 播
被采访人：刘秀莲（女 79岁 属蛇）

娘家是曲周县南关镇，婆家姓郭。灾荒年我还不在这边，曲周那边没吃没烧的，地少，一个人一亩地。家里有俩兄弟，姊妹八个，父母，十多亩地，没啥吃的，捣粑粑吃，下了七天八夜，歌里都那么唱的，曲周老天下的水，也没开口子，地里没有水，街高没进水，土坯墙的房子都泡倒了。

逃荒了，饿的饿，死的死，逃的逃，到山西要饭了。就俺姊妹俩逃荒。民国32年二月里没吃的了，过了五月回来的，那边比这边强，有榆皮面儿，饿死的人多着呢。娘饿死的，拉肚子死的。没啥吃的，没有病都饿死了。

听说过霍乱，就是拉肚子，吃什么拉什么，肚子疼，流鼻血，一流一大片，止不住血。没吃的，饿的，得病的不多，还是饿死的多。扎针，扎胳膊窝，村里懂的人就给扎，见过病人，扎出黑血，有扎好的，有扎不好死的。年纪小，不知道，后来也没怎么见着这种病。

那时喝井水，用砖砌的井，村民有喝凉水，没柴火烧就喝生水。

嫁过来也听说有霍乱，扎扎就好了。我来的这个村情况更惨，听说灾荒年俺嫁的这家人十八口剩了四口，要饭的要饭，嫁的嫁，出去的出去，死的死，出去四个能回来一个，卖儿女的，给点钱就卖了。这个小村人不多地不多，西南比这边强，就卖了闺女当媳妇去了。俺的大侄女死了，还有个三侄女，还有个姑姑跟我岁数差不多，小时出去要饭死外头了。还有个大爷在陕西榆次要饭，给人推车，给点钱就干，后来没指头了。孩子的大爷叔叔出去要饭，死在平安府了。都走了，家家都没人了。婆家剩了孩子的大娘大爷，娘家妈妈没了。这个村死人多着呢，记得有个人娘家人多，吃不好，肚子着凉了疼得拉肚子，扎针大部分扎过来了，没死。有个过道的老头扎针扎过来了，后来七八十岁时得癌症死了，叫乔林。

见过日本人，上火车时见过，村里没见过。没记得日本人来过村里。

采访时间：2007 年 9 月 30 日

采访地点：鸡泽县鸡泽镇老年综合服务中心

采 访 人：王 凯 周 俊 于 璠

被采访人：王 沂（男 76 岁 属猴 曲周县城关镇南甫乡）

我大约七八岁的时候上了 5 年小学，后来民国 32 年日本人来了曲周城，老师跑了，没人教书了，就不上了。

日本人来之前，这里是归国民党第九路军管，群众组织起来自卫，把国民党围了起来，不给他们粮食吃，最后国民党就跑了，然后日本人就来了。

民国 32 年人们大部分都饿死了，没食儿吃。灾荒年也淹了下雨，滏阳河开了口子，没人去堵。地里都没苗没草了。现在滏阳河治理好了。听说过霍乱。民国 32 年饿死的大于路上逃荒死的，村里有一家李朝臣，家里 7 口，卖光东西后逃到半路都饿死了。地卖了房卖了，亲戚之间不借粮，吃野菜买榆皮面儿煮着吃，路人之间抢东西吃，饿得没法儿了。听说高甫寨煮人吃，见路人脸上有肉就抓着煮了。可能是传说。水里的水草杂草都掏着吃了，死人有一半多，很凄惨。

地主和富民没事，别的人不行。做买卖的日本人不让干了就没吃的死了。这里是敌占区，发良民证，没有证抓住就说是八路军。农民有粮也不敢来买，外来人没证不敢来。我也准备逃荒，没去成。来年春天有三亩麦子吃了，借不到粮要逃荒，有个亲戚给个车轮子我们就卖了买榆皮面儿。家里是开店的，日本人不叫干了，就种点儿地。

日本进来后，抓丁抓夫修炮楼、挖沟、筑墙防八路，吓得人都跑了。抓了人不管吃喝，家人来送饭。曲周县抗日县长郭企之被日本人抓走了，问八路军的情况他不说，还说八路军万岁，被活埋在城东门角，后来人民修了个亭子叫“企之亭”。新中国成立后八路抓了汉奸连守平，枪毙了。鸡泽有炮楼，日本人来了到处修炮楼，皇协军要钱要粮，一个县修了十几个炮楼。

我14岁参加工作，新中国成立后又上了半年完小，回村后参加了武装民兵，是区里的文书指挥员，打永年镇时我参加了八路开始打仗了。八路军放了滏阳河的水，不让敌人进出。围城围了两三年，水一直围着，我们站岗，出来人就打枪。有个汉奸叫王泽民，外号铁魔头，当时逃到国民党区安阳，回来后公审被八路打死了。公审时枪毙汉奸，党员先开枪打，是哪个村的汉奸就由哪个村的党员打。

日本人也抢粮抢东西，一直都抢。日本人打共产党，去农村“围剿”八路，晚上八路军就打日本人。曲周县滏阳河边有个敌人的炮楼，被八路军炸了，曲周好多炮楼都被炸了烧了。听说过吕洞谷战役，在曲周的东南边，我们村有人参加了。日本人围攻八路军的二团和三团，八路军在东南边突围了把敌人打得不轻。

1943年曲周县雨、洪水、霍乱调查结果

曲周县乡镇总数：10个；调查乡镇总数：10个

村庄总数：340个；调查村庄总数：123个

乡　镇	雨				洪水				霍乱				采访村庄总数
	有	无	记不清	未提及	有	无	记不清	未提及	有	无	记不清	未提及	
安寨镇	11	1	0	1	3	6	0	4	11	1	0	1	13
白寨乡	11	5	0	3	4	9	0	6	9	7	1	2	19
大河道乡	6	0	0	1	1	2	0	4	4	1	0	2	7
第四疃乡	15	0	1	2	10	4	0	4	12	1	0	5	18
河南疃镇	6	0	0	0	4	2	0	0	6	0	0	0	6
侯村镇	13	0	0	1	4	5	0	5	13	0	1	0	14
槐桥乡	15	0	0	1	2	6	0	8	13	1	0	2	16
南里岳乡	7	0	0	0	1	4	0	2	7	0	0	0	7
曲周镇	15	2	0	2	13	2	0	4	12	5	0	2	19
依庄乡	4	0	0	0	0	1	1	2	4	0	0	0	4
合　计	103	8	1	11	42	41	1	39	91	16	2	14	123

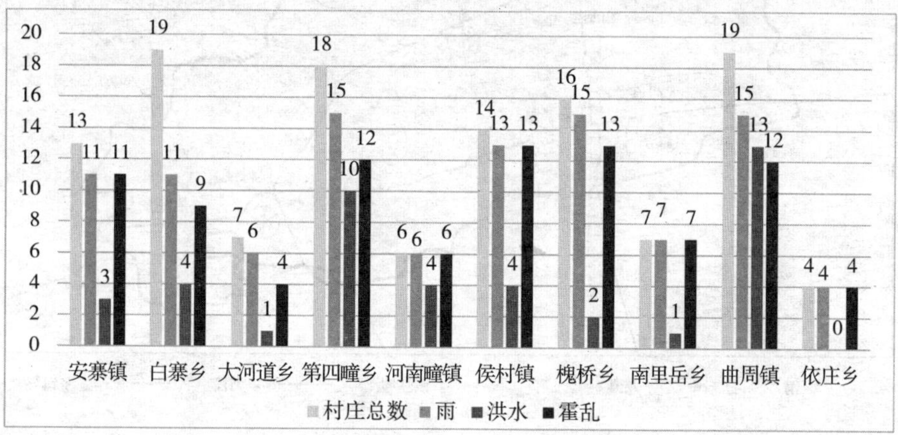

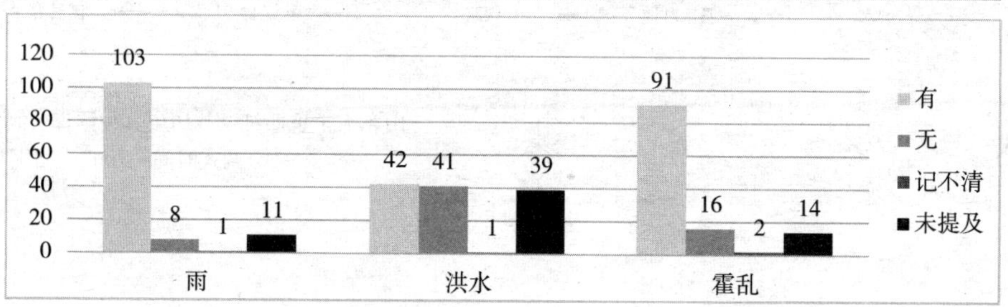

河北省曲周县1943年霍乱流行示意图

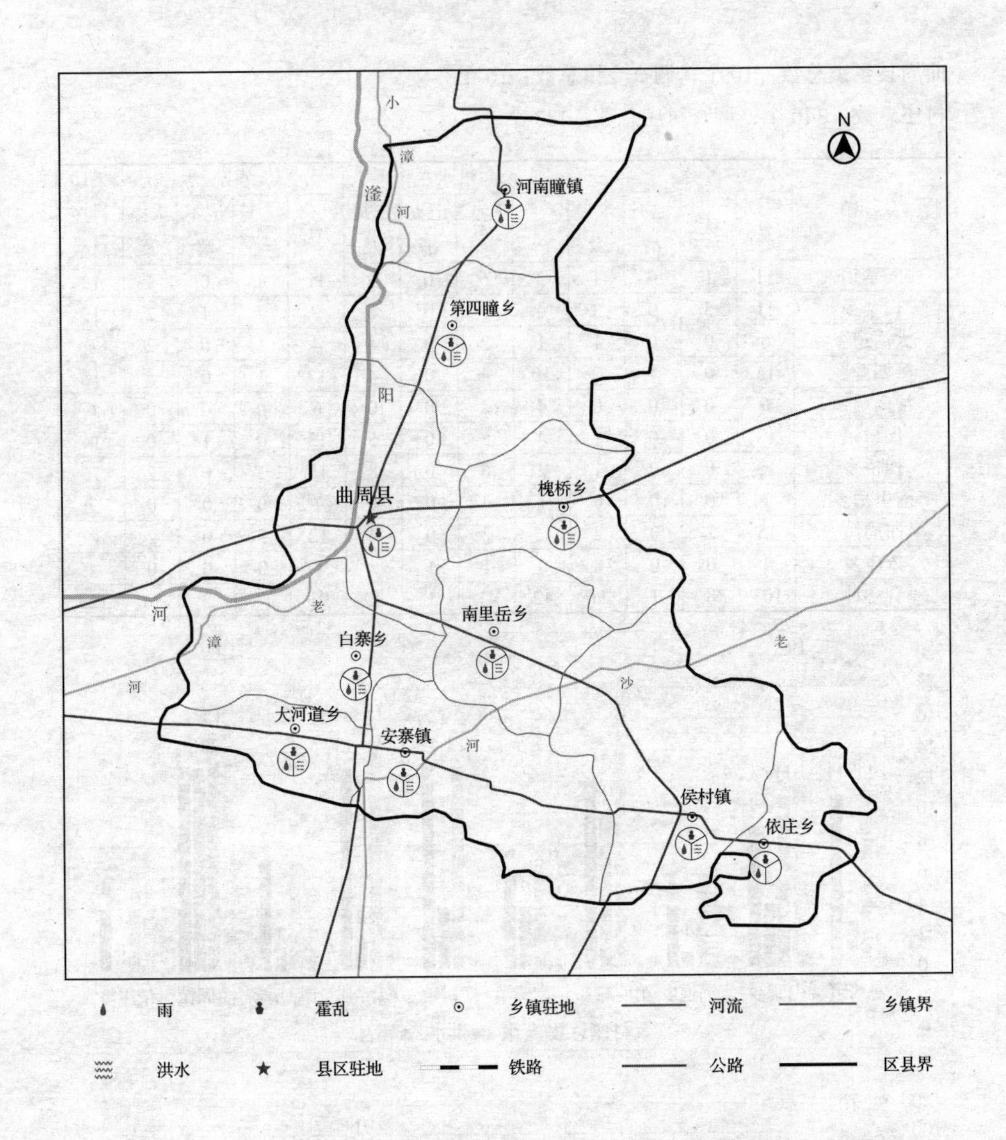

山东大学鲁西细菌战历史真相调查会制

调查时间：2007年5月

1943 年曲周县安寨镇雨、洪水、霍乱调查结果

调查村庄总数：13

	雨	洪水	霍乱
有	11	3	11
无	1	6	1
记不清	0	0	0
未提及	1	4	1

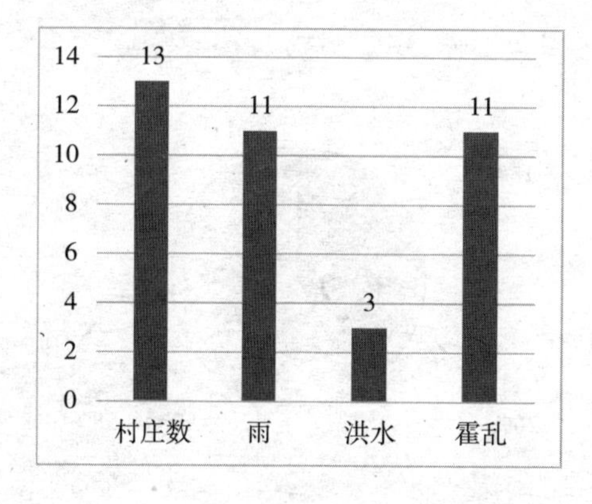

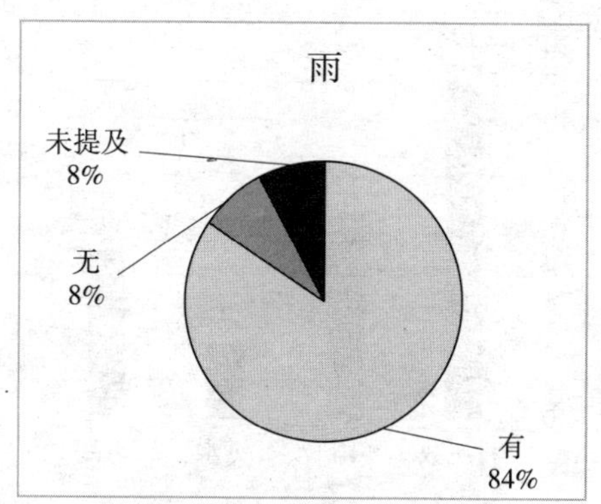

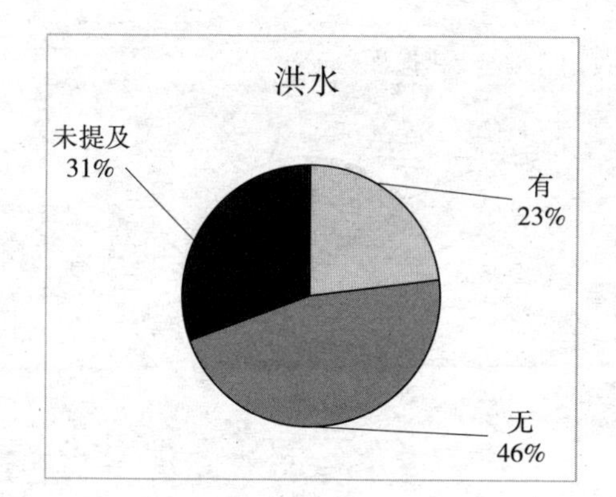

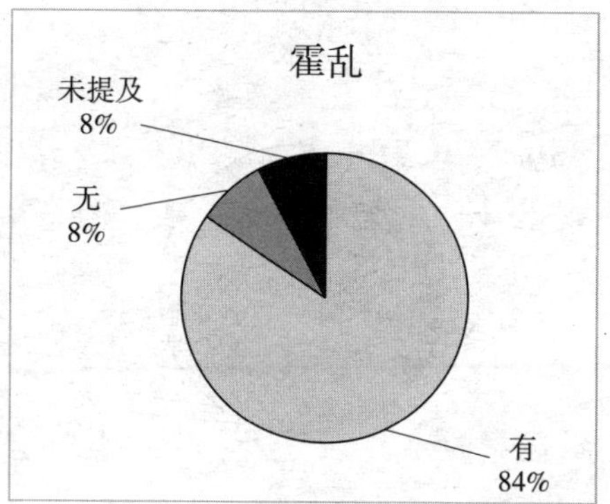

1943年曲周县白寨乡雨、洪水、霍乱调查结果

调查村庄总数：19

	雨	洪水	霍乱
有	11	4	9
无	5	9	7
记不清	0	0	1
未提及	3	6	2

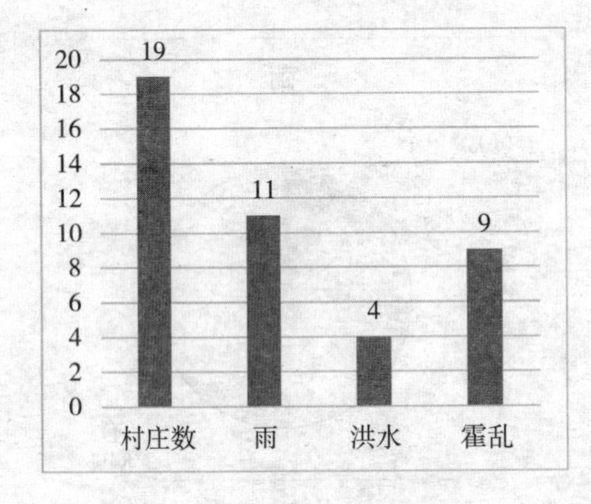

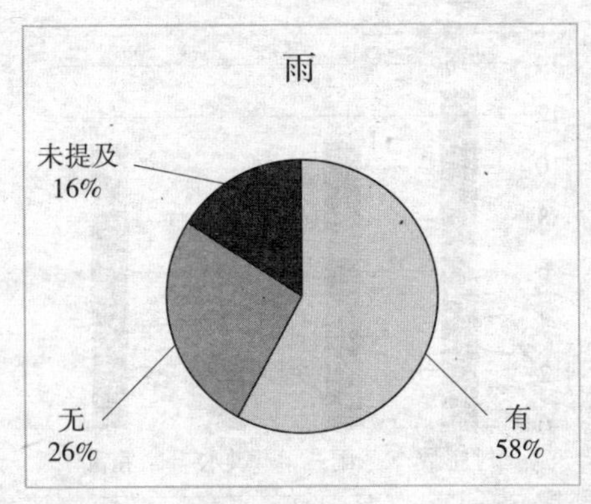

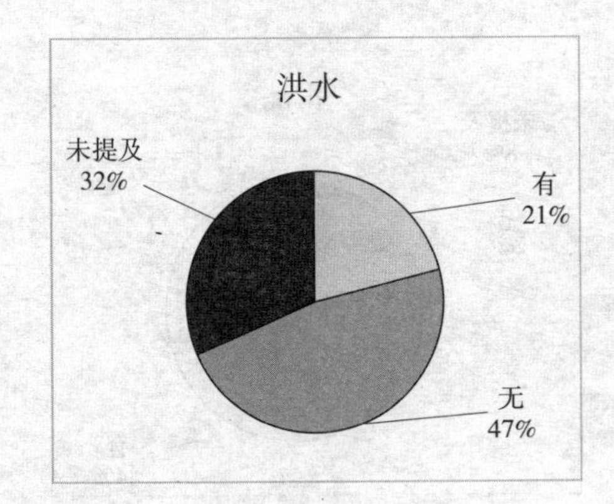

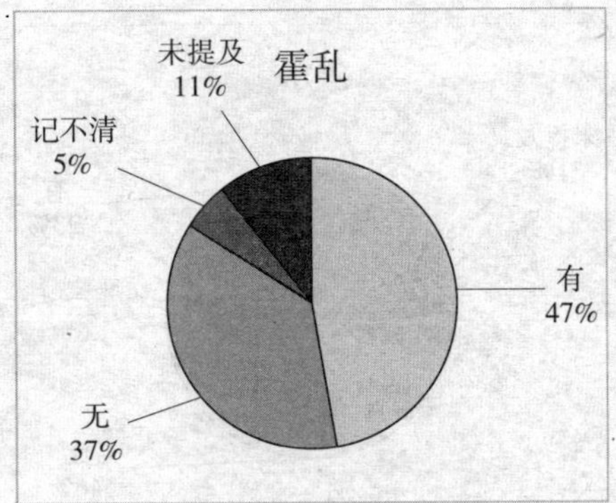

1943年曲周县大河道乡雨、洪水、霍乱调查结果

调查村庄总数：7

	雨	洪水	霍乱
有	6	1	4
无	0	2	1
记不清	0	0	0
未提及	1	4	2

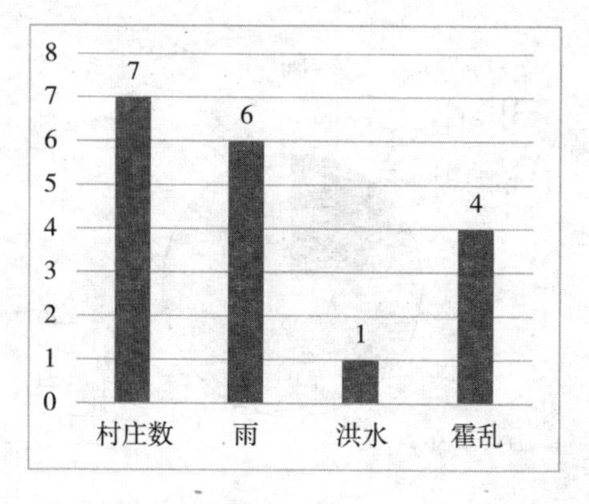

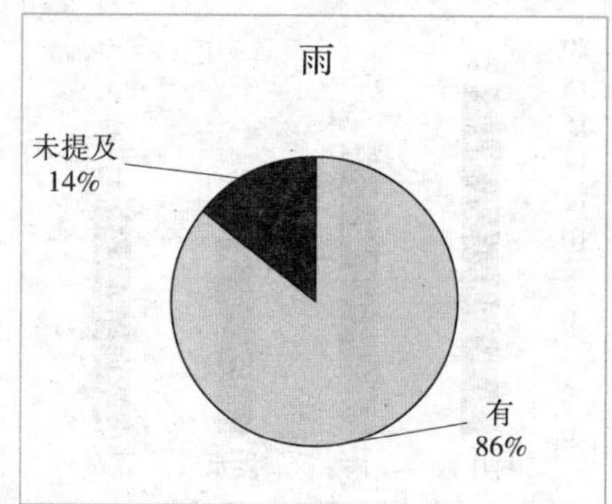

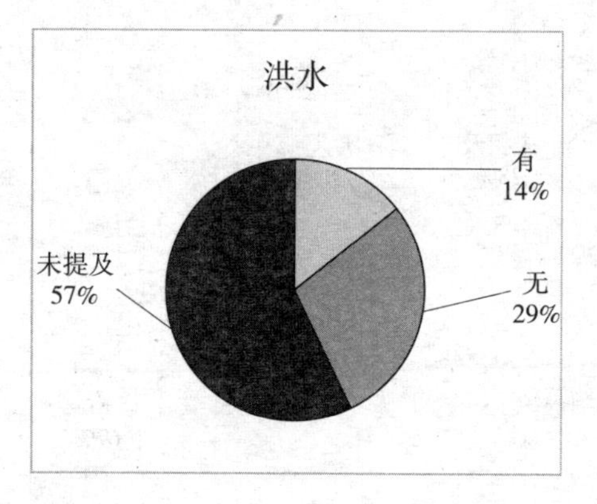

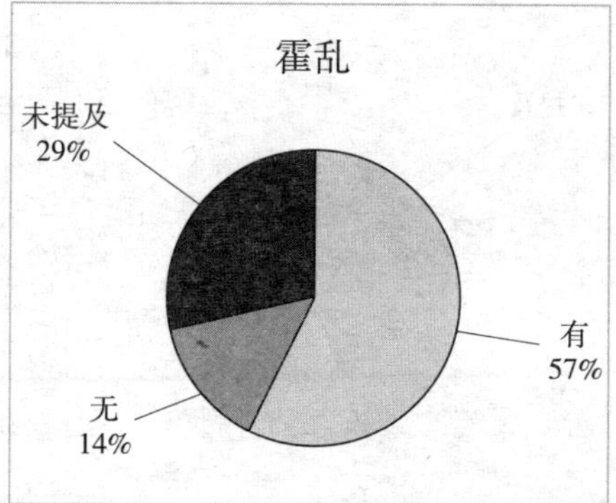

1943年曲周县第四疃乡雨、洪水、霍乱调查结果

调查村庄总数：18

	雨	洪水	霍乱
有	15	10	12
无	0	4	1
记不清	1	0	0
未提及	2	4	5

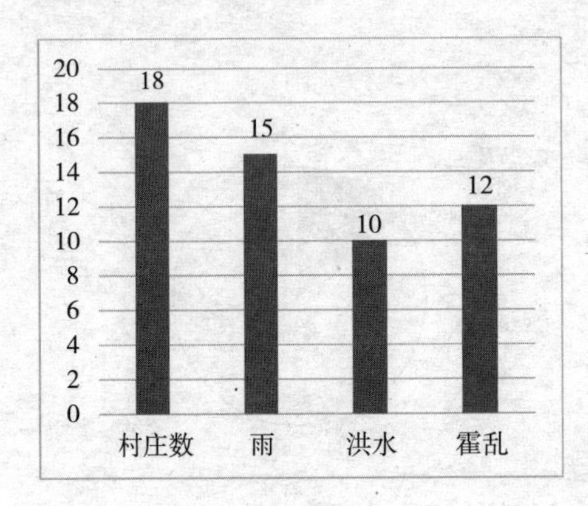

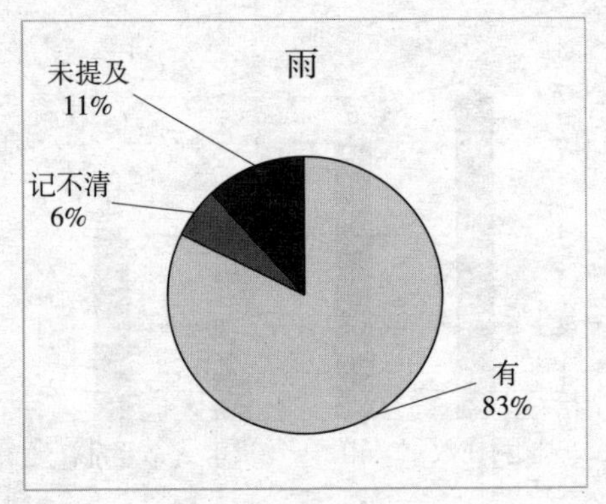

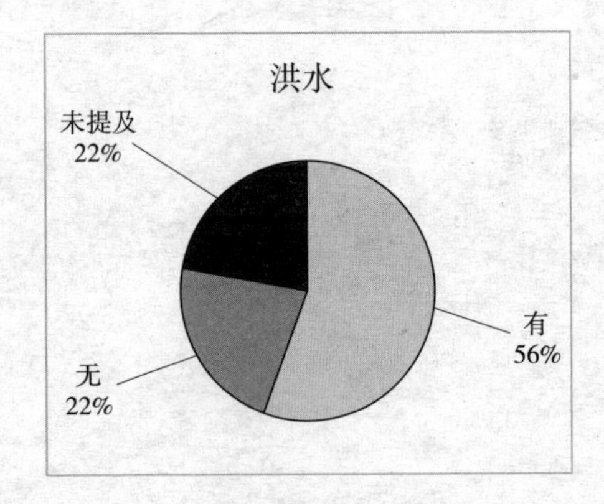

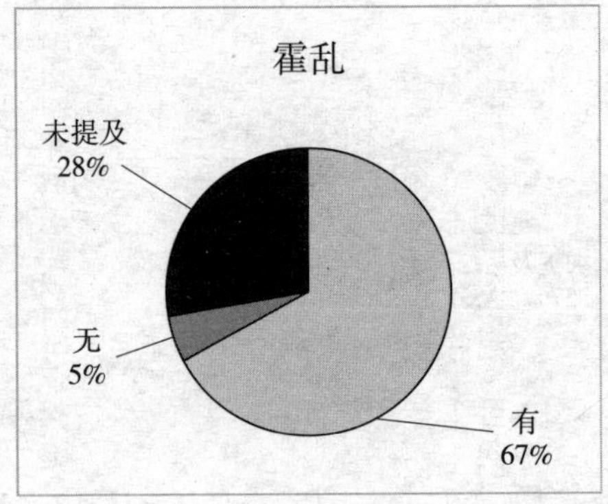

1943 年曲周县河南疃镇雨、洪水、霍乱调查结果

调查村庄总数：6

	雨	洪水	霍乱
有	6	4	6
无	0	2	0
记不清	0	0	0
未提及	0	0	0

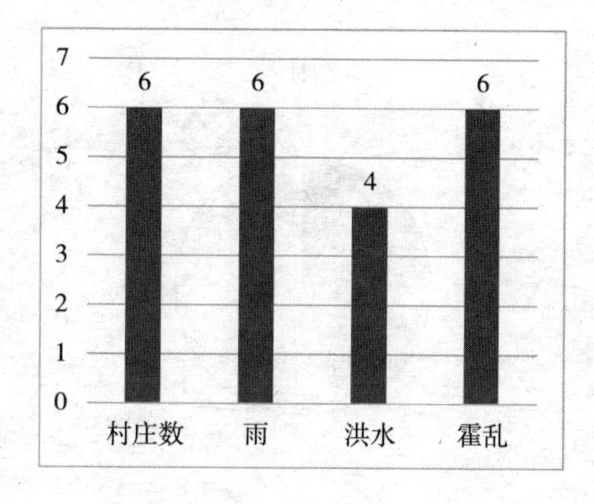

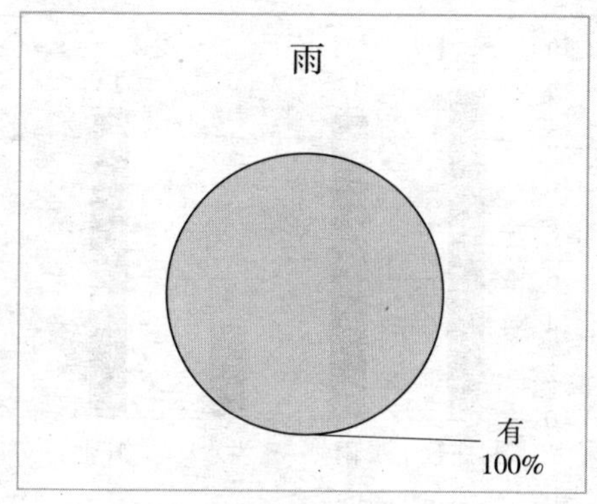

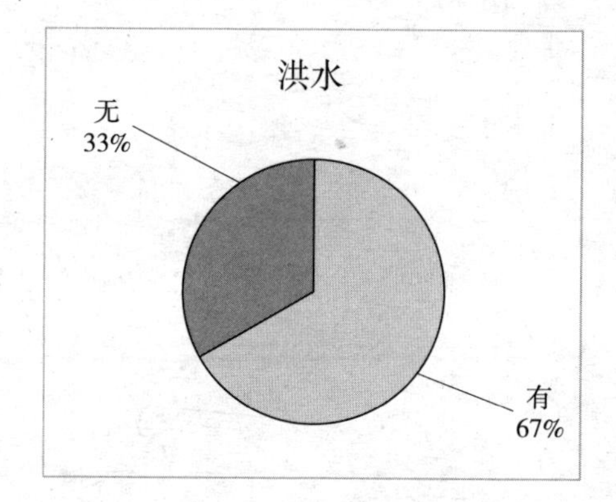

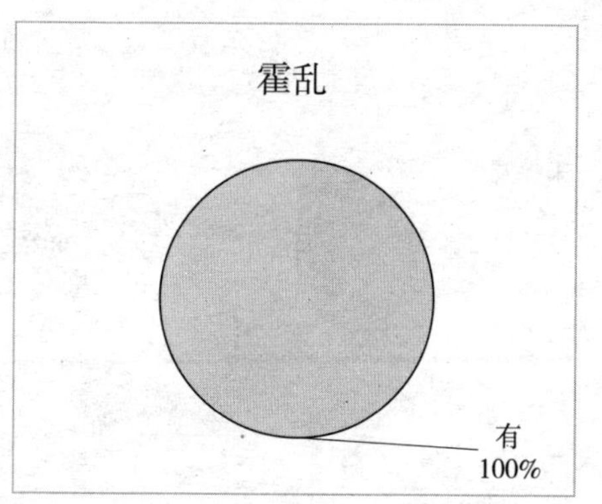

1943年曲周县侯村镇雨、洪水、霍乱调查结果

调查村庄总数：14

	雨	洪水	霍乱
有	13	4	13
无	0	5	0
记不清	0	0	1
未提及	1	5	0

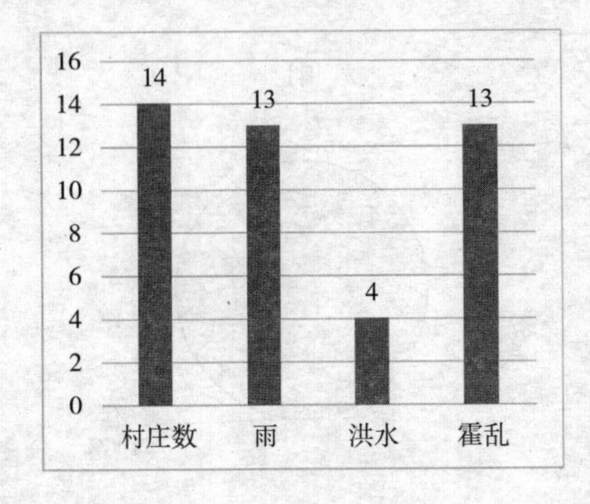

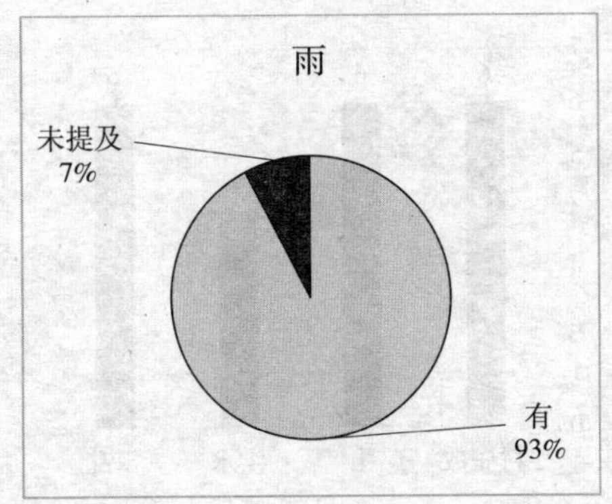

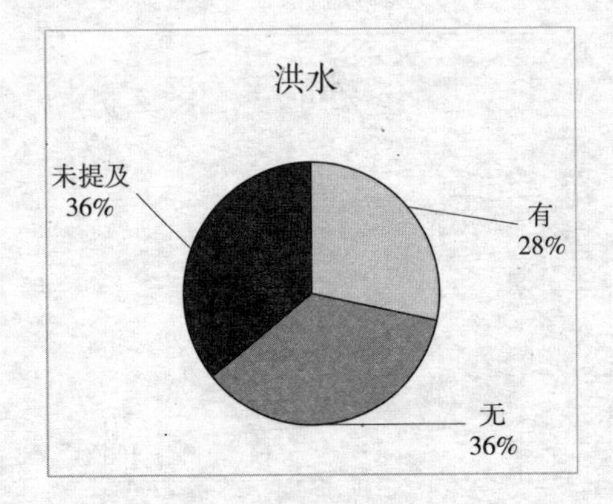

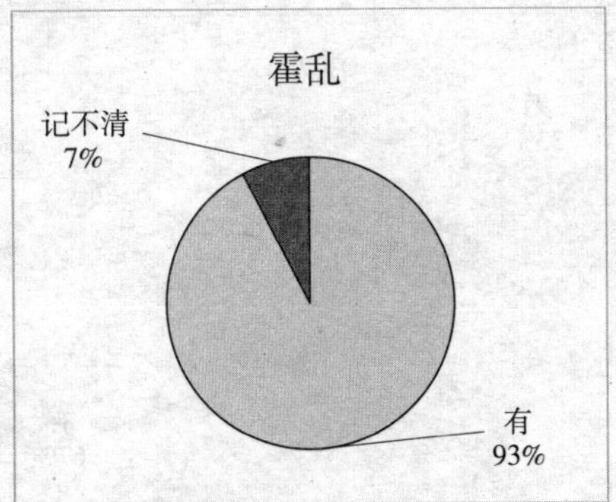

1943年曲周县槐桥乡雨、洪水、霍乱调查结果

调查村庄总数：16

	雨	洪水	霍乱
有	15	2	13
无	0	6	1
记不清	0	0	0
未提及	1	8	2

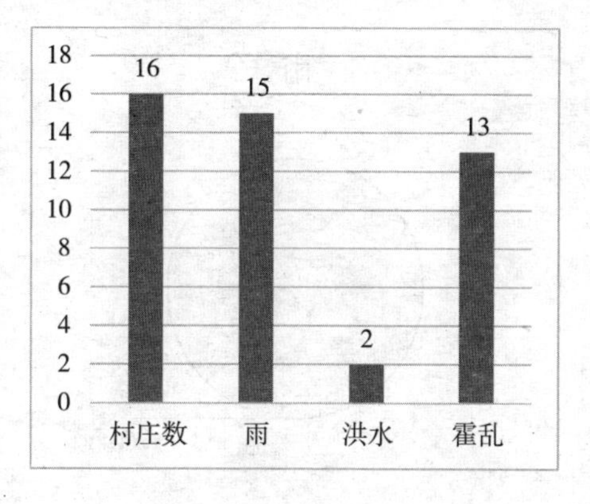

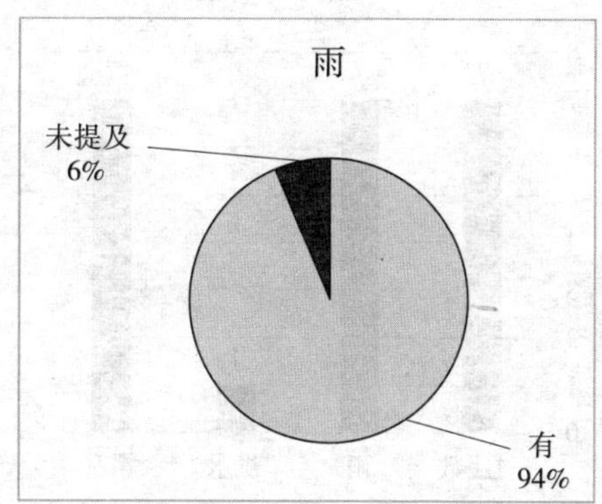

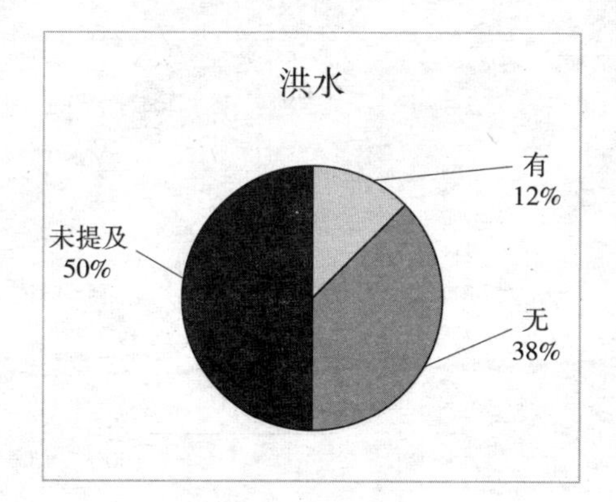

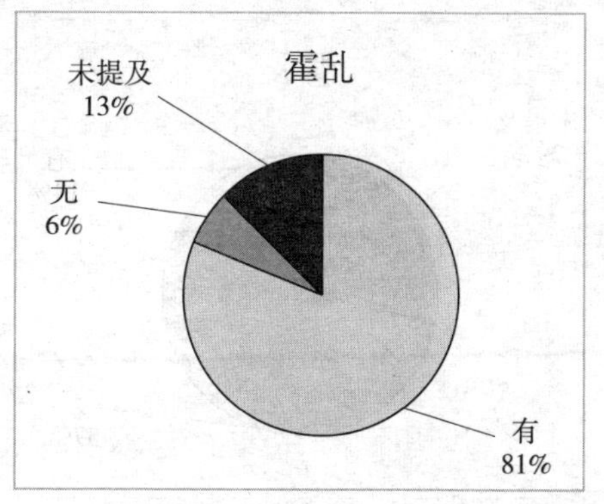

1943年曲周县南里岳乡雨、洪水、霍乱调查结果

调查村庄总数：7

	雨	洪水	霍乱
有	7	1	7
无	0	4	0
记不清	0	0	0
未提及	0	2	0

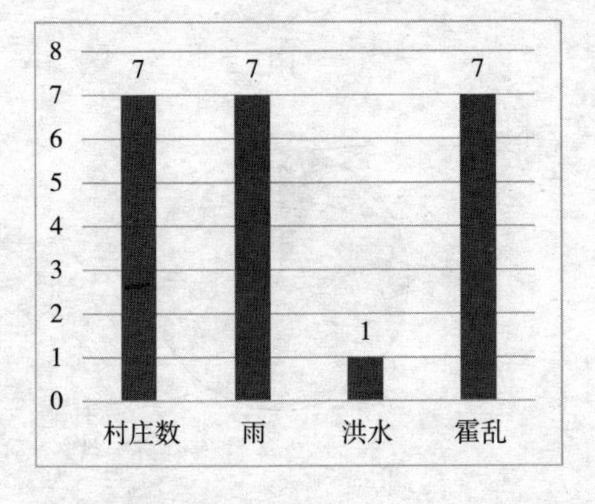

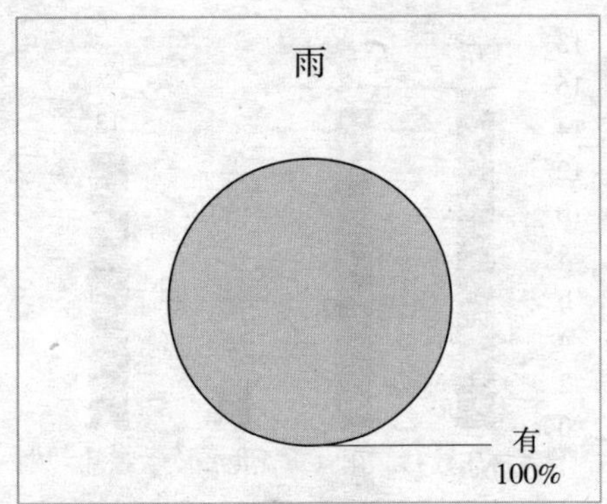

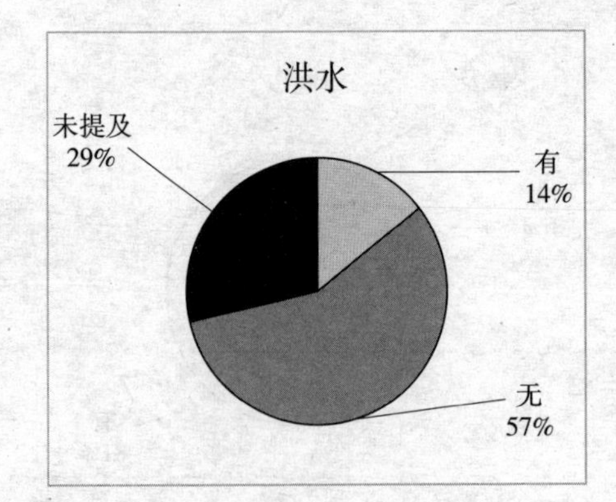

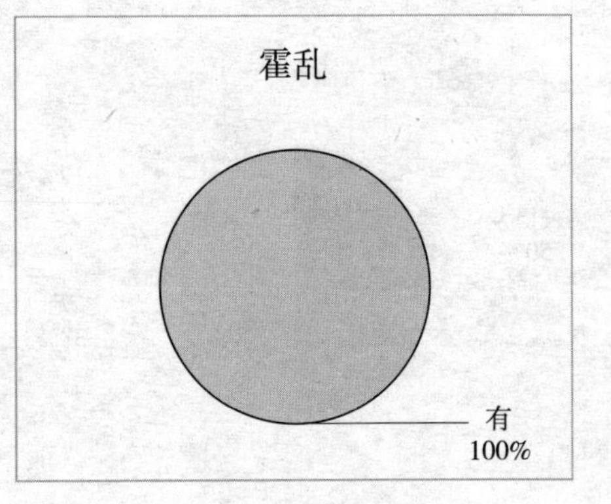

1943年曲周县曲周镇雨、洪水、霍乱调查结果

调查村庄总数：19

	雨	洪水	霍乱
有	15	13	12
无	2	2	5
记不清	0	0	0
未提及	2	4	2

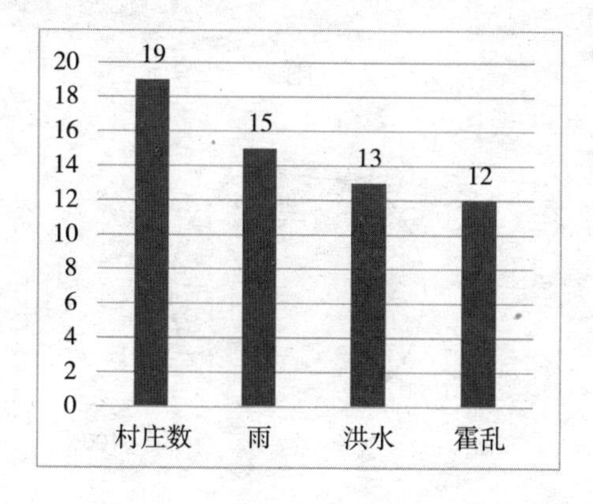

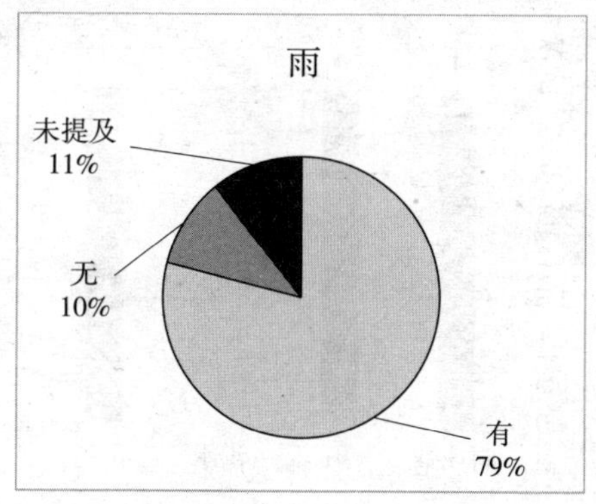

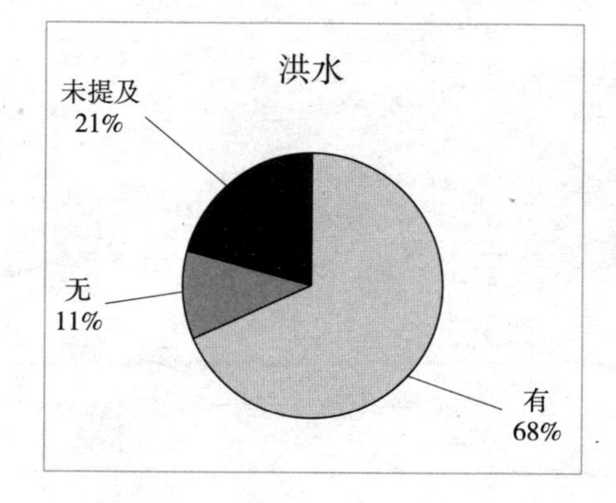

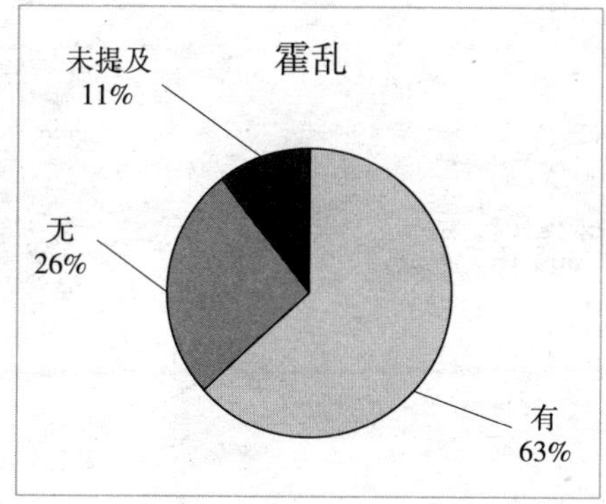

1943年曲周县依庄乡雨、洪水、霍乱调查结果

调查村庄总数：4

	雨	洪水	霍乱
有	4	0	4
无	0	1	0
记不清	0	1	0
未提及	0	2	0

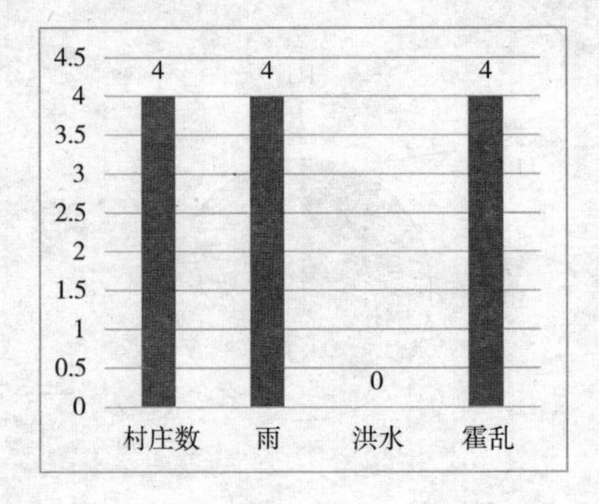

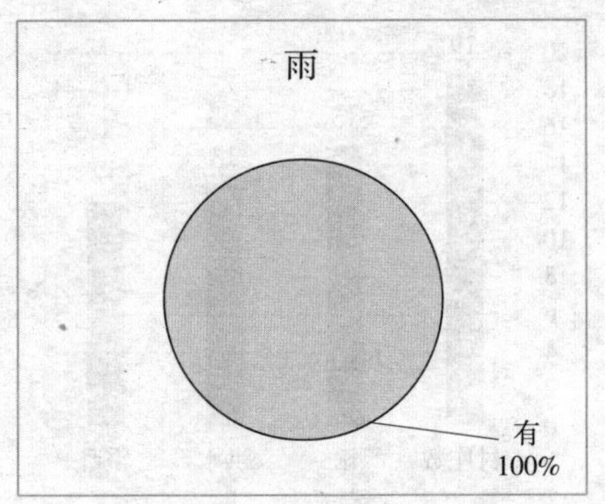

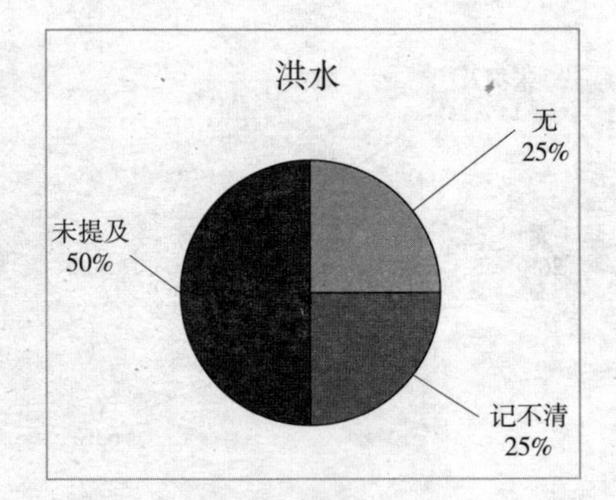

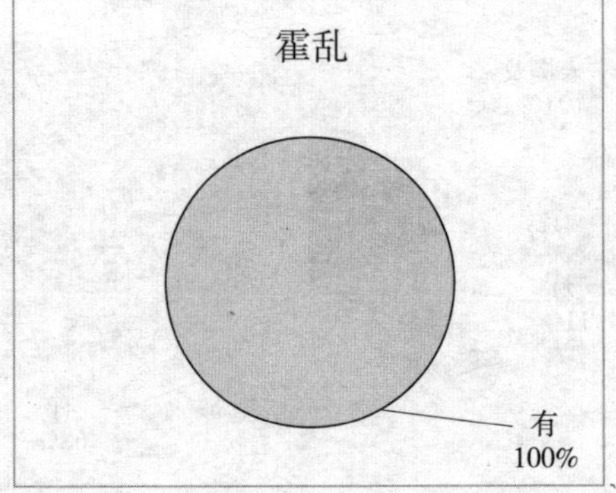